江西理工大学优秀博士论文文库

低强度超声波强化污水生物处理

朱易春　王佳琪　杜茂安　著

中国建筑工业出版社

图书在版编目（CIP）数据

低强度超声波强化污水生物处理/朱易春等著.—北京：中国建筑工业出版社，2018.12
ISBN 978-7-112-22700-6

Ⅰ.①低… Ⅱ.①朱… Ⅲ.①超声波-应用-生物处理 Ⅳ.①X703

中国版本图书馆 CIP 数据核字（2018）第 214630 号

厌氧生物处理低浓度污水存在一些亟待解决的问题，例如：在低温下厌氧微生物生长慢，对基质的降解速率低；由于产气量小，导致固液传质效率低；产甲烷菌的生存条件苛刻，反应器的启动周期长。低强度超声波辐照可提高微生物活性，促进污水生物处理效率，因而被认为是一项很有发展前景的新技术。本书以低浓度生活污水为研究对象，研究了频率为 20kHz 的低强度超声波辐照作用下，不同的超声参数对促进厌氧污泥活性的效果；考察了周期性低强度超声波辐照对反应器内厌氧污泥生物活性的影响，阐明了低强度超声波辐照污泥提高污水有机物降解效率的作用机制；借助分子生物学手段，揭示了低强度超声波辐照对污泥微生物群落结构的影响。

水体富营养化现象日趋严重使得污水脱氮除磷成为研究热点，研究发现合适强度的超声波有利于促进 AOB 活性同时抑制 NOB 生长，能有效实现短程硝化。本书以 SBR 作为载体，研究超声波维持短程硝化稳定运行的关键技术，探究超声波辐照技术维持短程硝化系统稳定性的机理与独特优势，为超声波促进短程硝化稳定性提供理论支持。

本书适用于市政工程、环境工程研究生及相关人员。

责任编辑：吕　娜　王美玲
责任设计：李志立
责任校对：姜小莲

江西理工大学优秀博士论文文库
低强度超声波强化污水生物处理
朱易春　王佳琪　杜茂安　著
＊
中国建筑工业出版社出版、发行（北京海淀三里河路 9 号）
各地新华书店、建筑书店经销
北京佳捷真科技发展有限公司制版
大厂回族自治县正兴印务有限公司印刷
＊
开本：787×1092 毫米　1/16　印张：9½　字数：232 千字
2018 年 12 月第一版　2018 年 12 月第一次印刷
定价：**40.00** 元
ISBN 978-7-112-22700-6
（32779）

前　　言

水环境污染和能源短缺成为目前可持续发展面临的最大问题，国内外学者们做了大量的工作，试图在改善水环境污染的前提下，尽可能采取一些新技术来节能降耗。

既可以处理污水又能回收资源的厌氧技术得到学者们的广泛关注。但是，厌氧工艺处理分散式污水仍然存在启动过程较慢、传质效率不高、污泥活性较差等问题需要解决。近年来，研究人员开始重视直接调控微生物这一途径，主要采用提高反应器内微生物浓度，增加微生物活性，投加高效菌剂等方法以强化废水生物处理效果。而反应器中微生物菌群结构的组成及微生物活性高低也是影响有机物降解与去除的关键因素，所以，以改变和优化微生物种群组成及以提高微生物代谢活性为目标的研究，显得尤为重要。

近十年来，作者在低强度超声波提高污水厌氧生物处理效果上，以及实现短程硝化脱氮方面的应用做了探索性研究。本书总结了作者多年来所做的研究工作，希望该书能对低强度超声波处理污水技术的理论研究及技术应用起到一定的推动作用。

全书共分为 4 章。第 1 章主要讲解了超声波及其在污水处理方面的应用；第 2 章详细分析了低强度超声波辐照对厌氧污泥活性的影响；第 3 章对低强度超声波辐照提高 ABR 处理效果进行了系统研究；第 4 章对低强度超声波对生物硝化反应的影响进行了探索性研究。

本书的研究内容先后得到了国家自然科学基金（51868025）、江西省自然科学基金（20181BAB206038）、江西省教育厅重点基金（GJJ150615）的项目经费资助。部分实验依托江西省环境岩土与工程灾害控制重点实验室开展。研究工作得到了哈尔滨工业大学李欣副教授、中国人民大学张光明教授、重庆大学赵志伟教授以及江西理工大学刘祖文教授的悉心指导和帮助，在此表示衷心的感谢。

在本书的撰写过程中，江西理工大学的罗辉、张超、章璋、黄书昌、任黎晔、田帅、魏婷等研究生也做了大量工作，为本书的出版付出了辛勤的劳动，在此一并表示诚挚的谢意。

最后要感谢江西理工大学对出版本书的资助。

由于著者水平有限，书中难免有疏忽或不妥之处，请各位读者指正。

目　　录

第 1 章　超声波及其在污水处理方面的应用

1.1　超声波简介

超声波是指频率高于人耳听阈上限的一种声波，其频率在 20kHz～10MHz 之间。超声波是一种机械振动模式，一般以纵波的形式在弹性介质中传播，其特点是频率高，波长短，在一定距离内沿直线传播，有良好的束射性与方向性。超声频率为振动周期的倒数，是声速与波长的比值，超声波的频率一般取决于声源振动频率，而超声波在介质中的传播速度则取决于介质的性质，通常其在水中的传播速度达 1500m/s。声能密度指的是单位体积内的平均声能量，单位为 J/cm³，本研究中的超声声能密度采用单位体积混合液的超声输入功率来替代，单位为 W/mL。超声波目前主要应用于医学诊断与治疗、物质结构检测、超声焊接、钻孔、粉碎、清洗以及化学和生物技术领域。

1.2　超声波技术原理

超声波在介质中传播会使传声介质产生一定的不可逆的影响，甚至发生根本性的转变，主要是通过机械效应、热效应和空化效应对介质产生作用。

1.2.1　机械效应

超声波在介质中传播的过程中，会引起介质各质点产生压缩和伸张的交替变化，从而对其向外表征出来的压力、速度、加速度、位移、切应力等物理量的变化所产生的效应，称为机械效应。强大的加速度能使介质进行激烈的机械振动，并产生强大的单向力作用。

超声波产生的高频振动作用在混合液中形成有效的搅动，从而加强生物与基质之间的混合、扩散和传输，这种超声波的细微按摩作用发生在细胞外界面层、细胞膜、细胞壁及细胞内部，使细胞质流动、细胞振荡、旋转、摩擦，从而改变细胞膜的通透性，刺激细胞膜的弥散过程，改变蛋白合成率及促进细胞新陈代谢，同时加大酶与底物的接触机会，增大其反应效率。

因为超声波在介质中传播具有良好的线性方向，辐照过程会产生液体媒质的单向流动，称为声流，所以，声流作用也能促进混合液的对流传质效果。当声强较低时，上述两种效应均可促进混合液中物质的传质，但如果声强过大，则会对生物体造成不可逆的损伤，甚至死亡。

1.2.2　热效应

超声波在辐照过程中，液体介质吸收其部分能量转化为热能，使介质温度升高。用 10W 的输入声功率辐照 50mL 水，在没有其他热交换的理论状态下，辐照 2min 能使水温

1

上升 5.7℃。这种单纯由于介质升温引起的某种效应，称为热效应，如热效应作用于混合液中会改善流体性能，加快生物新陈代谢，增强生物酶的活性。超声波引起的温度变化对污水生物处理生化反应的影响有限，所以热效应不是超声应用在生物技术上的主要机制。

1.2.3 空化效应

超声空化是超声波在液体介质中产生的一个复杂的非线性声学现象。当一定功率超声波辐照于液体介质时，由声波产生的正负压交替环境作用于液体分子上，引起液体分子在其平衡位置上的振动，正压相阶段分子被压缩而减小了分子间的距离，负压相阶段分子被拉伸而增加了分子间的距离。当施加的声压达到该介质的空化阈值时，产生的负压将会使分子间的距离超过其极限距离从而破坏液体结构的完整性，产生空化泡。空化泡在声波正负压交替的作用下在平衡位置保持稳定的周期振荡，则称为稳态空化，但是如果空化泡在经历超声正负相交替作用、体积收缩、生长、再收缩、再生长，多次周期性振荡，最后在气泡闭合时产生冲击，瞬间崩溃，则称为瞬态空化。图 1-1 为超声空化泡生长过程示意图[1]。

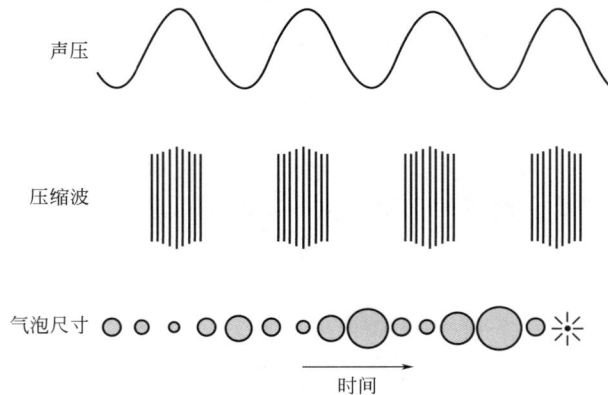

图 1-1 超声空化泡生长过程示意图

空化阈值是引起超声空化的最低值，其值除了跟超声波频率、波形、波形参数有关外，还与不同性质液体的表面特性有关。对于同一种液体介质，空化阈值也与其温度、含气量及压力等有密切关系。一般介质温度高，则空化阈值低，易于产生空化，但是过高的温度会导致空化泡中蒸气压升高，在气泡闭合期增强缓冲，减弱空化效果。液体介质含有杂质或气体，在超声作用下易形成空化核，会降低液体的空化阈值。超声频率越高，其空化阈值越高，声强高也易于空化，但是过高的声强反而不利于空化。

（1）瞬态空化

瞬态空化效应指在高声压作用下，气泡猛烈振荡，空化气泡突然爆炸式地膨胀，随后又迅速崩溃，并产生高温高压及强烈的冲击与射流现象。Suslick 和 Neis[1] 曾经报道，空化状态温度及压力分别达 5200K 和 5.05×10^7Pa，且这种高温高压的极端环境产生时间极短，温度增值率可高达 190K/s，且还会同时存在强烈冲击波和高速微射流（400km/h），可能发生极端条件下的化学反应。瞬态空化状态会使分子内部键裂解，产生游离基，在水溶液中水会被分解产生 H·和·OH 自由基，主要反应方程式如下：

$$H_2O \rightarrow H \cdot + \cdot OH \tag{1-1}$$

$$H \cdot + O_2 \rightarrow HO_2 \cdot \tag{1-2}$$

$$O_2 \rightarrow 2O \cdot \tag{1-3}$$

$$O \cdot + H_2O \rightarrow \cdot OH + \cdot OH \tag{1-4}$$

$$\cdot OH + \cdot OH \rightarrow H_2O_2 \tag{1-5}$$

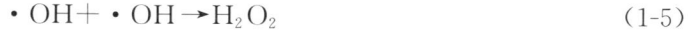

自由基中含未配对电子，氧化能力很强，能进一步发生有机高分子断链、自由基转移与氧化还原反应。这些化学反应可以分解水中难降解的有机物，提高废水的可生化性。但是瞬态空化会造成细胞结构不可逆的损坏并使酶失活，所以从强化污泥活性提高污水处理效率方面考虑不希望发生瞬态空化现象，一般适合用在生物处理的预处理环节。

（2）稳态空化

稳态空化效应指在较低声压作用下，产生的空化泡保持一定直径，在正负压交替作用下在空化泡平衡位置上下振荡，在振荡过程中空化泡周期性地膨胀和压缩，引起周围液体的剧烈搅动，产生微声流现象。空化泡附近生物介质受到微声流作用的影响，造成了细胞膜的击穿或可逆拉伸，增加了局部细胞膜的通透性，使得细胞膜内的生成物能够更快地流出，而能为细胞所利用的基质则更好地透过细胞膜进入到细胞内，这种强化传质作用可以增加细胞生物酶活性，提升细胞新陈代谢的功能。

1.3　超声波在水处理中的应用

因其独特的声学效应，超声波在水污染控制领域有广阔的应用前景。随着国内外学者的深入研究，目前超声波在饮用水处理方面主要用于湖泊藻类的抑制与去除，去除三卤甲烷前体有机物、消毒副产物、持久性有机物和内分泌干扰物为主的饮用水深度处理，同时还包括饮用水消毒处理。在污水处理方面超声波主要用于处理难降解有机物以及高浓度废水。超声波应用于污泥处理主要体现在污泥脱水及在减量化处理过程中促进厌氧消化的预处理工艺上。

1.3.1　超声波在饮用水处理中的应用

水体富营养化产生的大量藻类给饮用水处理带来了巨大的挑战，常规的饮用水处理无法有效除藻。由于超声波除藻技术具有清洁、高效，反应条件温和而又不会造成次生污染而受到广泛关注。研究表明[2]，超声空化作用能破坏藻细胞内部的关键部分，尤其是藻内气囊可以降低空化阈值，强化空化作用。Joyce 等[3] 采用不同频率及功率的超声波去处理蓝藻，在相同功率条件下对藻类去除效果比较为 20kHz＜1146kHz＜864kHz＜580kHz。Zhang G 等[4] 也得出抑藻效果 200kHz＞1.7MHz＞20kHz 的结论。Ma B 等[5] 研究了不同时间不同功率的辐照对微囊藻毒素的去除效果影响，他们认为辐照时间少于 5min 时基本没有去除效率，功率超过 30W 之后增加功率不能显著增加对微囊藻毒素的去除效率，频率对微囊藻毒素去除的效果是 150kHz＞410kHz＞1.7MHz＞20kHz；在频率 150kHz下，输入功率为 30W，辐照时间为 20min 时，超声波对微囊藻毒素去除率达到了 70%。

由于水环境污染问题，使得很多水源水受到不同程度的污染，尤其是对于持久性有机物和内分泌干扰素等污染物，采用常规的给水处理工艺不能有效去除。超声波可以将有机物无机化，具有无污染的优势，而且可以与其他技术联用成为一种很有潜力的饮用水深度处理技术。Villaroel 等[6] 采用超声波降解饮用水源中的乙酰氨基酚，在输入功率为 20～60W 时，·OH 自由基的含量随功率的提高而增加，同时对乙酰氨基酚的降解率也随之增加，但只有 58% 的能量被利用，剩下的作为热能被损耗。张光明等[7] 采用 28kHz、63kHz 和 83kHz 三种频率的超声波分别处理人工配置含氯仿的微污染水，结果显示氯仿的去除率与频率大小呈正相关，同时还发现投加少量 H_2O_2 后能大大提高去除效果，可能是超声作用更有利于 H_2O_2 的迅速水解产生自由基，加快反应进程。Yang 等[8] 采用 20kHz 的超声波结合石英砂去除 12 种消毒副产物，结果显示，利用石英砂的吸附和超声空化作用对 12 种消毒副产物均能取得很好的去除效果。

消毒是饮用水处理中必不可少的一个环节，超声空化产生一系列的局部高温高压区与强烈的微射流现象，使水分子裂解为 ·OH 和 H· 及 H_2O_2，可利用 ·OH 和 H_2O_2 的强氧化性杀菌消毒。尤其对于隐孢子虫这类常规氯消毒无法消灭的寄生虫，需要采用有效的消毒方法予以去除。Olvera 等[9] 采用频率为 1MHz，声强为 $2.3W/cm^2$ 的超声波辐照 20 分钟，用以去除饮用水源中的隐孢子虫，最终取得了较好的试验结果。有研究表明，高频超声波的作用主要是在于菌胶团解散，对细菌的灭活效果不大，真正起消毒作用的是低频超声波。因为单独超声消毒成本较高，所以可以考虑将超声与氯、臭氧、紫外线等组合起来协同消毒。

1.3.2 超声波在废水中的应用

在过去的 30 多年间，利用超声波技术去除一些难降解的有毒有害物已经得到了广泛研究，并取得了一些进展，大多数研究都集中在对超声波频率、声强、辐照时间的优化及溶液性质等对超声波处理的影响方面。

鉴于单独使用超声波技术能耗较高，很多研究者尝试采用各种组合工艺处理污水。Patil 等[10] 采用超声波和化学氧化剂组合的方式处理含吡虫啉的废水，他们发现在 pH 值为 5 时降解效果最好，单独采用超声波效果并不理想，投加 H_2O_2 联合超声有很好的去除效果，并得出了最佳投加量为 40ppm，超声波降解污染物主要是由于空化过程产生的自由基氧化作用。Chen 和 Huang[11] 研究了二硝基甲苯和三硝基甲苯废水的超声波降解效果，发现单独超声波辐照声强为 70～210W/cm^2 时，TOC 的去除率均不超过 35%；但在投加 2g/L 的 TiO_2 后 TOC 的去除率均达到了 65%，中间鼓入氧气量达到 200mL/min 时，TOC 基本可以完全得到去除。

有研究利用超声波的辅助絮凝或助沉等作用来净化废水。Davies 等[12] 采用超声波强化废水硫酸盐沉淀，采用频率为 24kHz，声强约为 $30W/cm^2$，辐照时间为 10 秒时沉淀效果较好，认为可能是超声波作用使 Ca（OH）$_2$ 颗粒解聚，使固—液界面增大，从而加快溶解及钙离子的传递，使沉淀反应迅速而有效。Li 等[13] 尝试用超声波强化电絮凝工艺处理含高磷废水，研究表明单独的电絮凝对 TP（总磷）的去除率只有 81.3%，而在最优的超声条件下（频率为 20kHz，声强 $4W/cm^2$，辐照时间 10 分钟），去除率达到了 99.6%。

1.3.3 超声波在污泥处理中的应用

活性污泥法作为目前应用最广泛的城市污水处理方法正面临着剩余污泥处置的问题。

研究表明，利用超声波预处理污泥已被证明高效可行。目前超声波对污泥预处理的作用主要表现在两个方面，改善污泥脱水性能及强化污泥后续厌氧消化处理。超声波改善污泥脱水性能的可能原因如下[14]：①超声空化产生的极端环境能溶解细菌孢子，改变菌胶团结构，释放内部水分，提高脱水性能；②超声波促进混凝，大小不同的颗粒在超声波作用下拥有不同的振动速度，产生碰撞、黏合，增大到一定程度便会沉淀；③超声波产生海绵效应，使水分从波面通道通过，使污泥聚团、增大直至沉淀。超声波促进厌氧消化的主要原因如下[15]：①超声空化作用破坏菌胶团结构，释放菌胶团内的有机物，从而被微生物利用；②超声空化作用溶解细胞壁，使得胞内物质释放到水中，降低了水解酸化的难度；③超声波辐照刺激微生物活性，促进微生物生长，加快其降解有机物的能力；④超声波辐照强化固液传质，加快基质进入细胞和生成物排出细胞的过程，提高了厌氧消化速率。

Kim 等[16] 采用超声波加碱对剩余污泥进行预处理，采用响应曲面法将碱（pH 值为 8～13）和超声波（比能量 3750～45000kJ/kgTS）进行组合处理剩余污泥，发现组合处理工艺比各自单独处理增溶裂解效果更好。最后他们还在 pH 值为 9 时，采用比能量为 7500kJ/kgTS 的超声波处理污泥后进行厌氧消化，甲烷产量从 81.9 ± 4.5mLCH$_4$/gCOD 显著增加到 127.3 ± 5.0mLCH$_4$/gCOD。Yeneneh 等[17] 分别研究了单独采用微波、超声波以及超声波与微波联合处理污泥的效果，结果表明超声波与微波联合作用后进行厌氧消化 17 天，甲烷产量（147mLCH$_4$/gCOD）远大于单独采用超声（30mLCH$_4$/gCOD）或微波（16mLCH$_4$/gCOD）的效果。联合处理使总固体含量减少了 56.8%，挥发性固体减少了 66.8%，同时也改善了污泥的脱水性能，污泥的毛细吸水时间减至 92 秒，而单独超声为 285 秒，单独微波为 331 秒。

1.4　低强度超声波强化污泥活性

低能量超声波在生物介质中发生与高能量超声波不同的效应，因此通常将声强小于 10W/cm^2 的超声波称之为低强度超声波。将低强度超声技术应用于污水生物处理中，能有效促进水处理微生物的活性，提高污水处理效率。

1.4.1　低强度超声波强化污泥活性的作用机制

低强度超声波作用于生物体以强化生物活性的功能主要表现在以下几个方面。

（1）提高酶活性

高强度超声波辐照可使酶变性失活，而低强度超声波却可以增加酶的活性。酶促反应速率主要依赖于传质速率、酶分子构象和酶与底物的相互作用。低强度超声波辐照产生的机械运动能增加底物与微生物的碰撞接触机会；超声波振动有利于有机底物进入及产物离开酶活性中心，提高酶促反应速率；超声过程产生的稳态空化作用使酶分子受到微射流剪切力作用，能疏通酶内外扩散的传质通道。低强度超声波可增加酶分子能量，改变酶分子构象，提高其活性。超声波处理会减少碱性蛋白酶的无规卷曲，使酶分子构象更规则，且经超声波辐照后酶促反应的热力学参数（ΔG 与 ΔS 等）会降低，使反应更易发生[18]，有利于提高酶活性。超声波处理脱脂小麦胚芽蛋白（酶的底物）后酶解反应速率常数提高且活化能降低[19]，可见超声波处理可通过改变底物特性促进酶的降解效率。此外，超声波处理还可通过改变底物与水的相互作用来缓解高浓度底物对酶的抑制效应。

（2）提高细胞壁与细胞膜的通透性

超声波产生的高频振动作用发生在细胞表层可以对细胞形成拉伸，减少细胞壁与细胞膜的传质阻碍，从而增强细胞的通透性，使 Na^+、K^+、Ca^{2+} 等离子传递速率加快，同时也加快了有机底物进入细胞与代谢产物流出细胞的速度。超声波也可对细胞壁与细胞膜造成局部破坏。细胞膜中易受热分解的脂类在空化效应产生的高温下熔化，形成的小孔增强了细胞内外物质的传递。Dinno 等[20] 研究认为超声使细胞内 Ca^{2+} 浓度增加，导致生长因子合成加速。Xie 等[21] 发现污泥经超声波处理后，在聚磷菌的脱氢酶（DHA）含量提高的同时，发现核酸和蛋白质释出量增加，说明超声波辐照提高了聚磷菌的通透性。Chen 等[22] 发现污泥胞外聚合物（EPS）分泌量随辐照时间的适当延长逐渐增加，主要是由超声波破坏细胞膜与细胞壁引起。

（3）激发细胞防御机制

超声波可对微生物造成微创，激发细胞的防御机制，加快新陈代谢速度。Wu 和 Lin 采用超声波辐照人参细胞，发现胞内 3 种酶的活性均有加强，认为超声波促进酶活性是细胞受损产生自然防御引起。刘红等[23] 通过研究超声波处理后污泥活性随时间的变化规律，发现污泥活性在超声波处理后 8h 达到最大值，且超声波的强化效果在 24h 之后消失，并认为这一现象主要是由超声波激发细胞防御机制引起。

（4）加速细胞增殖

超声波处理会使污泥结构松散，比表面积增加，促进传质，可加速细胞生长。在生物发酵过程中，超声波辐照可促进传质，提高发酵物产量并缩短发酵时间。Wang 等[24] 采用低强度超声波辐照铜绿色假单胞菌 10min，细菌生长速率明显增加，而且提高了其对萘的降解速率。谢倍珍等[25] 认为微弱的空化会割伤细胞，促进可逆渗透，强化传质，减少次生产物的积累，强化细胞合成反应。Dai[26] 等发现在最佳超声波辐照条件下酿酒酵母的细胞产量增加了 127.03%。

（5）改变菌群结构

污泥经过超声波长期辐照后，对超声波刺激较敏感的菌种被淘汰，从而改变污泥菌群结构。Zheng[27] 采用超声波实现短程硝化，发现合适参数的超声波对氨氧化细菌（AOB）与亚硝酸盐氧化细菌（NOB）具有筛选作用，经过 30d 的超声波处理，污泥中亚硝化单胞菌属的基因相对丰度基本不变，而硝化螺菌属的基因已无法检出。在 Yu 等[28] 的研究中，超声组污泥菌群结构也发生了明显的改变。不同菌种对超声波刺激的反应不同，这与细胞形态结构及其代谢速率有关。革兰氏阴性菌（*P. fluorescens*）比革兰氏阳性菌（*S. thermophiles*）对超声波更敏感，但也有研究认为二者（革兰氏阴性菌 *P. aeruginosa* 和革兰氏阳性菌 *E. coli*，*S. aureus* 和 *B. subtilis*）对超声波的反应没有区别。相反的结论可能是由所采用菌种不同引起。也有研究发现超声波对世代周期较短、代谢较快的细菌强化效果更显著。关于超声波对不同种类细菌的作用机理还有待进一步探究。

（6）改善基质环境

基质在超声波辐照过程中温度会升高，胞内物质的流出会使 pH 值略微升高。在 Zheng[29] 等的研究中，超声波辐照时温度会升高 $0.63 \sim 4.63$℃，pH 值也高于对照组。Lanchun[30] 等发现超声波辐照过程中发酵液 pH 值会升高 $0.2 \sim 0.3$，促进了细胞的生长。

1.4.2　低强度超声波强化污泥活性应用

Schläfer. O 等[31] 于 2002 年采用频率为 25kHz，输入声能密度为 0.3W/L 的超声波辐照于整个废水处理过程中，结果表明，低强度超声对污水生物处理存在促进与抑制的共同作用。合适的超声参数能使废水的 COD 去除率提高 100%，但由于整个反应运行阶段及反应器内所有泥水混合物均需要超声而在经济上不合理。Sakakibara 等[32] 进行了蔗糖酶水解蔗糖的超声波强化试验，结果显示超声波处理的酶活性比对照组提高 30%，蔗糖浓度不同，超声波对酶催化反应的促进程度也不同。刘红等[33] 利用超声波强化膜生物反应器净化微污染水源水，发现采用 10W 的输入功率时处理效果最好，此时 COD 去除效率提高 50% 以上，DHA 相比对照组提高了 48.78%。

随着研究的深入，研究者开始将超声波强化技术运用于活性污泥法中。刘红等[23] 以好氧呼吸速率为指标，采用频率为 35kHz 的槽式超声波清洗机辐照污泥浓度约为 10g/L 的好氧污泥，确定最佳参数为 0.3W/cm² 和 10min。杨金美等[33] 以好氧速率 OUR 为指标，采用超声波频率为 25kHz 的探头式超声波辐照 60s，声能密度为 0.2W/mL，污泥活性比初始提高了 30.49%。曾晓岚等[34] 以污泥的 OUR、蛋白酶活性和 DHA 为指标，采用频率为 28kHz 的探头式超声波辐照浓度为 4.22g/L 的好氧污泥，超声波辐照 10min 后的污泥 OUR 值较作用前提高了 129%，蛋白酶活性提高了 23.7%，DHA 提高了 24.6%。阎怡新等[35,36] 通过超声波强化小型 SBR 反应器，以好氧呼吸速率和 DHA 为指标，研究了低强度超声波强化污水生物处理中超声参数的优化选择。研究结果表明，合适的声强与辐照时间分别为 0.3W/cm² 与 10min，辐照间隔周期为 8h，辐照污泥比例为 10% 时生物处理效果最好，同时还发现超声波处理能够降低污泥增长率，减少剩余污泥量。Zhang 等[37] 采用 SBR 反应器研究了低强度超声波促进污水好氧生物处理，研究结果表明高能量超声波辐照比低能量超声波对促进作用更明显，低频率比高频率超声波更能刺激污泥活性，在 25kHz 频率下，声能密度为 0.2W/mL，辐照 30s 污泥活性得到最大强化，此时污泥 OUR 增加 28%，在 COD 负荷为 1.3kg/(kgMLSS·d) 的条件下 COD 去除率增加了 5%～6%，当 COD 负荷增加到 3.25kg/(kgMLSS·d) 时，COD 去除率相比对照组增加了 12%。胡嘉东[38] 等研究了频率为 35kHz 和 61kHz 两种低频率超声波先后对污泥进行强化处理，结果表明总辐照时间不变，超声顺序及时间分配不影响污泥活性的提高程度及活性的延续性；采用 2g/L 好氧污泥超声 10min，输入声能密度为 0.09W/mL 时的促进作用最明显，约为初始值的 2 倍；在相同超声条件下，污泥浓度从 2g/L 提高到 15g/L 时，污泥 SOUR 值随着悬浮固体浓度（Mixed Liquid Suspended Solids，MLSS）的增加仅略呈下降趋势。因此，采用较高的 MLSS 可以提高超声波处理经济效益。

厌氧处理具有运行成本低、节能、剩余污泥量少、可回收沼气能源等优点，近些年生活污水的厌氧生物处理虽得到了足够的重视，但是厌氧生物处理也有其劣势，例如厌氧处理出水 COD 浓度高于好氧处理，较难实现直接达标排放以及厌氧微生物对环境要求较高，反应器启动较慢等问题导致厌氧生物处理分散式排放污水的技术发展并不迅速，因此，有必要对厌氧生物处理过程进行强化，提高其处理效率，抗冲击负荷能力及稳定性。而采用低强度超声波处理就是行之有效的强化手段之一。Tiehm 等[39] 采用超声波对污泥进行预处理。结果发现超声组 VSS 去除率比对照组提高 4.5%，同时超声组 CH₄ 产量也更高。

他们也验证了经超声波预处理可提高污泥厌氧消化稳定性。Chu 等[40] 采用低强度超声波辐照来强化厌氧消化工艺。结果发现，输入声能密度 0.33W/mL，辐照时间 20min 使 CH_4 显著提高，而且絮凝体结构不会破坏，但超声使污泥絮凝体结构松散。谢倍珍等通过 DHA 及厌氧污泥辅酶 F_{420} 为指标，采用烧杯试验确定了声强为 $0.2W/cm^2$，辐照时间为 10min 时，污泥活性达到最大，其 COD 去除率得到显著提高，并推断低强度超声波强化持续作用的原因主要是机械损伤效应。

随着城市污水排放标准对氮、磷的要求提高，越来越多的学者将超声波技术应用于脱氮除磷工艺中。Xie 等[41~43] 研究了低强度超声波对生物除磷脱氮效果的促进作用，结果显示，在声强为 $0.2W/cm^2$ 的低强度超声波辐照持续 10min 能够使 A/O 反应器除磷效果相比对照组提高 35%～50%，超声波对反硝化的强化幅度在超声后 5h 达到最大，对除磷的强化幅度在 4h 达到最大，且两者强化作用均在 16h 后消失。Duan 等[44] 研究了频率为 25kHz，声强为 $0.3W/cm^2$ 的低强度超声波辐照持续 4min 能够使得厌氧氨氧化（Anammox）工艺的总氮去除率提高约 25.5%，并发现超声波处理后 Anammox 菌细胞壁变薄使得污泥胞外聚合物（Extracellular Polymeric Substances，EPS）分泌量增加。Zhang 等[45] 研究了低强度超声对 SBR 反应器脱氮性能的影响，确定最佳的参数为 35kHz，0.15W/cm^2，辐照时间为 10min，有机负荷、氨氮（NH_4^+-N）、亚硝酸盐氮（NO_2^--N）及硝酸盐氮（NO_3^--N）负荷分别提高了 16.5%、35.0%、41.7% 及 61.9%。近年来发现适当能量的超声波可促进 AOB 生长并抑制 NOB 增殖，可快速启动并稳定维持短程硝化，长期辐照可形成稳定的菌群结构[27]，为短程硝化的实现与维护提供了新思路。唐欣等[46] 采用序批式试验研究超声参数对短程硝化污泥活性的影响，发现能量为 43.2kJ/g VSS 的超声波可最大限度地提高 NO_2^--N 的生成量。可见低强度超声波在新型脱氮工艺中有较好的应用前景。

参考文献

[1] Suslick K S, Neis U. The Chemical Effects of Ultrasound [J]. Scientific American. 1989，43（2）：80-86.

[2] Lee T J, Nakano K, Matsumara M. Ultrasonic Irradiation for Blue-Green Algae Bloom Control [J]. Environmental Technology. 2001，22（4）：383-390.

[3] Joyce E M, Wu X, Mason T J. Effect of ultrasonic frequency and power on algae suspensions [J]. Journal of Environmental Science and Health，Part A：Toxic/Hazardous Substances and Environmental Engineering. 2010，45（7）：863-866.

[4] Zhang G, Wang B, Hao H, et al. Ultrasonic removal of cyanobacteria [J]. International Journal of Environmental Technology and Management. 2004，4（3）：266-272.

[5] Ma B, Chen Y, Hao H, et al. Influence of ultrasonic field on microcystins produced by bloom-forming algae [J]. Colloids and Surfaces B：Biointerfaces. 2005，41（2）：197-201.

[6] Villaroel E, Silva-Agredo J, Petrier C, et al. Ultrasonic degradation of acetaminophen in water：effect of sonochemical parameters and water matrix [J]. Ultrasonics sonochemistry. 2014，21（5）：1763-1769.

[7] 张光明，常爱敏，张盼月. 超声波水处理技术 [M]. 北京：中国建筑工业出版社，2006：5-6，69-70,

146-147.

［8］　Yang W，Dong L，Luo Z，et al. Application of ultrasound and quartz sand for the removal of disinfection byproducts from drinking water ［J］. Chemosphere. 2014，101：34-40.

［9］　Olvera M，Eguía A，Rodríguez O，et al. Inactivation of Cryptosporidium parvum oocysts in water using ultrasonic treatment ［J］. Bioresource Technology. 2008，99（6）：2046-2049.

［10］　Patil A L，Patil P N，Gogate P R. Degradation of imidacloprid containing wastewaters using ultrasound based treatment strategies ［J］. Ultrasonics Sonochemistry. 2014，21（5）：1778-1786.

［11］　Chen W，Huang Y. Removal of dinitrotoluenes and trinitrotoluene from industrial wastewater by ultrasound enhanced with titanium dioxide ［J］. Ultrasonics Sonochemistry. 2011，18（5）：1232-1240.

［12］　Davies L A，Dargue A，Dean J R，et al. Use of 24kHz ultrasound to improve sulfate precipitation from wastewater ［J］. Ultrasonics sonochemistry. 2015，23：424-431.

［13］　Li J，Song C，Su Y，et al. A study on influential factors of high-phosphorus wastewater treated by electrocoagulation-ultrasound ［J］. Environmental science and pollution research international. 2013，20（8）：5397-5404.

［14］　Yin X，Han P，Lu X，et al. A review on the dewaterability of bio-sludge and ultrasound pretreatment ［J］. Ultrasonics Sonochemistry. 2004，11（6）：337-348.

［15］　Pilli S，Bhunia P，Yan S，et al. Ultrasonic pretreatment of sludge：A review ［J］. Ultrasonics Sonochemistry. 2011，18（1）：1-18.

［16］　Kim D H，Jeong E，Oh S E，et al. Combined（alkaline ＋ ultrasonic）pretreatment effect on sewage sludge disintegration ［J］. Water Research. 2010，44（10）：3093-3100.

［17］　Yeneneh A M，Chong S，Sen T K，et al. Effect of Ultrasonic，Microwave and Combined Microwave-Ultrasonic Pretreatment of Municipal Sludge on Anaerobic Digester Performance ［J］. WaterAir& Soil Pollution. 2013，224（5）：1-9.

［18］　Ma H，Huang L，Jia J，et al. Effect of energy-gathered ultrasound on Alcalase ［J］. Ultrasonics Sonochemistry，2011，18（1）：419-424.

［19］　Qu W，Ma H，Liu B，et al. Enzymolysis reaction kinetics and thermodynamics of defatted wheat germ protein with ultrasonic pretreatment ［J］. Ultrasonics Sonochemistry，2013，20（6）：1408-1413.

［20］　Dinno M A，Dyson M，Young S R，et al. The significance of membrane changes in the safe and effective use of therapeutic and diagnostic ultrasound ［J］. Physics in Medicine and Biology. 1989，34（11）：1543-1552.

［21］　Xie B，Liu H. Optimization of the Proportion of the Activated Sludge Irradiated with Low-Intensity Ultrasound for Improving the Quality of Wastewater Treatment ［J］. Water Air & Soil Pollution，2011，215（1）：621-629.

［22］　Chen W，Gao X，Xu H，et al. Influence of extracellular polymeric substances（EPS）treated by combined ultrasound pretreatment and chemical re-flocculation on water treatment sludge settling performance ［J］. Chemosphere，2017，170：196-206.

［23］　刘红，闫怡新，王文燕等. 低强度超声波改善污泥活性 ［J］. 环境科学，2005，26（4）：124-128.

［24］　Wang Q，Wang B，Zhu L，et al. Degrade naphthalene using cells immobilized combining with low-intensity ultrasonic technique ［J］. Colloids and Surfaces B：Biointerfaces. 2007，57（1）：17-21.

［25］　谢倍珍，刘红，闫怡新等. 低强度超声波强化污水生物处理理论和技术 ［M］. 北京：科学出版社，2013：2，6-8，25，38-42，78-79.

［26］　Dai C，Xiong F，He R，et al. Effects of low-intensity ultrasound on the growth，cell membrane permeability and ethanol tolerance of Saccharomyces cerevisiae [J]. Ultrasonics Sonochemistry, 2017, 36: 191-197.

[27]　Zheng M, Liu Y C, Xin J, et al. Ultrasonic Treatment Enhanced Ammonia-oxidizing Bacterial (AOB) Activity for Nitritation Process. [J]. Environmental Science & Technology, 2015, 50 (2): 864-871.

[28]　Yu Z, Wen X, Xu M, et al. Characteristics of extracellular polymeric substances and bacterial communities in an anaerobic membrane bioreactor coupled with online ultrasound equipment [J]. Bioresource Technology, 2012, 117 (10): 333-340.

[29]　Zheng M, Liu Y C, Xu K N, et al. Use of low frequency and density ultrasound to stimulate partial nitrification and simultaneous nitrification and denitrification [J]. Bioresource Technology, 2013, 146 (146): 537-542.

[30]　Lanchun S, Bochu W, Zhiming L, et al. The research into the influence of low-intensity ultrasonic on the growth of S. cerevisiaes [J]. Colloids & Surfaces B Biointerfaces, 2003, 30 (1): 43-49.

[31]　Schläfer O, Onyeche T, Bormann H, et al. Ultrasound stimulation of micro-organisms for enhanced biodegradation [J]. Ultrasonics. 2002, 40 (1): 25-29.

[32]　Sakakibara M, Wang D, Takahashi R, et al. Influence of ultrasound radiation on hydrolysis of sucrose catalyzed by invertase [J]. Enzyme Microbial Technology. 1996, 18 (6): 444-448.

[33]　杨金美, 张光明, 王伟. 超声波强化活性污泥活性的试验研究 [J]. 给水排水, 2006, 32 (1): 37-40.

[34]　曾晓岚, 龙腾锐, 丁文川等. 低能量超声波辐照提高好氧污泥活性研究 [J]. 中国给水排水, 2006, 22 (5): 88-91.

[35]　闫怡新, 刘红. 低强度超声波强化污水生物处理中超声波辐照污泥比例的优化选择 [J]. 环境科学, 2006, 27 (5): 903-908.

[36]　闫怡新, 刘红. 低强度超声波强化污水生物处理中超声波辐照周期的优化选择 [J]. 环境科学, 2006, 27 (5): 898-902.

[37]　Zhang G, Zhang P, Gao J, et al. Using acoustic cavitation to improve the bio-activity of activated sludge [J]. Bioresource Technology. 2008, 99 (5): 1497-1502.

[38]　胡嘉东, 王宏杰, 董文艺等. 低强度超声提高污泥活性的运行条件优化 [J]. 给水排水, 2008, 34 (1): 20-23.

[39]　Tiehm A, Nickel K, Neis U. The use of ultrasound to accelerate the anaerobic digestion of sewage sludge [J]. Water Science and Technology. 1997, 36 (11): 121-128.

[40]　Chu C P, Lee D J, Chang Bea-Ven, et al. "Weak" ultrasonic pre-treatment on anaerobic digestion of flocculated activated biosolids [J]. Water Research. 2002, 36 (11): 2681-2688.

[41]　Xie B, Liu H. Optimization of the Proportion of the Activated Sludge Irradiated with Low-Intensity Ultrasound for Improving the Quality of Wastewater Treatment [J]. WaterAir& Soil Pollution. 2011, 215 (1): 621-629.

[42]　Xie B, Liu H. Enhancement of Biological Nitrogen Removal from Wastewater by Low-Intensity Ultrasound [J]. WaterAir& Soil Pollution. 2010, 211 (1): 157-163.

[43]　Xie B, Wang L, Liu H. Using low intensity ultrasound to improve the efficiency of biological phosphorus removal [J]. Ultrasonics Sonochemistry. 2008, 15 (5): 775-781.

[44]　Duan X, Zhou J, Qiao S, et al. Application of low intensity ultrasound to enhance the activity of anammox microbial consortium for nitrogen removal [J]. Bioresource Technology. 2011, 102 (5): 4290-4293.

[45] Zhang R，Jin R，Liu G，Zhou，et al. Study on nitrogen removal performance of sequencing batch reactor enhanced by low intensity ultrasound [J]. Bioresource Technology. 2011，102（10）：5717-5721.

[46] 唐欣，乔森，周集体. 低强度超声对短程硝化污泥活性的影响 [J]. 安全与环境学报，2017，17（1）：267-272.

第 2 章　低强度超声波辐照对厌氧污泥活性的影响

2.1　引言

　　废水厌氧处理是指厌氧微生物在无氧的条件下，通过各类群微生物协同作用的复杂生化过程。厌氧处理过程中，复杂有机物被转化为简单的化合物和能量，其中大部分能量被转化成 CH_4，而 CH_4 仍含有很高的能量，因此有机物厌氧降解过程释放出的能量很少，少部分能量用来合成代谢生成新的细胞物质，所以厌氧菌尤其是产甲烷菌世代期较长而且生长缓慢，这也是厌氧比好氧处理产泥量少的主要原因。

　　目前厌氧生物处理研究公认的理论仍然是 1979 年由 Bryant[1] 及 Zeikus[2] 提出的三阶段（四菌群）学说。该理论认为产甲烷菌不能利用除了乙酸、H_2/CO_2、甲酸、甲醇和甲胺等以外的有机酸和醇类，长链脂肪酸和醇类必须通过产氢产乙酸菌转化为乙酸、H_2/CO_2 等后，才能被产甲烷菌利用。图 2-1 表达了三阶段（四菌群）学说的厌氧消化过程。

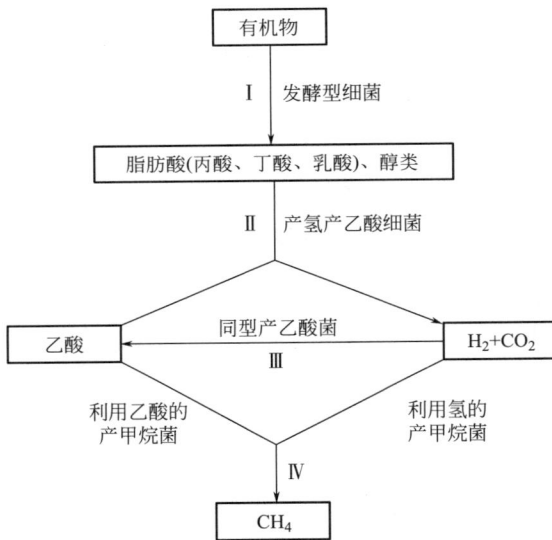

图 2-1　三阶段（四菌群）厌氧消化过程示意图

　　第一阶段为产酸发酵阶段，主要是复杂有机物在发酵型细菌胞外水解酶及胞内酶的作用下产生水解和发酵作用，生成脂肪酸、单糖和醇类等中间化合物。第二阶段为产氢产乙酸阶段，主要由两大类细菌作用，一类为产氢产乙酸菌，将脂肪酸和醇类进一步转化为乙酸和 H_2，并伴有 CO_2 产生；另一类为同型产乙酸菌，将 H_2 和 CO_2 转化成乙酸。最后阶段为产甲烷阶段，即产甲烷菌将乙酸、甲醇、甲酸、甲胺等三甲一乙类可利用底物及 H_2/CO_2 转化为沼气的过程。

厌氧处理具有以下几大优势：①省能：好氧处理 1kgCOD 转移氧需要耗能 $0.5 \times 10^4 \sim$ $2 \times 10^4 kJ$，而厌氧处理 1kgCOD 能产能 $1.2 \times 10^4 kJ$，故厌氧具有去污和省能双重作用[2]；②剩余污泥少：无论是好氧还是厌氧处理产生的剩余污泥，都只有 25%～40% 的生物量可以进一步被降解[3]，所以剩余污泥的处理是个难题，虽然厌氧处理产生的污泥也不比好氧剩余污泥更好处理，但是其产生量远小于好氧处理，一般生活污水好氧处理每降解 1kgCOD 产生约 0.4kg 剩余污泥，而厌氧仅产生 0.05kg 剩余污泥，且生活污水有机底物浓度低，剩余污泥绝对量也少，基本上会因出水带走少量 SS 而无须排泥；③适用范围广：好氧处理一般仅适用于有一定规模的易降解的低浓度污水，而厌氧处理适用于各种规模、不同浓度、成分复杂的以及经过驯化后能适应的有毒有害废水；④产生温室气体少：从可持续角度考虑，好氧处理是将有机碳及能量最终合成新的生物（变成剩余污泥）或者转化成温室气体（CO_2）直接排放，而厌氧处理是将有机碳及能量最终合成新的生物（变成剩余污泥）或者转化成沼气能源储存并加以利用，一般好氧处理每降解 1kgCOD 产生约 $0.69kgCO_2$，而厌氧处理产生的 CO_2 不及好氧处理的 1/3。

虽然厌氧工艺存在一系列的优点，但是厌氧生物处理技术处理低浓度污水本身也有不可忽视的局限性：污水温度低、有机物浓度梯度小，造成厌氧微生物比生长速率及基质污染物的比降解速率低；产气量小无法进行混合液的有效搅拌及低温增大水的黏度，导致固液传质效率低；同时产甲烷菌的生存条件苛刻及世代时间长，由此导致了微生物活性不高及反应器启动周期长等问题。而低强度超声波辐照强化污泥活性，提高污水生物处理技术作为一项新技术近年来得到了许多关注。

低强度超声波辐照能够促进生物代谢。通过适当能量的超声振动可引起污泥细胞物质运动，使胞内外物质发生循环交换，从而改变细胞膜的通透性，加大酶与底物的接触机会，加速水中污染物进入细胞壁以强化传质，同时还会改变蛋白合成率、提高微生物活性。但是不同研究者采用的超声波参数差别较大，这主要是由于活性污泥是由多种生物体和有机及无机物质组成的泥水混合液，微生物种类不同，有机物成分复杂，使得不同状况下选择的超声参数范围非常窄。

在厌氧污泥菌群中，大多数细菌的活性在低声能密度辐照条件下可以得到显著的增加。而污水生物处理实质就是基于电子得失的酶促反应过程，无论是好氧还是厌氧反应，基质脱氢均为生化反应的核心步骤，脱氢酶是一种活生物体分泌的蛋白酶，它能促使有机底物脱氢，然后将氢原子传递给特定的受氢体以实现氧化还原反应[4]，脱氢酶是微生物降解有机物获得能量的必需酶，因而可以用 DHA 大小来表征厌氧微生物的活性；同时辅酶 F_{420} 是专性厌氧菌中产甲烷菌所独有的、含量很高的（仅巴氏甲烷八叠球菌和瘤胃甲烷短杆菌中辅酶 F_{420} 含量很低）一种不可替代的、作为电子载体的酶，因此可以将辅酶 F_{420} 的含量作为评价厌氧污泥中产甲烷菌活性的指标。因此，在本章通过以辅酶 F_{420} 含量及 DHA 为评价指标，研究厌氧污泥在不同的超声波辐照条件下对污泥强化效果的影响，寻找厌氧污泥最佳的声能密度及辐照时间，并对最佳超声参数条件辐照后污泥的活性随时间的变化规律及其对 COD 降解的持续影响性能进行了研究。此外，本章还对污泥初始温度、污泥总固体浓度、初始有机物浓度及辐照期搅拌条件等因素对超声强化效果影响进行了探究，得出了污泥的初始 COD、污泥浓度、初始温度及超声过程是否搅拌等参数对厌氧污泥活性强化效果均有不同程度影响的结论。

低强度超声波辐照引起生物效应的作用机制非常复杂，即使将单一生物细胞或酶作为对象探讨低强度超声波作用产生的生物效应已有广泛的报道，但其作用机制仍未能完全明确。本章研究了在 DHA 和 F_{420} 最佳时的超声参数作用下，污泥的温度、pH 值、絮体结构、沉降性能、Zeta 电位、颗粒粒径、上清液溶出物、初期吸附性能和自由基的变化，研究超声作用对反应器微生物的影响因素及促进其降解有机物的作用机制。通过不同角度进一步探讨低强度超声辐照对污泥微生物作用效应，以初步揭示低强度超声波辐照在厌氧反应器中的作用机理，为低强度超声强化分散式污水厌氧生物处理奠定理论基础。

2.2 实验方法

在超声运行参数优化实验中，采用厌氧污泥为试验污泥，以辅酶 F_{420} 含量及 DHA 为评价指标，研究厌氧污泥在不同的超声声能密度和辐照时间条件下对厌氧污泥超声强化效果的影响，确定厌氧污泥最佳的声能密度及超声时间，并研究其超声后污泥的活性随时间的变化规律及其对 COD 降解的持续影响。在前述最佳超声参数下，通过对初始温度、初始有机物浓度、厌氧污泥浓度等不同性质的厌氧污泥进行超声波辐照试验，探讨不同的污泥初始性质对厌氧污泥辐照后活性提高效果的影响。

以污泥温度、pH 值变化、絮体结构、沉降性能、Zeta 电位、污泥粒径、EPS 的成分（多糖、蛋白质及脱氧核糖核酸）变化、吸附性能等参数为评价指标，探寻超声波辐照对污泥特性变化的影响，借以揭示超声波辐照促进污泥活性的相关作用机制。

2.2.1 实验设备

超声装置采用宁波新芝生物科技股份有限公司超声波细胞粉碎机 JY88-IIN 型探头式超声发生器，频率 20kHz，电功率 0～250W（可调）；探头直径 6mm，超声波辐照方式为间歇式，常压操作，辐照污泥时探头浸没于污泥中 10mm。试验时污泥直接投放在烧杯中，充入适量的氮气以排除烧杯中的氧气，然后将烧杯口密闭，并固定于探头式超声波反应器探头处，如图 2-2、图 2-3 所示。

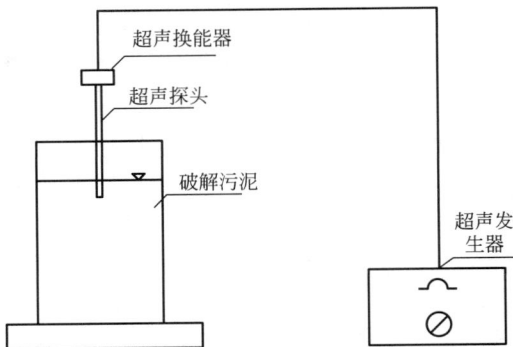

图 2-2 污泥超声波辐照装置示意图

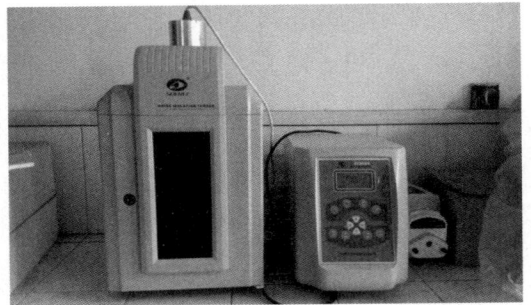

图 2-3 污泥超声波辐照装置实图

2.2.2　实验材料

试验用污泥采用南昌青山湖污水处理有限公司厌氧消化池污泥作为接种污泥，污泥pH值在6.5~7.5；SS为25.93g/L；VSS/SS值为54.48%，SVI为32.2mL/g，污泥颜色为黑色絮团状。

2.2.3　实验设备

（1）化学试剂

所用主要化学试剂如表2-1所示。

实验所用主要化学试剂　　　　　　　　　　　　　　　　表2-1

化学试剂	级别	生产厂家
硼酸 H_3BO_3	A.R	天津市大茂化学试剂厂
浓硫酸 H_2SO_4	A.R	西陇化工股份有限公司
葡萄糖 $C_6H_{12}O_6H_2O$	A.R	天津市大茂化学试剂厂
重铬酸钾 $K_2Cr_2O_7$	A.R	国药集团化学试剂有限公司
硫酸汞 $HgSO_4$	A.R	姜堰市环球试剂厂
邻菲罗啉 $C_{12}H_8N_2H_2O$	A.R	天津市大茂化学试剂厂
硫酸银 Ag_2SO_4	A.R	上海申博化工有限公司
硫酸锌 $ZnSO_47H_2O$	A.R	天津市大茂化学试剂厂
氯化铵 NH_4Cl	A.R	天津市大茂化学试剂厂
磷酸钠 $Na_3PO_4 \cdot 12H_2O$	A.R	广东光华科技股份有限公司
硫酸亚铁铵 $(NH_4)_2Fe(SO_4)_2 \cdot 6H_2O$	A.R	南京化学试剂有限公司
缓血酸铵 $C_4H_{11}NO_3$	A.R	上海伯奥生物技术有限公司
氯代三苯基四氮唑 $C_{19}H_{15}ClN_4$（TTC）	A.R	上海励瑞生物科技有限公司
甲苯 $C_6H_5CH_3$	A.R	西陇化工股份有限公司
保险粉 $Na_2S_2O_4$	A.R	天津市大茂化学试剂厂
冰醋酸 CH_3COOH	分析纯	天津市大茂化学试剂厂
乙醛 CH_3CHO	分析纯	天津市大茂化学试剂厂
苯酚 C_6H_5OH	分析纯	天津市光复精细化工研究所
考马斯亮蓝 G-250	分析纯	南京多福尼生物科技有限公司
蛋白质	分析纯	上海励瑞生物科技有限公司

（2）试验仪器

所用主要实验仪器如表2-2所示。

实验仪器　　　　　　　　　　　　　　　　表2-2

名称	型号	制造厂家
数显恒温水浴锅	AH-2	国华电器有限公司
紫外可见分光光度计	UV-6100PC	上海美谱达有限公司

名称	型号	制造厂家
高速冷冻离心机	GL21M	湖南湘立科学仪器有限公司
马弗炉	SRJX-4-9D	上海岛韩实业有限公司
消解器	HCR-100	姜堰市科信仪器有限公司
总碱度测定仪	GDYS-103SI	长春吉大小天鹅仪器有限公司
电热恒温干燥箱	202-3-S	宁波机电工业研究设计院
pH 值计	PB-10	赛多利斯科学仪器(北京)有限公司
超声波细胞粉碎机	JY88-IIN 型	宁波新芝生物科技股份有限公司
超声波细胞粉碎机	K-250	宁波海曙科生超声设备有限公司
倒置荧光成像系统	TS100-F	日本尼康
Zeta 电位分析仪	502	美国康塔仪器公司
激光粒度仪	LS-popⅢ	珠海欧美克仪器有限公司
扫描电镜	MLA650F	美国 FEI
精密 pH 值/ORP/溶解氧/℃/℉计	Bante902	上海般特仪器有限公司
倒置摄像显微镜	XD-202	南京江南永新
厌氧培养箱	YQX-I	上海跃进
超低温冰箱	DW-86L386	青岛海尔

2.2.4 实验测定指标与分析

本实验主要测试如下指标：污泥 DHA 的测试采用氯化三苯基四氮唑（2,3,5-Triphenyl Tetrazoliumchloride，TTC）分光光度法，辅酶 F_{420} 采用紫外光分光光度法，SS 和 VSS 采用重量法测定。

（1）污泥脱氢酶活性测定

脱氢酶是微生物活性细胞内一种重要的氧化酶，它可以将有机物中的氢原子活化，并传递给受氢体，故其在污泥中的含量可以表征为污泥中活性微生物的数量以及该污泥对有机物的降解活性。DHA 常用来衡量好氧活性污泥的活性大小，但也有研究者将其应用于厌氧污泥的活性测定中。唐宁等采用氯化三苯基四氮唑测定厌氧污泥 DHA，建立了 DHA 表征细菌数的数学模型，并进行了实验验证，结果显示 DHA 可取代细菌计数表征厌氧污泥活性。

采用指示剂的还原变色速度来定量地测定 DHA。本实验使用的指示剂为 2,3,5-三苯基四氮唑氯化物（TTC），TTC 能接受脱氢酶活化的氢，由无色变为红色，接着通过比色法测 DHA。其反应机理见下式。

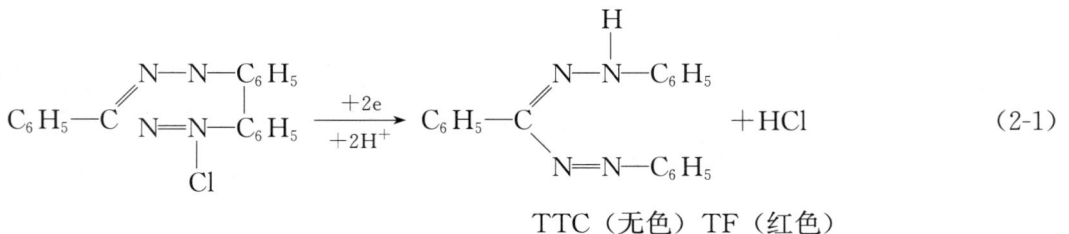

$$C_6H_5-C\begin{matrix}N=N-C_6H_5\\ \\N=N-C_6H_5\\|\\Cl\end{matrix}\xrightarrow[+2H^+]{+2e}C_6H_5-C\begin{matrix}\overset{H}{N}-N-C_6H_5\\ \\N=N-C_6H_5\end{matrix}+HCl \qquad (2-1)$$

TTC（无色）TF（红色）

1）DHA 标准曲线的绘制

称取 50.0mgTTC 置于 50mL 容量瓶中，配置成 1mg/mL 浓度溶液，然后采用稀释的方法分别配置出 20μg/mL、40μg/mL、60μg/mL、80μg/mL 及 100μg/mL 浓度 TTC 备用。取 6 支 20mL 带塞离心管，依次加入 2mLTris-HCl 缓冲液，2mL 蒸馏水，1mL 不同浓度 TTC 液（对照组不加 TTC，用等量蒸馏水代替），1mL10％新配制硫化钠溶液，放于避光处 20min，使无色的 TTC 变为红色的 TF；接着在各管分别加入 5mL 甲苯，提取 TF，90℃恒温振荡萃取 6min，然后离心 10min（4000r/min）；在紫外可见分光光度计上，于选定波长下测光密度值 OD。波长的选择上可以考虑在波长 420～500nm 范围内考查分光光度计发射波长对酶促反应产物萃取液吸光度的影响。结果表明，在波长为 480nm 处，TF 萃取液（甲苯）具有最大 A 值。后续实验将采用这一波长检测 TF 萃取液的吸光度。根据以上操作测定数据以 DHA 为横坐标，OD 值为纵坐标绘制标准曲线如图 2-4 所示。

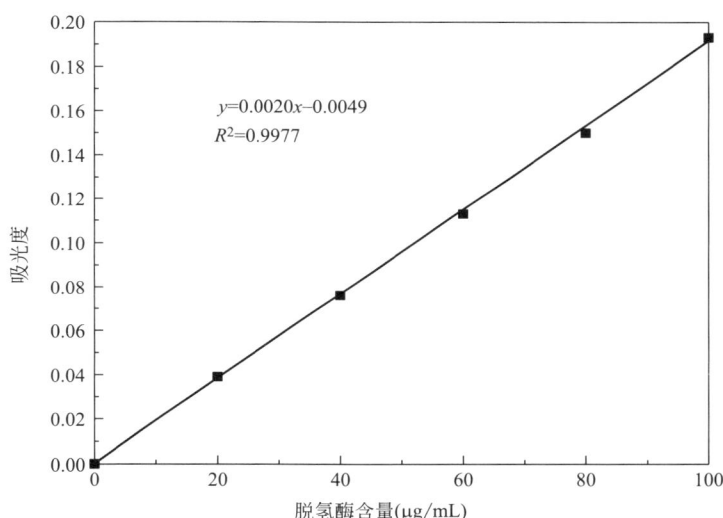

图 2-4　DHA 的标准曲线

2）厌氧污泥 DHA 的测定

取厌氧污泥混合液 50mL 将污泥振荡破碎，离心 5min（4000r/min）后弃去上清液，然后反复用蒸馏水洗涤及离心三次以上。取 1 支 20mL 带塞离心管，加入 2mL 经洗涤过的污泥悬浮液，1.5mLTris-HCL 缓冲液，0.36％的 Na_2SO_3 溶液 0.5mL，10％葡萄糖 0.5mL，0.4％TTC 溶液 0.5mL。样品放于黑布套中，恒温（温度控制在 37℃）振荡 1h，然后取出加入 1～2 滴浓硫酸，在管中加入甲醛 5mL，恒温（温度控制在 90℃）振荡反应 6min；然后离心 10min（4000r/min），取上清液在紫外可见分光光度计上，于 480nm 波长下测光密度值 OD。于图 2-4 标准曲线上查 TF 的产生值，并算得脱氢酶的活性，计算如下式。

$$X = A \times B \times C / D \tag{2-2}$$

式中　X——DHA，$μg/(mgVSS \cdot h)$；

　　　A——标准曲线对应值，$μg/mL$；

　　　B——反应时间校正，即 60min/实际反应时间，本实验中 $B = 1$；

C——比色时的稀释倍数；

D——测试污泥的 MLVSS 浓度，mg/mL。

（2）污泥辅酶 F_{420} 的测定

Fzeng 和 Chessman 在 1972 年首先发现辅酶 F_{420}，后被证实在产甲烷菌中普遍存在而尚未发现其他专性厌氧菌存在有辅酶 F_{420}。辅酶 F_{420} 是一种低电位（$E = -350 \sim -340\text{mV}$）电子载体，由于大部分产甲烷菌缺少铁氧还蛋白，辅酶 F_{420} 作为一种独特的电子载体起到替代作用。由于其在产甲烷菌中的独特性及其不可替代性，所以目前常用测定辅酶 F_{420} 的含量来表征产甲烷菌的活性。

国内外研究者对厌氧污泥中产甲烷菌辅酶 F_{420} 的测定技术进行了较为系统的研究，大致包括紫外-可见分光光度法、氢化酶系统法和荧光法。唐一等[5] 采用荧光法测定产甲烷菌中辅酶 F_{420} 和厌氧污泥在不同基质下最大比产甲烷速率不存在线性相关。吴唯民等[6] 采用紫外-可见分光光度法测辅酶 F_{420} 与产甲烷活性有较好的相关性，并建议将 F_{420} 的含量作为评价反应器中产甲烷菌活性的指标。所以本实验均选用紫外-可见分光光度法测定厌氧污泥 F_{420} 含量。

辅酶 F_{420} 在有氧条件下能通过 $95 \sim 100\text{℃}$ 的水浴从产甲烷菌中分离出来并溶于乙醇或异丙醇，氧化态的辅酶 F_{420} 的激发波长为 420nm，利用辅酶 F_{420} 在酸性条件下失去 420nm 处吸收峰的性质，采用差值光谱法扣除背景干扰，测得 420nm 的消光度值，然后根据已知的不同 pH 值下辅酶 F_{420} 的毫摩尔消光系数计算出辅酶 F_{420} 的浓度。

辅酶 F_{420} 具体测定步骤如下：分别取 10mL 污泥放入 3 支 10mL 离心管中，并测定湿重；离心 10min（4000r/min），弃去上清液，然后加去离子水反复三次；用生理盐水（0.9%）补充至 10mL，摇匀，并静置 30min；离心沉淀后，弃去上清液，并补充去离子水至 10mL，将离心管放入水浴锅中（$95 \sim 100\text{℃}$）水浴 30min，并不断搅拌或摇匀（敞口）；取出离心管待冷却后离心 10min（4000r/min）并取亮黄色透明上清液备用；取 3 支 10mL 离心管，向其中加入上清液 3mL 和无水乙醇 6mL，加塞摇匀后，暗处静置 2h；取静置后的离心管离心 15min（10000r/min），并分别取 3 份 5mL 上清液于 3 个试管中；向 2 支盛有 5mL 上清液的试管中加入 1 滴 3mol/L 的 HCL 溶液，即调整 pH 值＜3 的参比溶液，向 1 支盛有 5mL 上清液的试管中加入 0.15mL 4mol/L 的 NaOH 溶液，即调整 pH 值＝13.5，在紫外分光光度计上测定 420nm 处的消光度值，计算出污泥中辅酶 F_{420} 的含量。计算如下式。

$$Q = C \times \frac{V}{W \cdot \eta} = \frac{A \cdot f}{\varepsilon \cdot L} \times \frac{V}{W \cdot \eta} \tag{2-3}$$

式中 Q——辅酶 F_{420} 的含量，$\mu\text{mol/gVSS}$；

  C——上清液中辅酶 F_{420} 的浓度，$\mu\text{mol/mL}$；

  V——提取上清液的体积，mL；

  W——待测污泥样湿重，g；

  η——VSS 占污泥湿重的比例；

  A——待测液在 420nm 处的消光度值；

  f——试样稀释倍数，本实验取 3 倍；

  ε——辅酶 F_{420} 在 pH 值＝13.5 时的毫摩尔消光系数，$54.3\text{L/(cm} \cdot \text{mmol)}$；

L——比色皿厚度，1cm。

2.3　超声波辐照厌氧污泥活性参数优化与效果分析

2.3.1　超声声能密度对污泥活性的影响

研究表明，超声波辐照的声能密度对污泥强化效果的影响较大，不同性质的污泥其超声波辐照最佳声能密度变化较大。目前已报道的研究结果超声最佳声能密度范围是 $0.27 \sim 600 W/L$，试验用泥控制在 25g/L，pH 值控制在 7 左右，温度控制在 $30 \pm 2℃$，取污泥样品体积约 100mL 于 150mL 玻璃烧杯中，选择超声频率为 20kHz，超声时间控制在 20min，选择超声声能密度 0.02W/mL、0.05W/mL、0.1W/mL、0.2W/mL、0.3W/mL、0.4W/mL；分别测定及计算辐照后污泥的辅酶 F_{420}、DHA。不同声能密度对厌氧污泥辅酶 F_{420} 及 DHA 的影响试验结果如图 2-5 所示。

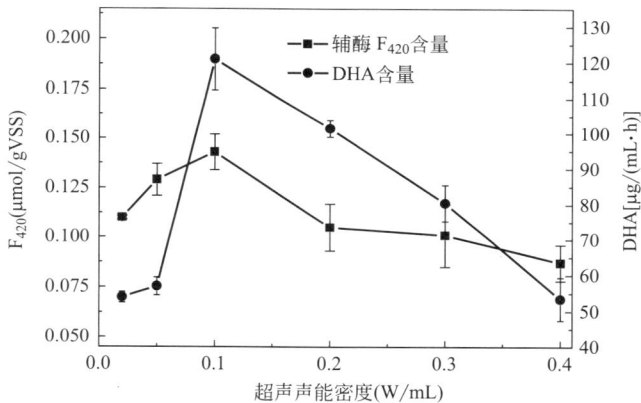

图 2-5　F_{420} 与 DHA 随超声声能密度的变化

由图 2-5 可看出，在声能密度为 $0.02 \sim 0.1 W/mL$ 时，随着声能密度的增加，F_{420} 和 DHA 均显著增加；在声能密度为 0.1W/mL 时污泥活性达到最大，此时辅酶 F_{420} 为 $0.14\mu mol/gVSS$，相对对照组提高了 47.4%；DHA 为 121.0$\mu g/$（mL·h），相比对照组提高了 126.3%。在声能密度为 $0.1 \sim 0.4 W/mL$ 时，随着声能密度的进一步增大，污泥的活性呈下降趋势，当超声声能密度达到 0.4W/mL 时污泥的活性低于对照值。低强度超声波辐照能显著促进厌氧污泥的活性，主要是通过超声波声场产生的高频振动使得细胞与水界面层、细胞膜及细胞壁附近的物质传输加快，增加了细胞壁的通透性，使得细胞内外交换加速，强化了酶和底物的接触。同时超声波能使胞内 Ca^{2+} 浓度增加，加速细胞分裂及合成，促进细胞自身修复。低声能密度产生的微弱空化作用对细胞产生微小损伤，细胞在超声波的刺激下会分泌生物蛋白进行修复遭受损伤的细胞，在修复过程中同时强化了细胞的同化吸收能力，从而增强了微生物的活性。在超声声能密度为 $0.02 \sim 0.1 W/mL$，随着声能密度的增加，辅酶 F_{420} 基本呈线性增加，与 DHA 一样，当声能密度达到 0.1W/mL 时含量达到最大，随着声能密度的进一步增强，辅酶 F_{420} 含量迅速下降，声能密度到达 0.2W/mL 以后下降斜率变缓。分析原因可能是由于高声能密度辐照下，部分细胞被杀死后其胞内物质溶出，大分子瓦解后被细菌利用，从而促进了产甲烷细菌的新陈代谢，有机底物的增加加快了厌氧发酵速度，使得辅酶 F_{420} 含量下降变缓，当声能密度达到 0.3W/mL 以后，辅酶含量又迅速下降，甚至开始低于对照组。说明超声波产生的作用已经超过产甲烷菌的承受范围，使其细胞结构遭到部分或全部破坏。由前可知，超声波辐照的声能密度为 0.1W/mL 时，辅酶 F_{420} 和 DHA 都达到最大，此时厌氧污泥活性得到最大促进。

在低强度超声波强化污泥活性时存在一个"临界失活声强"，在达到临界失活声强前，污泥活性随着超声波功率的增大而增大，当超过临界失活声强时，微生物受到超声波的伤害过大，活性开始下降。Schläfer 等认为对好氧反应器而言最佳声能密度为 1.5W/L，而厌氧反应器最佳声能密度为 0.9W/L。王秀蘅等[7] 进行了超声波强化膜生物反应器（MBR）处理低温生活污水的研究，试验结果表明，最佳超声参数为 0.27W/L、20min、28kHz，孙成江等[8] 在低强度超声辐照对污泥微生物种群结构及活性的影响的实验中，最佳参数为 0.6W/mL、10min、35kHz。而 Zhang 等所采用的最佳超声波参数为 25kHz、0.2W/mL、30s，Xie 等采用的最佳超声参数为 35kHz、0.2W/cm² 、10min（厌氧污水处理），不同研究者所得出的最佳超声参数差别非常大。由于活性污泥自身的生物多样性，加上进水水质及生长环境的差异性，这造成了不同的活性污泥所适应的最佳超声参数有着较大的差别。而且超声波生物效应受生物群落结构、污泥浓度和类型等因素的影响较大。

声能密度太低时，超声波的促进作用不明显；但是过高将会抑制甚至是损害微生物细胞。对于 DHA，在很低的声能密度条件下污泥活性增长较缓，由于此阶段超声波振幅较小且超声空化气泡少，不足以对细胞增长产生大的影响，随着声能密度的进一步加大，此时的 DHA 随着声能密度的增加呈现线性增长态势。但是当声能密度超过"临界失活声强"后，不适应的细菌数量开始占优势，污泥的活性逐渐下降，当声能密度过高时，超声组污泥活性已经低于对照组，说明此时污泥结构遭到破坏，并且使酶失活。超声波辐照降低酶的活性甚至使酶失活主要来源于以下三个原因：①温度效应，即由于液体介质升温使酶失活；②化学氧化效应，超声空化产物自由基与过氧化物使酶被氧化失活；③空化力学效应，超声空化产生的微射流机械作用使酶失活。本实验过程中随着声能密度的增加温度升高幅度极其有限，推测主要是声能密度的增加达到并超过了混合液空化阈值产生的空化效应使酶活性降低。

2.3.2 超声波辐照时间对污泥活性的影响

辐照时间与声能密度的乘积与污泥质量的比值表示单位质量污泥所接受的能量，在超声波辐照过程中辐照时间对污泥活性有很大影响，不合适的辐照时间不仅不能促进污泥活性而且还会破坏其生物结构从而降低污泥活性。因此，通过选择 0～60min 的辐照时间考察了其对污泥活性促进的影响。试验用泥控制在 25g/L，pH 值控制在 7 左右，温度控制在 30±2℃，取污泥样品体积约 100mL 于 150mL 玻璃烧杯中，选择超声频率为 20kHz，超声声能密度为 0.1W/mL，辐照时间选 5min、7min、10min、15min、20min、30min、40min、50min、60min。将超声后的污泥放入密闭瓶中在恒温水浴振荡箱（温度保持在 30±2℃）内培养 30min。测定及计算辐照前、后污泥的辅酶 F_{420} 、DHA。

图 2-6 所示为声能密度为 0.1W/mL 时，F_{420} 浓度与 DHA 随辐照时间的变化。由图 2-6 可看出，超声波辐照厌氧污泥也存在一个最佳的辐照时间，在 0～10min 内，随着辐照

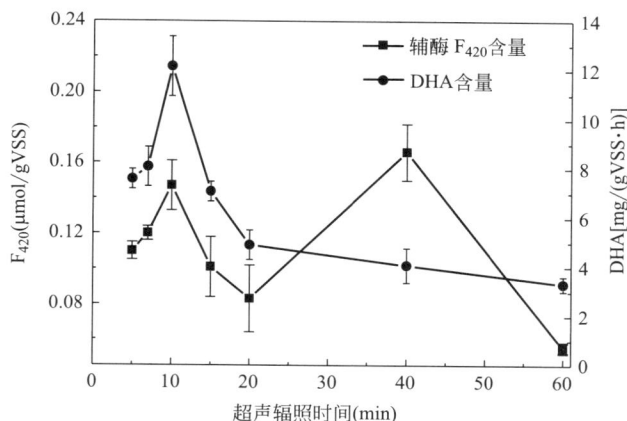

图 2-6　F_{420} 与 DHA 随超声波辐照时间的变化

时间的增加，F_{420} 浓度和 DHA 均显著增加；在辐照时间为 10min 时污泥活性达到最大值，此时辅酶 F_{420} 浓度为 $0.15\mu mol/gVSS$，相比对照组提高了 59.8%，DHA 为 12.2mg/$(gVSS \cdot h)$，相对对照组提高了 192.3%；当辐照时间超过 10min，DHA 就逐渐下降，辐照时间到 40min 时就低于对照值。Schläfer 等认为超声波辐照对细胞同时存在促进与抑制的双重作用，所以辐照时间过长可能会强化抑制作用。低强度超声波辐照产生弱空化作用可形成空化泡，使微生物细胞表面被创伤。短时期伤口小，会诱导细胞分泌出更多的酶产生自身修复作用，从而强化微生物的活性；但是当辐照时间延长，伤口将会增大，使其自身修复能力下降，从而降低生物活性。丁文川等[9] 采用好氧污泥超声强化作用实验也发现：经过 30min 的辐照，污泥蛋白酶不仅没有升高反而降低为初始值的 61.8%，长时间辐照会抑制污泥蛋白酶的活性。一方面是长时间的辐照导致超声能耗过大，由此产生的机械振动和稳态空化作用超过蛋白酶的承受能力从而使蛋白酶遭受不可逆的破坏，降低了其催化能力；另一方面他猜测超声波的辐照作用对能分泌蛋白酶的微生物群影响更大，延长辐照时间会使该类微生物活性变差，才导致污泥中蛋白酶含量的减少。

　　辅酶 F_{420} 的浓度在辐照 20min 达到低值后随着时间又显著上升，到 40min 达到最大，直到 60min 才又下降到最低。Onyeche 等[10] 采用 20kHz 频率的超声波，在输入功率为 200W 的情况下辐照浓度为 10g/L 的剩余污泥 30min 后，污泥中的大分子有机物被瓦解成小分子物质从而被微生物利用以促进微生物的新陈代谢，使得其甲烷产量明显高于对照组污泥。本实验中辅酶 F_{420} 含量的进一步上升，可能由于产甲烷菌本身抵抗辐照持续伤害能力优于其他厌氧菌，当辐照持续一段时间（本实验是 20min）后随着辐照时间的延长由于机械促进传质、增加酶活性以及被瓦解的大分子造成的高底物浓度等有利作用大于辐照持续时间对产甲烷菌的伤害，致使产甲烷菌活性持续增加。同时随着辐照时间延长，伤口增大，细胞自身修复困难，反而使细菌活性受到抑制，甚至部分细菌细胞内物质溶出，使得污泥基质浓度升高。但是溶出的胞内物质含有的辅酶仍能被提取，而基质浓度升高又可能进一步促进了产甲烷菌的活性，超声波增强细胞通透性的作用也使得经过长时间超声的细胞中的辅酶更易被提取剂提取，因此，测得的辅酶含量反而上升了。直到超声持续时间达到 60min，大部分细菌死亡导致辅酶含量又一次下降。

实验还发现超声波辐照对污泥 DHA 的影响存在一个能量极限，当输入能量低于这个极限时，随着能量的增加，酶的活性就会显著提升，一旦能量超过这一极限，DHA 就会下降。低强度超声波促进厌氧污泥活性也存在一个最佳的超声波辐照时间。

2.3.3 超声波辐照后厌氧污泥活性持续时间

适当的超声波辐照能促进污泥活性，而且当辐照结束后强化作用不仅不会立即消失，还会持续达到一个最大值，然后才会慢慢地恢复到初始状态。但是不同的研究者得出的污泥活性达到最大值时间和持续时间均不相同，由于不同的研究者采用的超声波辐照参数各异，选取的污泥性质也不尽相同，污水生物处理系统本身就是个复杂的酶催化反应，所以研究结果不具备可比性，且上述研究均是以好氧活性污泥为研究对象进行的研究。试验以厌氧污泥为研究对象，研究适当参数超声波辐照后厌氧污泥活性的变化规律，为低强度超声波辐照强化污水厌氧生物处理的辐照间隔时间的选取提供设计依据。超声声能密度采用 0.1W/mL，辐照时间采用 10min，污泥 MLSS 控制在 25g/L，pH 值控制在 7 左右，温度控制在 $30 \pm 2℃$，超声波辐照后将污泥放入密闭瓶中投加营养物质（BOD：N：P＝200：5：1），为了更好地比较超声组与对照组的差别，我们将瓶内反应物初始 COD_{cr} 值调整为 1200mg/L，微量元素投加（比例如表 3-1 所示）后在恒温水浴振荡箱内培养（密闭瓶容积为 300mL，瓶内污泥浓度为 8.3g/L，温度保持在 $30 \pm 2℃$），并间隔 2h 测定及计算辐照前及各辐照后污泥的辅酶 F_{420}、DHA 与上清液 COD 值，直到基本保持稳定为止。

图 2-7 显示的是经过超声和未超声两组厌氧污泥在恒温振荡箱内的 COD 降解随时间的变化过程。由图 2-7 可看出，超声组在 0～4h 内 COD 的降解速率明显高于对照组，这说明通过超声波辐照提高的厌氧污泥活性能在较长的时间内对有机物的降解起到促进作用，在 0.5h 时测定的有机物的去除量超声组为对照组的 2 倍以上，分析原因可能是超声作用产生的机械效应使污泥絮体分散，从而增大了整个絮体的表面积，同时超声空化作用会导致细菌 EPS 的释放，强化了污泥的初期吸附效果，从而使得超声组在初始 30min 内吸附能力大大超过对照组。

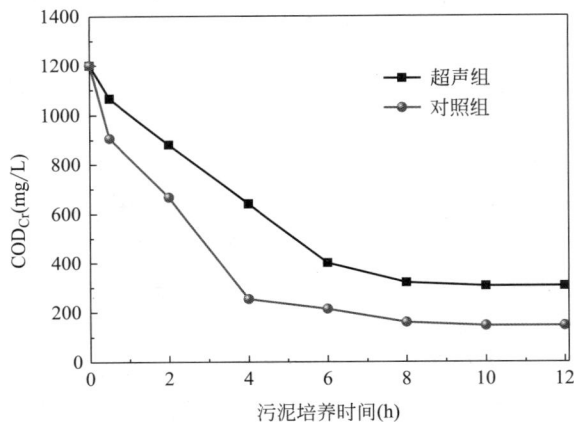

图 2-7 超声组与对照组 COD 浓度随培养时间的变化

在 4～8h 内超声组相对对照组的 COD 降解速率大大变缓，这一阶段分析原因主要是超声组的底物浓度已经下降到一个较低的水平，在基质浓度较低的情况下，微生物的比基质去除率与限制基质浓度成正比，这样就削减了超声波辐照对厌氧污泥降解有机物的促进作用。同时酶吸收的能量随时间逐渐消散，使得其活性逐渐恢复到原始水平，超声波辐照的持续作用也在逐渐减弱，导致超声组的基质利用速率反而低于对照组。8h 以后无论是超声组还是对照组的 COD 均不再降低，但显然超声组的出水 COD 值小于对照组。初始 COD 为 1200mg/L，对照组最终 COD 为 306mg/L，COD 去除率 74.5%；超声组最终 COD 为 146mg/L，COD 去除率为 87.8%；COD 去除率提高了 13.3%，大于文献报道的强化能力。分析原因可能是不同生长期污泥对超声波辐照效果存在差异，基质浓度低的污泥在超声波辐照作用下显现更大的强化效果，同时也有研究表明，超声促进效应表现在不同菌群微生物中的差异很大。说明超声波对厌氧污泥降解有机物有明显促进作用。

图 2-8 显示的是经过最佳超声参数辐照后的厌氧污泥在恒温振荡箱内培养过程中辅酶 F_{420}、DHA 随时间的变化过程。由图 2-8 可看出，经过超声波辐照后污泥的活性会随着时间的延长而逐渐增强，经过 4h 后其辅酶 F_{420} 及 DHA 均达到最大值，4h 以后随着时间的延长无论是辅酶 F_{420} 还是 DHA 都开始下降，到达 10h 以后基本接近对照组，此时超声波辐照的强化作用效果基本消失，这与刘红等在好氧污泥超声强化研究中得出的变化趋势相近。从图 2-8 可以看出低强度超声波对厌氧污泥活性的强化作用在辐照后随着时间延长逐渐上升，在一定的时间内活性达到最高，然后污泥活性随时间逐渐降低至低于辐照前的起始活性。分析原因是超声作用通过改变细胞的通透性，增强了微生物与基质的传质作用，从而在超声波辐照过程中增加了微生物的活性；在超声结束后，超声作用使细胞受创，激起了其本能防御，分泌出更多的活性酶，促使了微生物的新陈代谢活动；超声波能使胞内 Ca^{2+} 浓度增大，加速细胞分裂及合成，使细胞自我修复得到强化；超声波辐照细胞产生的声孔效应，使细胞质膜破裂，在修复之前能增加细胞内外传质；超声波辐照可影响蛋白质的结构、功能，从而导致细通透性的改变；另外，超声波辐照的持续作用主要是由于超声促进了酶的分泌，在超声波辐照后一个较长的时间，只有当细胞完成繁殖开始产生酶时，活性的强化才得以显现。从本实验显现的数据来看，在 4h 后强化效果就达到了最大，但是其强化效果可持续到 10h 左右，在这过程中细菌的能量逐渐消散，细胞活性逐渐恢复到正常水平。

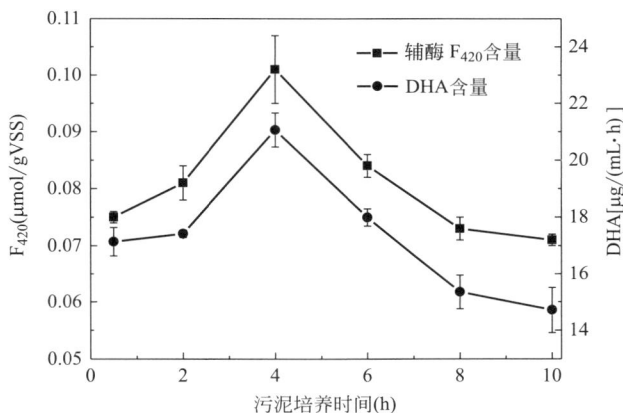

图 2-8　F_{420} 与 DHA 超声波辐照后随培养时间的变化

2.4 污泥初始条件对超声波辐照效果的影响

本节中声能密度采用 0.1W/mL，辐照时间采用 10min，污泥 MLSS 控制在 20g/L，pH 值控制在 7 左右，温度控制在 30±2℃的实验条件，以辅酶 F_{420} 及 DHA 为评价指标，研究厌氧初始污泥的浓度、初始温度、初始 COD 值等参数及污泥搅拌等条件的改变对厌氧污泥超声波辐照效果的影响，揭示了厌氧污泥超声波辐照污泥活性促进的规律，研究结果为后续厌氧反应器负载超声波处理污水提供参考数据。

根据前期研究成果，在超声输入声能密度 0.1W/mL，辐照时间 10min 的条件下进行辐照强化试验。将原污泥 pH 值控制在 7 左右，每次试验用污泥体积均为 100mL，置于 150mL 玻璃烧杯中，充入适量的氮气以排除烧杯中的氧气，然后将烧杯口密闭，将超声探头伸入液面下约 10mm 进行超声。

2.4.1 污泥初始温度对超声波辐照效果的影响

利用冰浴或恒温水浴锅控制污泥初始温度在 5℃、10℃、20℃、30℃及 40℃。在前述条件下超声，将超声波辐照后的污泥放入密闭瓶中在恒温水浴振荡箱（温度保持在 30±2℃）内培养 30min。测定及计算辐照后各污泥样的辅酶 F_{420}、DHA。厌氧污泥初始温度对超声波辐照促进污泥活性的影响如图 2-9 所示。

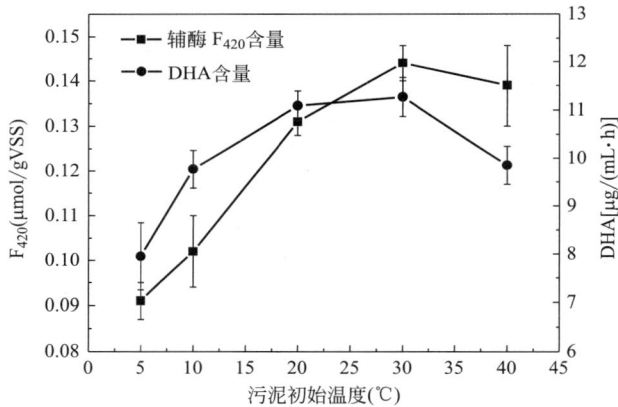

图 2-9 DHA 与 F_{420} 随污泥初始温度的变化

由图 2-9 可以看出，污泥初始温度为 0~10℃，随着温度的升高 DHA 显著增加，在 10~20℃时，DHA 随着温度增加趋势变缓；在 20~30℃时，DHA 不再随着温度变化，此阶段 DHA 达到最大。而当温度上升到 40℃时 DHA 反而下降。分析原因：当温度较低时，污泥的黏度较大，导致部分污泥无法得到有效的超声波辐照，且污泥空化阈值较高，超声空化现象受到一定程度的抑制，这说明当温度较低时对超声波辐照效果有影响；而当温度升高到 20℃时影响就会被完全消除，主要是由于高温降低了污泥的空化阈值，且气体蒸汽压随温度升高而增加，空化气泡闭合困难，利于产生更多空化核，使空化作用增强，污泥 DHA 得到显著增加。但是温度达到 20℃后仍进一步升高对 DHA 增加效果不明显，主要是由于温度超过 20℃后玻璃烧杯中污泥能得到有效的辐照，超声辐照本身会产生一个小幅度的温度上升的过程，20℃后初始温度的上升就不会产生明显的影响。但是当温度进一步升高到 40℃时污泥 DHA 不仅不增加反而下降，分析原因可能是超声强化作用中的空化作用强化传质，使得次生产物不会造成累积从而强化辐照效应。当温度升高，污泥空化阈值下降到一定程度，稳态空化就可以转化为瞬态空化，形成局部高温、高压环境使细胞结构破坏或使酶失活，从而降低了 DHA。

辅酶 F_{420} 浓度变化与 DHA 变化基本一致，只是温度在 20～30℃时，辅酶 F_{420} 浓度随着温度的升高进一步增大，而当温度达到 40℃时辅酶 F_{420} 浓度也基本保持在一个比较高的水平。分析原因：由于产甲烷菌对温度的敏感度要高于厌氧酸化菌，随着温度的上升，其生长速率逐渐上升，污泥升温可使部分絮体分散和胞内物溶出，增加了基质的浓度，且产甲烷菌的活性在最适宜温度区能达到最大值，所以其辅酶 F_{420} 浓度随着温度的升高而增加。不同的超声条件对酶的促进或抑制作用不同，超声条件不变的情况下对应不同的酶也会有不同效应。

2.4.2　污泥总固体浓度对超声波辐照效果的影响

试验用污泥温度控制在 20℃，采用重力浓缩试验污泥，得到约 40g/L 的浓缩污泥，然后用蒸馏水配制成 5g/L、10g/L、15g/L、20g/L、25g/L、30g/L、40g/L。在前述条件下进行超声，将超声后污泥放入密闭瓶中在恒温水浴振荡箱（温度保持在 30±2℃）内培养 30min。测定及计算辐照后各污泥样的辅酶 F_{420}、DHA。厌氧污泥初始固体浓度对超声波辐照促进污泥活性的影响如图 2-10 所示。

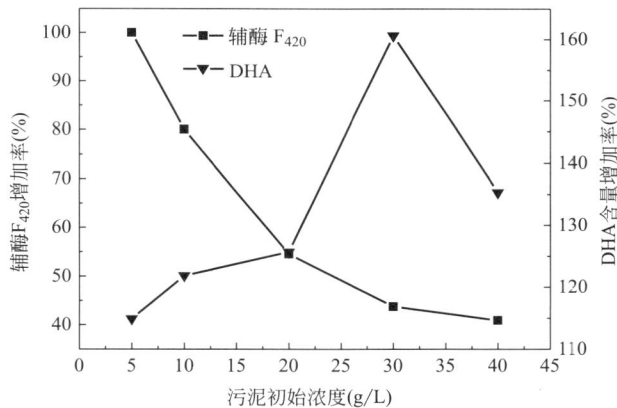

图 2-10　F_{420} 与 DHA 的增加率随污泥浓度的变化

由图 2-10 可以看出，随着污泥浓度的增加，辅酶 F_{420} 浓度逐渐降低，但是降低的趋势逐渐变缓。在污泥浓度为 5g/L 时，辅酶 F_{420} 浓度增加率为 100%，此时输入超声波比能量为 12kJ/gTS；在污泥浓度为 20g/L 时，辅酶 F_{420} 浓度增加率为 54.6%，此时输入超声波比能量为 3kJ/gTS；在污泥浓度达到 40g/L 时，辅酶 F_{420} 浓度增加率为 40.9%，此时输入超声波比能量仅为 1.5kJ/gTS。在污泥浓度为 5～20g/L 之间时，辅酶 F_{420} 随污泥浓度增大而迅速降低，而当污泥浓度大于 20g/L 时，虽然辅酶 F_{420} 浓度仍然随污泥浓度增大而降低，但是降低的幅度大大变缓。这是由于污泥强化主要受到超声空化的影响，同样的超声条件下产生的空化效果相近，污泥浓度较低，其空化阈值低，容易发生空化现象。在污泥浓度较低的条件下，单位污泥受到的作用力越大，F_{420} 就越大。而且由于高的超声波比能量辐照下，部分细胞被杀死后其胞内物质溶出，大分子被瓦解后进一步被细菌利用，从而促进了产甲烷细菌的新陈代谢，有机底物浓度的增加，使厌氧消化速率加速。随着污泥浓度的增加，单位能耗的超声能利用率增加，导致单位污泥的超声能耗降低，使得单位污泥受到的作用力减小，同时污泥浓度高会使污泥黏度加大，不能使所有污泥都得到充分辐照，因此污泥的辅酶 F_{420} 增加率随着污泥浓度的增大而降低，这符合能量守恒定律。

DHA 的变化与辅酶 F_{420} 变化正好相反，随着污泥浓度的增加，DHA 增加率逐渐加大。在污泥浓度为 5～20g/L 时，DHA 增加率随污泥浓度增大而缓慢上升，当污泥浓度由 20g/L 上升到 25g/L 时，DHA 增加率显著上升，在污泥浓度为 25g/L 时 DHA 增加率达到最大，随后 DHA 增加率开始随着浓度的升高而下降。分析原因：可能是对每一种类型的生物反应来说都存在其最优化的声能密度和辐照时间，不适当的处理时间和处理强度则不利于污泥 DHA 的提高，而本实验选择的优化超声参数是在污泥浓度为 25g/L 的条件下进行的，所以可认为本优化参数条件适合的超声污泥浓度为 25g/L。Lin 等[11] 的研究表明，不同的酶在相同的超声条件下会有不同的表现，这也是辅酶 F_{420} 与 DHA 表现出不同变化趋势的原因。

2.4.3 初始有机物浓度对超声波辐照效果的影响

试验用污泥控制在 20g/L，分别配置不同 COD 浓度的污水加入反应瓶中在恒温（30±2℃）震荡摇床培养 4h（目的是使污泥吸附不同浓度的营养物质，处于不同的有机负荷状态），然后取出污泥控制温度在 20℃，在前述条件下超声，接着将污泥放入密闭瓶中在恒温水浴振荡箱（温度保持在 30±2℃）内培养 30min。测定及计算辐照后各污泥样的辅酶 F_{420} 与 DHA。反应瓶中 COD 投加浓度如表 2-3 所示。厌氧污泥在不同 COD 情况下对超声波辐照促进污泥活性的影响如图 2-11 所示。

COD 投加浓度对照表   表 2-3

反应瓶编号	1	2	3	4	5
COD(g/L)	0.2	0.6	1	2	5

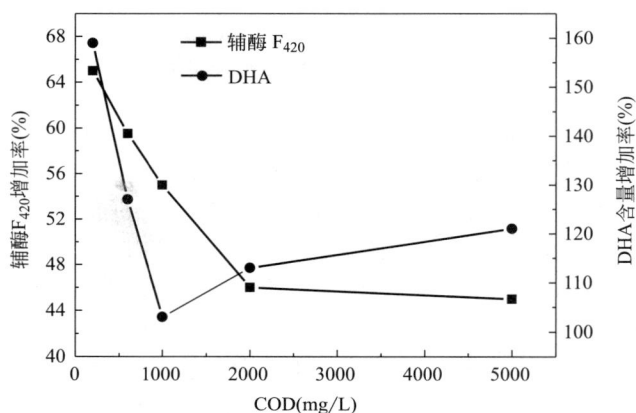

图 2-11 F_{420} 与 DHA 的增加率随初始 COD 的变化

由图 2-11 可以看出，随着初始 COD 的增加，辅酶 F_{420} 的增加率成直线陡峭下降，到 COD 为 2000mg/L 以后，辅酶 F_{420} 的增加率才随着 COD 的增加而缓慢降低。DHA 的增加率与辅酶 F_{420} 的趋势基本一致，只是在负荷大于 1000mg/L 以后，DHA 的增加率随着 COD 的增加而缓慢上升。分析原因，在负荷较低的情况下，微生物处于缺乏基质的状态，其初始活性较低，超声波辐照会导致污泥絮体破碎[12]，使污泥中的 EPS 释放，增加污水中的蛋白质和核酸含量从而增加了溶液中可利用的基质；同时在超声刺激提高酶的活性的双重作用下，污泥的活性得到更大的促进，当 COD 逐渐加大以后，这种影响将会被逐渐削弱。所以在低基质浓度下更有利于提高厌氧污泥的活性。这一现象将更利于低浓度污水厌氧生物处理的超声强化作用。

2.4.4　搅拌条件对超声波辐照效果的影响

试验用污泥控制在 20g/L，温度控制在 20℃，污泥取用前 COD 为 600mg/L，在无搅拌、连续搅拌和间歇搅拌（间歇周期为 2min，每次慢速搅拌 5 周）条件下超声，然后将污泥放入密闭瓶中在恒温水浴振荡箱（温度保持在 30 ± 2℃）内培养 30min。测定及计算辐照后各污泥样的辅酶 F_{420}、DHA。厌氧污泥在超声过程中不同操作情况下对超声波辐照促进污泥活性的影响结果如表 2-4 所示。

F_{420} 与 DHA 随搅拌条件的变化表　　　　　　　　　　　　　表 2-4

搅拌条件	无搅拌	间歇搅拌	连续搅拌
辅酶 F_{420} 浓度（μmol/gVSS）	0.12	0.14	0.13
DHA[mg/(gVSS·h)]	11.2	12.6	11.4

由表 2-4 可以看出，间歇搅拌能够提高污泥强化效果，而连续搅拌使强化效果降低，但是增加及降低效果均不是很明显。分析原因：可能是间歇搅拌使污泥中更多的生物体接收到强超声波辐照，使得相同比能量下超声能利用效率更高，而连续搅拌使污泥流动过于频繁，减少了辐照于污泥上的持续接触时间，使超声能量利用率下降。同时，由于超声波辐照本身就对混合液有一定的搅拌作用，所以由搅拌操作条件造成的污泥活性变化差异性不大。

2.4.5　超声波辐照污水的生物处理效果

试验用污泥控制在 20g/L，温度控制在 20℃，污泥取用前污水 COD 为 600mg/L，超声过程采用间歇搅拌。在前述条件下超声后，然后将污泥放入密闭瓶中投加营养物质后在恒温水浴振荡箱内培养（培养温度控制在 30 ± 2℃，密闭瓶容积为 300mL，瓶内污泥浓度 6.7g/L，培养液 COD 约 1200mg/L）8h 后测定 COD 值。

由表 2-5 可知初始 COD 为 1200mg/L，对照组最终 COD 为 304mg/L，COD 去除率为 74.7%；超声组最终 COD 为 149mg/L，COD 去除率为 87.6%；COD 去除率提高了 12.9%，大于文献报道的强化能力。分析原因：可能是不同生长期污泥对超声波辐照效果存在差异，低负荷污泥在超声波辐照作用下显现出更大的强化效果，同时也有研究表明，超声促进效应表现在不同菌群的微生物中差异很大。说明超声对厌氧污泥降解有机物有明显的促进作用。

超声波强化厌氧污泥去除有机物结果对照表		表 2-5
	超声组	对照组
进水 COD 值(mg/L)	1200±32	1200±32
出水 COD 值(mg/L)	149±6.4	304±12.8
COD 去除率(%)	87.6±1.0	74.7±2.1

2.5　超声波辐照对厌氧污泥特性的影响

2.5.1　超声波辐照对厌氧污泥温度和 pH 值的影响

超声波在作用于媒质的过程中，超声波能量与媒质之间产生的摩擦，使得媒质自身温度升高的效应称之为热效应。热效应是超声波与混合液相互作用的主要机制之一，超声过程中，媒质质点产生振动以获得动能，部分动能由于质点间的摩擦而转化为热能从而为液体吸收导致液体温度升高产生热效应。另外高强度超声波在液体中产生的空化效应也会产生一定的热量。当热效应作用于混合液中会改善流体性能，使生物新陈代谢加快，增强生物酶的活性。本实验采用的是低强度超声波辐照，产生的主要是稳态空化效应，对混合液温度的影响主要是机械效应产生的质点振动产生的热效应。

取 100mL 含水率为 98% 的厌氧污泥于烧杯中，在输入声能密度为 0.1W/mL 的超声波辐照下，随着辐照时间测定各时期泥样的温度及 pH 值，如表 2-6 所示。

污泥超声前后温度及 pH 值变化对照表		表 2-6
超声波辐照时间(min)	泥样温度	泥样 pH 值
0	11.7	6.57
1	11.6	6.55
2	11.8	6.47
4	12.1	6.43
6	12.3	6.45
8	12.2	6.40
10	12.0	6.43

由表 2-6 可知，在低声能密度辐照条件下，污泥温度上升幅度极小，整个超声波辐照过程中污泥温度基本稳定在环境温度。这主要是由于低声能密度辐照不能产生瞬态空化效应使液体温度升高，由机械引起质点内摩擦产生的热量与外界发生热交换损失导致污泥温度未发生变化，郐艳等[13] 的研究也表明，在声能密度为 1W/mL 及 5W/mL 时，辐照 30min 后对污泥介质的温度影响也就是变化了几摄氏度。说明低声能密度辐照对污泥的温度没有影响，不会产生超声热效应促进污泥活性。超声波辐照过程中，由于超声空化剪切作用破坏了污泥絮体结构，使得絮体分散，部分 EPS 溶出释放于水中，溶出物在水中水解使得 pH 值发生改变，但是由表 2-6 可看出，由于溶出物成分复杂，显现出的溶液中 pH 值变化无明显规律且变化很小，因此超声作用使 pH 值的改变对后续污泥回流至反应器影

响不大。宋新南等[14] 采用超声能密度为 1.0W/mL 的超声波处理含水率 99% 的剩余污泥也认为污泥的 pH 值缓冲能力较强，超声作用不足以引起污泥 pH 值的明显变化。

2.5.2　超声波辐照对厌氧污泥絮体结构的影响

为了了解超声波辐照过程污泥絮体结构的变化，对不同超声时间段的污泥絮体进行了 100 倍显微镜观察，结果如图 2-12 所示。

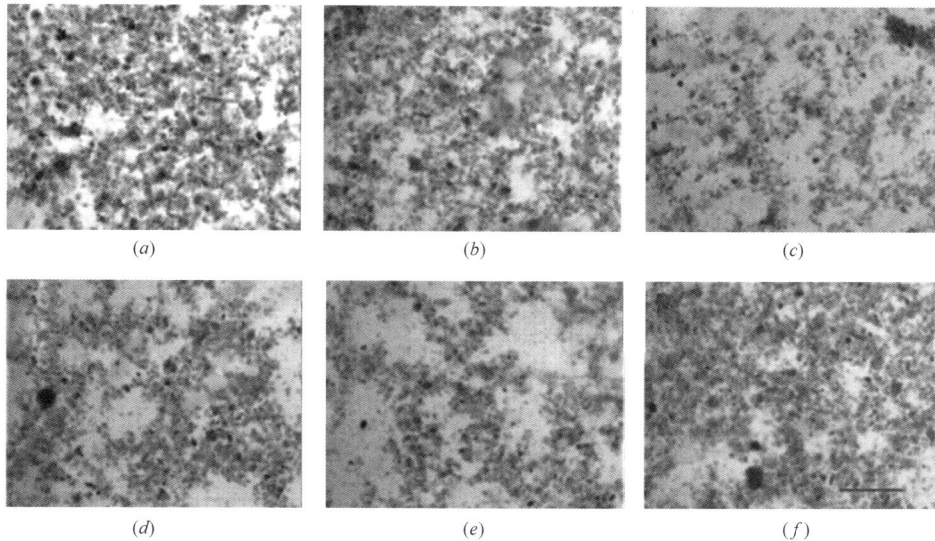

图 2-12　不同超声波处理时间絮体结构变化图（标尺为 1mm）
(a) 0min；(b) 1min；(c) 2min；(d) 5min；(e) 8min；(f) 10min

由图 2-12 可知，超声波辐照前原污泥样品絮体尺寸较大，絮体结构基本紧密而完整，表面比较光滑平整。经过超声波辐照后部分污泥絮体在水力剪切作用下破碎，促使絮体结构松散，增加絮体表面积。尤其是超声波辐照时间达到 5min 以后，絮体分散且表面粗糙，絮体尺寸也有所减小。有研究[15] 表明，超声波辐照较短时间即可使污泥絮体直径变小，采用 21kHz，输入声能密度 0.04W/mL 的超声波辐照 5min 后，絮体平均直径较对照组减小了 37.3%；辐照 10min 时絮体平均直径较对照组减小了 51.2%；但随着辐照延长到 20min，絮体平均直径却基本不再发生变化。冯新等[16] 的研究认为 1000kJ/kg 的超声能量输入是改变污泥絮体结构的最低能量要求。本实验条件下在辐照 2min 时的超声能量输入为 600kJ/kg，尚不足以造成污泥絮体结构的变化，辐照 5min 时的超声能量输入就已经达到了 1500kJ/kg，此时就可以看出污泥絮体开始发生较大的变化，而当辐照时间达到 10min 时，此时超声能量输入就已经达到了 3000kJ/kg，这是污泥絮体发生了更大的变化。低强度超声波辐照导致絮体分散，增大了固液接触面积，起到了强化传质，提高污水生物处理效率的作用。这也是低强度超声强化污水厌氧生物处理的促进作用之一。

2.5.3　超声波辐照对厌氧污泥沉降性能的影响

低强度超声波辐照能够引起污泥絮体结构变化，改变污泥 EPS 成分，进而影响污泥沉淀性能。本实验通过比较计算超声前后污泥的沉降速度，分析超声波辐照对沉降性能的影响，并揭示其机理。分别取 100mL 辐照前后的厌氧污泥至于 100mL 量筒内，采用玻璃棒轻轻搅拌均匀后同时开始计时，记录一定时间内泥水分界液面高度以计算污泥沉降速度。为了实现泥水分离达到净化污水的目的，污泥沉降速度是评价其沉降性能的重要指标。研究表明，污泥沉降采用的容器边壁直接影响其沉降性能，但本实验是在相同实验条件下比较超声组与对照组污泥沉降速度的变化，这种共同的边壁影响作用可以忽略。超声波辐照对厌氧污泥的沉降性能的影响结果如图 2-13 所示。

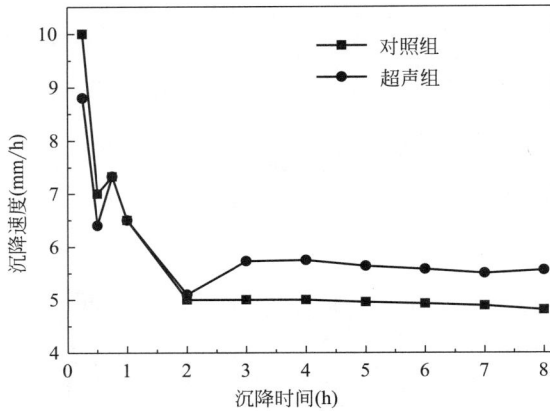

图 2-13　超声前后污泥沉降速度随时间的变化

由图 2-13 可知，无论是超声组还是对照组，在沉降时间为 15min 时的沉降速度是最大的，到 30min 时沉降速度有所下降，沉降时间到 45min 时又有小幅度上升，然后迅速下降，对照组 2h 以后沉降速度基本保持稳定小幅度下降，超声组在 2h 以后又有一个小幅度上升，到达 3h 以后才基本保持稳定小幅度下降。冯新等[16] 对 A²/O 工艺污水厂剩余污泥进行超声破解研究，发现低能量的超声波有利于改善污泥的沉降性能，但是当超声能量大于 5kJ/gTS 时，污泥的沉降速度开始下降，而且随超声能量增加显著下降。Bougrier 等[17] 认为超声能够影响污泥颗粒大小与絮体结构，Sears 等[18] 研究表明污泥的沉淀性能与颗粒粒径大小及密度有直接关系。Chu 等[19] 则认为超声处理不会影响污泥沉降速度。

本实验过程中，在沉降的初始 30min，超声组沉降速度小于对照组，可能是由于超声波辐照作用产生的机械剪切作用使得絮体分散，部分 EPS 成分释放到混合液中改变了分散相胶团之间的相互作用，破坏了其稳定结构降低了沉降性能。随着沉降时间，在 45min～2h 期间，超声组沉降速度基本与对照组一致，2h 以后超声组沉降速度开始大于对照组并一直保持至实验结束的 8h。分析原因：可能是超声波辐照对污泥活性产生了促进作用，这种促进作用在超声结束后仍然持续增加，增加的污泥活性强化了吸附性能，使得分散的絮体产生重组而显现出再絮凝现象从而使沉降速度增加。

2.5.4　超声波辐照对厌氧污泥 Zeta 电位的影响

Zeta 电位是分散于水相中的胶体带有电荷，在电场作用下与液相发生相对运动，在固液之间的水化层相对液相产生的电位差。它表征的是液相中胶体所带的有效电荷，由于厌氧污泥中大多数细菌细胞及其 EPS 都是由肽聚糖、粘聚糖、多糖、蛋白质及核酸等组成，同时污泥 EPS 中含有硫酸根、羧基、磷酸根等带负电荷的官能团及少量正电荷的官能团，这些化学成分决定了污泥表面 Zeta 电位为负值。Zeta 电位绝对值可以表征胶体所带电荷的量，而胶体所带电荷越大，其分散性越好，聚集性就越差。

研究表明，超声波能改变污泥的表面 Zeta 电位，进而影响污泥的沉降性能。但是不同研究者因为采用的超声参数及污泥性质各不相同，所得出的结论并不一致。本实验以厌氧污泥为研究对象，研究超声波辐照时间对污泥的表面 Zeta 电位的影响，揭示超声强化厌氧生物处理过程污泥性质变化规律，为低强度超声促进厌氧生物处理提供理论依据。分别取 100mL 含水率为 98% 的厌氧污泥于各编号烧杯中，在输入声能密度为 0.1W/mL 的超声波辐照下，测定不同辐照时间污泥的表面 Zeta 电位。测定步骤是取 50mL 混合液离心 5min（3000r/m），取底部污泥用去离子水配置成 6g/L 的混合液，然后放入样品池，每组测量 3 次，取平均值，最后得出的结果如图 2-14 所示。

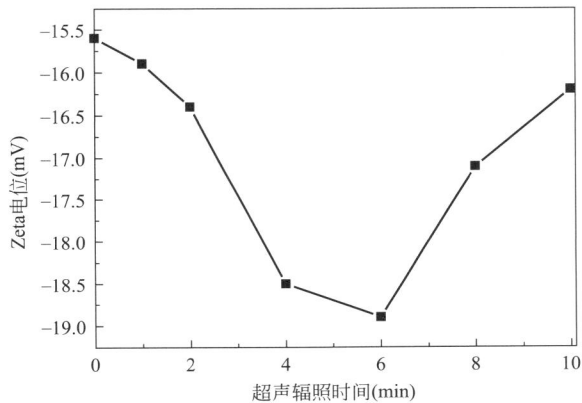

图 2-14　污泥 Zeta 电位随超声时间的变化

由图 2-14 可知，污泥的 Zeta 电位随超声波辐照时间有一个先下降再上升的变化趋势。在初始辐照的前 2min，混合液的 Zeta 电位随辐照时间仅有小幅度的下降，因为此时的超声波比能量仅 600kJ/kgTS，尚未达到影响污泥颗粒大小与絮体结构的能量限值，所以此阶段仅少量 EPS 中松散结合的黏液层释放出来，增加了水中带负电的羧基、磷酸根及硫酸根的官能团，使得 Zeta 电位有所下降。随着辐照的时间加长，到 4min 时污泥的 Zeta 电位下降曲线变陡，主要原因是这个时候的超声波比能量达到 1200kJ/kgTS，这时的污泥絮体开始分散，粒径变小，大量的带负电官能团释放出来使得污泥 Zeta 电位迅速下降，这种下降趋势一直延续到 6min。6min 以后随着超声波辐照时间的进一步延长，部分微生物细胞壁受到超声波拉伸作用增加了通透性，使得胞内一些带正电荷的次生代谢产物释放出来部分中和了混合液中的负电荷，同时超声作用会诱导酶蛋白的分泌，而 Wilén 等[20] 研究表明蛋白质由于其氨基酸带有正电荷能中和污泥表面的负电荷使 Zeta 位下降，同时部分蛋白质与金属螯合，以压缩双电层的方式降低了 Zeta 电位的绝对值。同时也有研究表明[21]，较长时间的超声能使混合液中大分子聚合物增多，并产生有效絮凝而降低 Zeta 电位的绝对值。

2.5.5　超声波辐照对厌氧污泥颗粒粒径的影响

Chu 等[19] 研究了在不同的超声波输入声能密度情况下好氧污泥絮体尺寸的变化，原始污泥尺寸为 98.9μm，经过 0.11W/mL 超声波辐照 10min 后其絮体尺寸仅减小 5%，20min 辐照后其絮体尺寸减小不到 10%。当声能密度增加到 0.22W/mL 时，辐照 60min 后絮体尺寸减小了 40%，当声能密度超过到 0.33W/mL 时，辐照 20min 后絮体尺寸减小了 80%，辐照时间延长到 60min 时，絮体尺寸变为 4μm。Feng 等[22] 以剩余污泥为研究对象，采用 20kHz 探头式超声波处理浓度约 14g/L 的污泥时，当超声波比能量为 1000kJ/kgTS 时污泥粒径仅减小 3.2%，当超声波比能量大于 5000kJ/kgTS 时污泥粒径开始显著减小。但是 Bougrier 等[23] 发现当超声波能量输入超过 1000kJ/kgTS 时，絮体的尺寸就开始显著减少，d_{50} 及平均粒径减少了 40%。同时还发现了当超声输入能量达到 14550kJ/kg 时，会出现两极分化现象，就是说除了小粒径颗粒占有比例增加以外，大于 100μm 的颗粒尺寸的比例也增加了，推测主要是由于再絮凝现象产生的，这也与 Gonze 等[24] 观察到的现象一致。喻艳菁等[25] 采用 20kHz 探头式超声波间歇式超声方式处理剩余污泥，辐照时间固定在 10min，当输入声能密度为 0.1W/mL 时，污泥颗粒平均粒径由 34.3μm 下降到 15μm 左右，当输入声能密度为 0.2W/mL 时，污泥颗粒平均粒径则下降到 9μm 左右，再加大超声能量到 1.4W/mL 污泥的粒径都不再发生变化。上述结论各不相同，分析原因主要是由于超声波辐照改变污泥絮体尺寸主要是通过空化作用，而不同性质的污泥对超声空化的阈值各不相同，所以不同的污泥在不同的超声作用下有不同的粒径变化分布。本实验采用 LS-popⅢ型激光粒度仪分别测定超声波辐照前后的污泥粒径，用以分析超声波辐照对污泥粒径的影响。实验结果如图 2-15 所示。

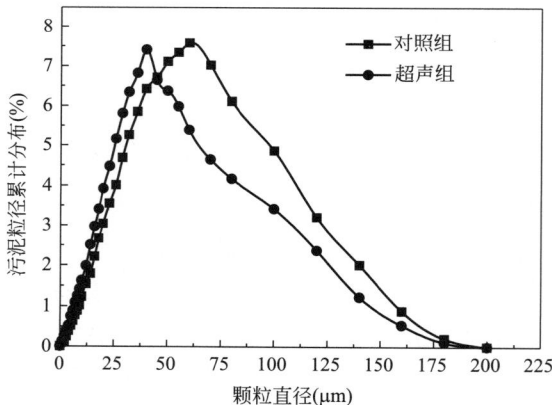

图 2-15　超声对污泥颗粒粒径分布的影响

由图 2-15 可知，经过超声波辐照后污泥整体粒径明显下降，通过显微镜也能观察出絮体更加分散。对照组污泥粒径分布最多的是 57.5～65μm，比例为 7.6%，小于 57.5μm 的占 68.1%，大于 65μm 的占 24.3%；超声组污泥粒径分布最多的是 38～42.5μm，比例为 7.41%，小于 38μm 的占 51.7%，大于 42.5μm 的占 40.9%。比较对照组及超声组粒径分布小于 57.5μm 的由 68.1% 上升为 78.1%，相反粒径分布大于 65μm 的由 24.3% 下降为 16.5%。当输入超声波比能量为 3000kJ/kgTS 时，污泥颗粒的平均粒径由 50.2μm 下降到 42.9μm，平均下降了 14.5%。所以说超声波辐照使厌氧污泥絮体结构发生变化，污泥粒径下降、絮体分散、比表面积增大、加大了混合液中基质与微生物的接触面积、强化了传质效率，提高了污水厌氧处理效果。

图 2-16 和图 2-17 分别为超声前后污泥在扫描电镜下的照片。由图 2-16 可看出，超声前污泥细菌种属比较丰富，以球菌、杆菌为主，有少量丝状菌及螺旋菌属。这些菌属之间按照一定的方式排列相互黏聚一起组成菌胶团，各类型的细菌均随机分散絮体周围，形成无规则的簇拥状。絮体整体结构较致密、密度较大、表面相对光滑、絮团较大、边界清晰、絮体表面较多孔穴，絮体之间存在空隙。

由图 2-17 则可看出，经过超声波辐照之后的污泥细菌种属不会发生变化，这在图 3-45 中也可以反映出来，但是絮体结构分散、整体变小、表面相对粗糙、边界不再清晰可见，絮体表面较多突起及凹陷现象，且絮体之间的空隙减少，絮体表面大多都有多糖类透明胶状黏质物。这说明本实验条件下的超声能够有效地分散絮体，增加絮体的比表面积，对有机底物的吸附降解作用有一定的贡献。张光明等[26] 认为，输入一定声能密度的超声波后，产生的机械振动可以使不同粒径的颗粒发生不同速度的振动从而相互碰撞、粘合。图 2-17 与这种现象吻合，低声能密度条件下，分散后的不同尺寸絮体相互碰撞、粘合成大小不一、高低不平的团簇结构絮体，使絮体表面更加粗糙，同时粒径减小，比表面积增大。

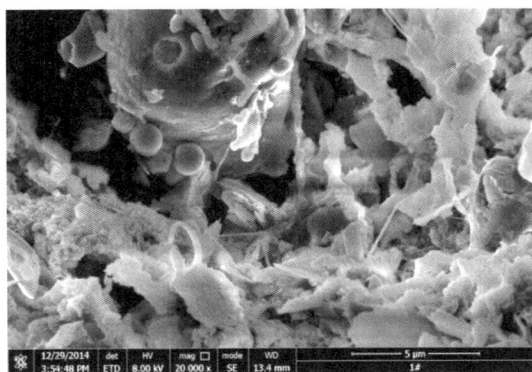

图 2-16　原污泥絮体的扫描电镜照片　　　　　图 2-17　超声污泥絮体的扫描电镜照片

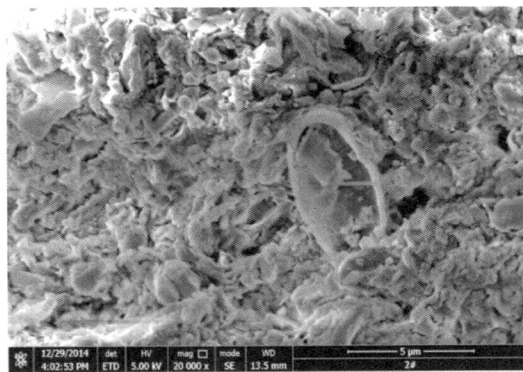

2.5.6　超声波辐照对厌氧污泥上清液溶出物的影响

高强度的超声波能通过瞬态空化作用使污泥破碎，将细胞破壁使得胞内物质释放出来以增加上清液中的有机物浓度，但是低强度超声波起的是稳态空化作用，基本无法造成细胞的有效破壁，仅能使絮体分散，EPS 部分溶解释放。为了更好地了解低强度超声过程对细胞及其 EPS 的作用影响，揭示低强度超声强化过程机理，特对超声波辐照过程中上清液 COD 浓度变化进行了测定。因为超声设备采用的间歇式超声方式（超声时间与间歇时间比 1:2），所以图 2-18 显示的是实际运行时间 30min 也即是超声 10min 的持续辐照过程中上清液 COD 浓度变化。同时还对超声前后上清液与污泥 EPS 中的 DNA、蛋白质和多糖进行了测定。测定结果如图 2-19 所示。

由图 2-18 可知，在超声设备开始运行的前 3min，由于超声波比能量较低，尚不足以引起污泥絮体分散，仅少部分分散的菌体受到超声波的机械作用而溶解出 EPS 使上清液中 COD 有轻微幅度的增加，但是当辐照时间增加到 6min 时，上清液中的 COD 开始迅速增加，这一阶段大的絮体开始分散，污泥颗粒变小，EPS 被释放开始使得水中 COD 值变大，随着超声设备的运行时间延长到 15min 时，上清液中的 COD 值却开始逐渐下降甚至开始低于初始值，主要原因是这一阶段由于污泥絮体分散增加了其比表面积、同时超声波辐照作用强化了传质，且释放出来的 EPS 的中大分子黏稠状物具有较好的凝聚性能，使得混合液中的有机物被吸附或者凝聚而转移到污泥中去。当时间进一步延长，COD 的下降趋势得以遏制，溶液中 COD 值又开始缓慢上升，可能是更大的超声波比能量输入又使得污泥中的有机物部分释放至混合液中加大了混合液的 COD 值。

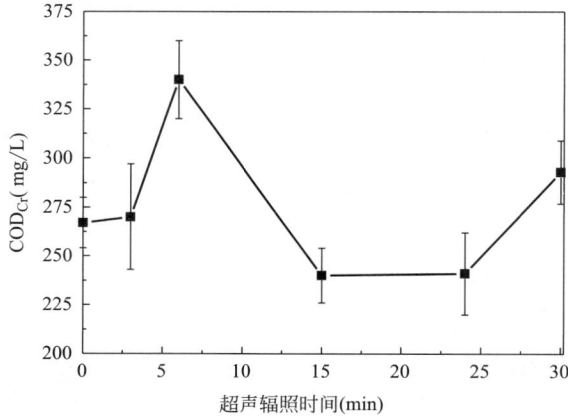

图 2-18　超声过程上清液 COD 随时间的变化

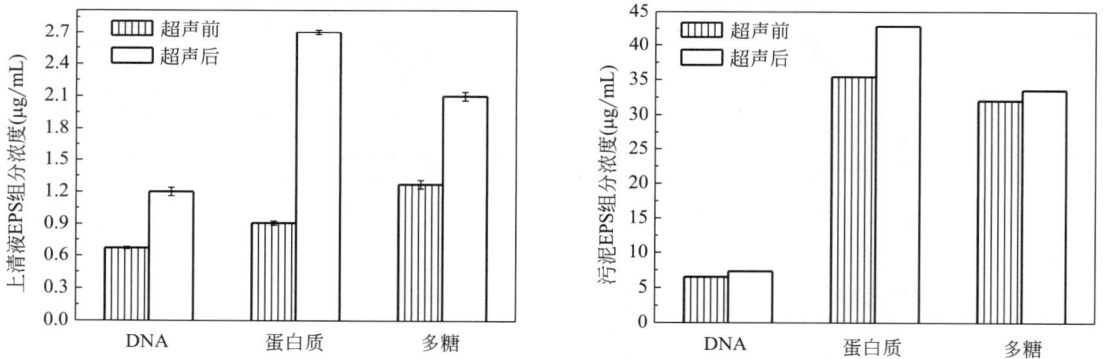

图 2-19　超声前后上清液及污泥 EPS 中 DNA、蛋白质及多糖的变化

由图 2-19 可知，通过低强度的超声波辐照，不管是在上清液中还是在污泥 EPS 中，DNA、蛋白质及多糖均有不同程度的增加，其中蛋白质的含量增加的最多，DNA 增加的比例最低，可能是因为污泥 EPS 中本身就是以蛋白质含量最多，自然在超声波辐照作用下就释放的多。Wilén 等[20] 曾经研究了 7 个污水处理厂污泥 EPS 中的主要组成，除了其中 2 个蛋白质含量偏低为 21％和 36％以外，其他 5 个厂蛋白质所占比例均大于 40％，其中有一个占到了 56％。所以低强度超声仅能使污泥中的物质少量释放于混合液中，其对污泥的强化作用更多的是来自于其他因素，而增加污水有机底物浓度所起到的贡献很小。

2.5.7　超声波辐照对厌氧污泥初期吸附性能的影响

厌氧污泥在废水生物处理过程中显现出很强的初期吸附性能。国内外学者对这种吸附作用及其机理进行了大量的研究。部分学者认为主要是物理化学吸附过程，而另外一部分人则认为是生物化学吸附占到了主导地位。Riffat 等[27] 采用合成牛奶废水作为基质将一个 2L 的间歇式反应器置于 35℃的恒温状态下进行厌氧污泥的初期吸附实验，实验结果表明，废水 COD 浓度很快降低，在 15min 内就达到了 40％的去除率。他还研究了混合时间、温度、底物浓度、污泥浓度及污泥颗粒尺寸等对吸附性能的影响，认为小颗粒尺寸比大颗粒尺寸具有更好的吸附去除能力。Nadais 等[28] 研究表明厌氧絮状污泥比颗粒污泥吸附性能更强，絮状污泥的初期吸附性能大约为颗粒状污泥的 3 倍。徐宏英等[29] 研究表明，厌氧颗粒污泥对有机物具有较强的初期吸附性能，且吸附速度非常快，10min 就达到了假定吸附平衡，吸附 5min 后 COD 就降低了 70％，达到假定吸附平衡时的 COD 去除率达到74.9％。他们还研究了吸附机理，认为颗粒污泥的初期吸附包括物理吸附和生物吸附，其中物理化学吸附约占 70％，生物吸附约占 30％。

为了探讨超声波辐照对厌氧污泥初期吸附的影响，本实验以经过超声波辐照后的污泥和未经超声的污泥作对比，分析其对有机物的初期吸附量及吸附时间的变化，以探讨超声波辐照对初期吸附性能的影响。取 400mL 浓度为 20g/L 的厌氧污泥，在前述优化超声参数条件下辐照 10min，另取 400mL 未经超声的浓度为 20g/L 的厌氧污泥，在 4000r/min 下分别离心 10min 去掉上清液后，然后将离心后的污泥分为 8 等份加入编好号的 8 个150mL 血清瓶中，接着每个血清瓶中加入 100mL 配制好的 COD 浓度为 800mg/L 的混合废水，用氮气置换出血清瓶内的空气后密封，在 30±2℃恒温水浴震荡箱中进行小幅度震荡吸附实验。分别于 5min、10min、15min、20min、30min、45min 及 60min 时间从不同的血清瓶中取出超声组和对照组上清液，在 8000r/min 下离心 10min 后测上清液溶解性COD 浓度。超声组和对照组上清液 COD 浓度随吸附时间变化见图 2-20。

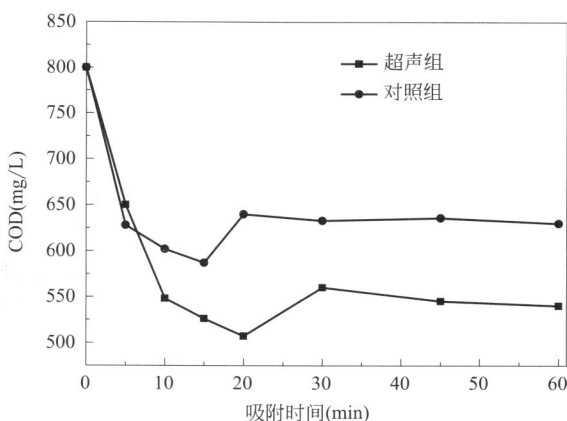

图 2-20　吸附瓶内 COD 随吸附时间的变化

由图 2-20 可知，对照组在吸附初期 COD 值就得到了显著下降，在前 5min 的平均吸附速率为 34.4mg/(L·min)，污水 COD 下降了 21.5％，在接下来的 5~15min 的吸附速率逐渐变缓，平均吸附速率为 4.1mg/(L·min)，到 15min 时就达到了吸附伪平衡阶段，此时测定的 COD 值为 587mg/L，厌氧污泥的初期吸附 COD 去除率约为 26.6％。这一现象与 Riffat 等[27] 的研究结论基本一致，只是达到吸附伪平衡时的 COD 去除率有所不同，可能是与所选择的污泥性质及基质浓度不同有关。表明在15min内厌氧污泥絮体即完成了对有机底物的初期吸附过程，由于污泥絮体表面积大，且在表面上富集着大量的微生物以及其分泌的多糖类黏质层，污水中呈悬浮和胶体状态的有机底物在与絮体表面接触时就由生物吸附与物理吸附共同作用而得到去除。在20min左右混合液的COD有小幅度上升，主要是这一阶段污泥表面已经达到了吸附饱和，吸附于污泥表面的大分子非溶解态有机物在污泥胞外水解酶的水解作用下分解成易溶于水的小分子有机物，部分小分子有机物透过细胞壁进入细胞体内进行下一步的生化反应，但是仍有部分溶解性的小分子有机物重新释放至混合液中，当释放速率大于吸附与降解速率时，就使得COD上升。30~60min之间，混合液COD基本不再变化，说明这一阶段吸附与解吸过程达到了一种动态平衡。

超声组与对照组有相似的变化趋势，只是其达到吸附平衡的时间明显滞后于对照组，在前5min其平均吸附速率为30mg/(L·min)，略低于对照组的吸附速率，但其在5~10min时的吸附速率仍然成直线下降，在0~10min的其平均吸附速率达到了25.2mg/(L·min)，污水COD下降了31.5%。在接下来的10~20min的吸附速率才开始逐渐变缓，平均吸附速率为4.1mg/(L·min)，到20min时才达到了吸附伪平衡阶段，比对照组滞后了5min。分析吸附平衡滞后的原因，可能是超声波辐照作用使得污泥微生物具有了一定的能量势，使得其初始吸附有机物时存在一些无法降低的势能，降低了其与有机底物的接触机会，随着时间延长能量逐渐消散，其吸附性能才进一步得到了体现。此时测定的COD值为507mg/L，厌氧污泥的初期吸附COD去除率约为36.6%，相对对照组增加了10%的去除率，可能的原因是超声波的机械效应和稳态空化效应使得厌氧污泥絮体分散，粒径变小，使其与有底物接触的表面积加大，强化了吸附效果，当然，因为厌氧污泥的初期吸附是个复杂的物理及生物过程，其吸附容量与很多因素有关。蒋洪波[30]曾用亚甲基蓝为吸附对象，采用超声后的好氧污泥进行吸附平衡实验，结果显示超声能够提高平衡时污泥的吸附容量。杨霏[31]的研究结论与之正好相反，认为超声降低了污泥的初期吸附容量。可能是和所使用的超声参数有关，不合适的超声参数辐照可能会影响污泥的沉降性能，使大量的酶溶物质进入水中，使得混合液的Zeta电位升高，降低其与有机底物的接触机会，从而降低了其吸附容量。在吸附过程中污泥中的羧基和氨基的含量对吸附容量有重要影响，而本实验前面的研究表明，超声波辐照能改变混合液中多糖和蛋白质含量，从而影响污泥的吸附性能。不同微生物类型的构成也会影响污泥的吸附性能。在30min时混合液的COD同样有小幅度上升，但是在30min以后混合液COD仍有小幅度下降，可能是由于超声促进酶活性的效应逐渐显现出来，使得酶分泌物增加，从而仍然有部分COD被吸附而得到去除。

2.5.8 自由基对超声波影响污泥活性的作用

研究表明，超声空化作用能产生大量的·OH和·H自由基，而·OH自由基可以攻击蛋白质表面和酶活性中心的氨基酸微区，破坏细胞的DNA，从而使酶变性失活或细胞死亡。为了验证超声过程中是否存在大量·OH自由基，从而影响超声波辐照促进污泥活性的效果，实验采用超声前污泥样内投加不同浓度的自由基清除剂$NaHCO_3$，以降低·OH自由基的影响。试验用污泥控制在20g/L，分别加入0mmol/L、1mmol/L、2mmol/L、4mmol/L、7mmol/L及10mmol/L $NaHCO_3$，在输入声能密度0.1W/mL，超声波辐照时间 10min 条件下分别超声。为消除 NaHCO₃ 本身对污泥活性的影响，以每个污泥样品在超声作用前后 DHA 差值进行比较，考察加入自由基清除剂后超声辐照污泥活性的变化。实验结果如图 2-21 所示。

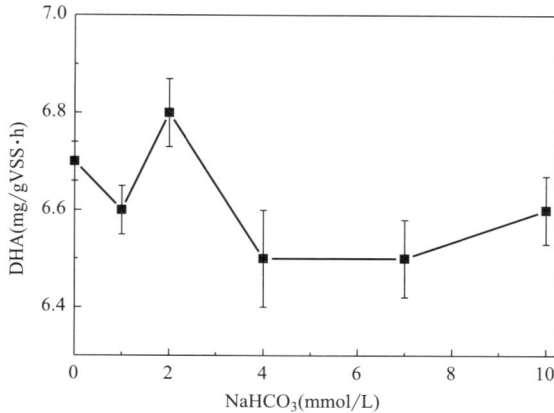

图 2-21   DHA 随 NaHCO₃ 浓度的变化

由图 2-21 可知，污泥中投加不同浓度的 NaHCO₃ 并没有明显改变超声波辐照对厌氧污泥活性的促进作用。这是因为瞬态空化作用能使进入空化泡中的水蒸气在高温和高压下发生分裂及链式反应，可产生大量·OH 和·H 自由基，但是本实验采用的低输入能量仅 $0.1W/mL$，产生的弱空化作用不会生成大量的·OH 和·H 自由基，所以不会跟 NaHCO₃ 发生反应。因此可以认为，超声波促进污泥活性过程中·OH 的影响较小。

参考文献

[1] Bryant M P. Microbial Methane Production-Theoretical Aspects [J]. Journal of Animal Science. 1979，48（1）：193-201.

[2] Zeikus J G. Microbial Populations in Digestors，Anaerobic Digestion [M]. Appl. Sci. Publisher，1979：66-89.

[3] Speece R E. Anaerobic Biotechnology for industrial wastewater [M]. Archae press. 1996.

[4] Liu H，Fang H H P. Extraction of extracelluar polymeric substances（EPS）of sludges [J]. Journal of Biotechnology. 2002，95（3）：249-256.

[5] 唐一，胡纪萃. 辅酶 F₄₂₀ 作为厌氧污泥活性指标的研究 [J]. 中国沼气，1990，8（1）：11-15.

[6] 吴唯民，胡纪萃，顾夏声. 厌氧污泥中的辅酶 F₄₂₀ 及其紫外-可见分光光度法测定 [J]. 中国环境科学，1986，6（1）：165-169.

[7] 王秀蘅. 低强度超声波强化 MBR 处理低温污水的参数选择 [J]. 中国给水排水，2010，（9）：25-28.

[8] 孙成江，邱立平，王嘉斌. 低强度超声辐射对活性污泥微生物种群结构及活性的影响 [J]. 济南大学学报：自然科学版，2014，28（5）：395-400.

[9] 丁文川. 低强度超声波辐照活性污泥的生物效应及其应用试验研究 [D]. 重庆：重庆大学，2007：12，30，33-38.

[10] Onyeche T I，Schläfer O，Bormann H，et al. Ultrasonic cell disruption of stabilised sludge with subsequent anaerobic digestion [J]. Ultrasonics. 2002，40（1-8）：31-35.

[11]　Lin L，Wu J. Enhancement of shikonin production in single-and two-phase suspension cultures of Lithospermum erythrorhizon cells using low-energy ultrasound [J]. Biotechnology and Bioengineering. 2002，78 (1)：81-88.

[12]　Salsabil M R，Prorot A，Casellas M，et al. Pre-treatment of activated sludge：Effect of sonication on aerobic and anaerobic digestibility [J]. Chemical Engineering Journal. 2009，148 (2)：327-335.

[13]　邬艳，杨艳玲，李星等. 超声对净水沉淀污泥絮体特性及对污泥回流效能的影响 [J]. 中国环境科学，2014，34 (5)：1166-1172.

[14]　宋新南，刘莉红，侯李平等. 超声破解对污泥表面性质的影响 [J]. 江苏农业科学，2012，40 (1)：329-331.

[15]　丁文川，曾晓岚，龙腾锐等. 低强度超声波辐照对污泥生物活性的影响机制 [J]. 环境科学学报，2008，28 (4)：136-140.

[16]　冯新，邓金川，李碧清等. 超声能量对剩余活性污泥特性的影响研究 [J]. 环境科学，2011，32 (10)：3004-3010.

[17]　Bougrier C，Carrère H，Delgenès J P. Solubilisation of waste-activated sludge by ultrasonic treatment [J]. Chemical Engineering Journal. 2005，106 (2)：163-169.

[18]　Sears K，Alleman J E，Barnard J L，et al. Density and activity characterization of activated sludge flocs [J]. Journal of Environmental Engineering. 2006，132 (10)：1235-1242.

[19]　Chu C P，Chang Bea-Ven，Liao G S，et al. Observations on changes in ultrasonically treated waste-activated sludge [J]. Water Research. 2001，35 (4)：1038-1046.

[20]　Wilén B M，Jin B，Lant P. The influence of key chemical constituents in activated sludge on surface and flocculating properties [J]. Water Research. 2003，37 (9)：2127-2139.

[21]　Lew B，Tarre S，Beliavski M，et al. Anaerobic membrane bioreactor (AnMBR) for domestic wastewater treatment [J]. Desalination. 2009，243 (1)：251-257.

[22]　Feng X，Lei H，Deng J，et al. Physical and chemical characteristics of waste activated sludge treated ultrasonically [J]. Chemical Engineering & Processing：Process Intensification. 2009，48 (1)：187-194.

[23]　Bougrier C，Carrère H，Delgenès J P. Solubilisation of waste-activated sludge by ultrasonic treatment [J]. Chemical Engineering Journal. 2005，106 (2)：163-169.

[24]　Gonze E，Pillot S，Valette E，et al. Ultrasonic treatment of an aerobic activated sludge in a batch reactor [J]. Chemical Engineering and Processing. 2003，42 (12)：965-975.

[25]　喻艳菁，丁国际，邱慧琴等. 超声处理对剩余污泥的粒径和溶出物的影响 [J]. 环境科学学报，2009，29 (4)：703-708.

[26]　张光明，常爱敏，张盼月. 超声波水处理技术 [M]. 北京：中国建筑工业出版社，2006：5-6，69-70，146-147.

[27]　Riffat R，Dague R R. Laboratory studies on the anaerobic biosorption process [J]. Water Environment Research. 1995，67 (7)：1104-1110.

[28]　Nadais M H，Capela M I，Arroja L M，et al. Biosorption of milk substrates onto anaerobic flocculent and granular sludge [J]. Biotechnology Progress. 2003，19 (3)：1053-1055.

[29]　徐宏英，李亚新，岳秀萍等. 厌氧颗粒污泥对有机物的初期吸附 [J]. 环境科学学报，2008，28 (9)：1807-1812.

[30]　蒋洪波. 低强度低频率超声对活性污泥活性的影响研究 [D]. 重庆：重庆大学，2007：51-55，58.

[31]　杨霏. 低强度超声波强化污水生物处理的试验研究 [D]. 重庆：重庆大学，2007：24-27，43-44.

第3章 低强度超声波辐照提高 ABR 处理效果研究

3.1 引言

厌氧反应器中良好的水力流态是污染物得以有效去除的关键因素之一，良好的复合流态应该具有以下两个基本特征：①好的固液传质效果，尽可能强化有机底物和污泥微生物的接触面积与时间，使其充分混合以利于后期吸附降解步骤的进行；②高的基质浓度梯度，需要尽量加大基质与微生物接触过程中的浓度差，高的浓度梯度才能提高比基质降解速率，从而提高处理效率。水力流态中的完全混合式与推流式即为上述两个特征的极致表征。但是实际工程中的一般反应器均为以完全混合式或者推流式的其中一种流态为主，很难在同一反应器内既实现完全混合式的流态又同时满足推流式的梯度变化，无法实现高的容积利用率与大的基质传质速率的有机结合。

提高厌氧反应器效率的第二个因素是具有良好的污泥截留能力，尤其是处理污水。与工业废水相比，生活污水的有机物浓度低，低的进水基质使厌氧菌的生长受到限制，微生物基本处于饥饿状态。反应器内微生物的停留时间（污泥龄）可用下式表示：

$$SRT = \frac{SS_V V}{SS_{eff} Q + SS_w Q_w} \tag{3-1}$$

当剩余污泥量很小时，则

$$SRT = \frac{SS_V V}{SS_{eff} Q} = \frac{SS_V}{SS_{eff}} \cdot HRT \tag{3-2}$$

式中　SRT——生物固体平均停留时间，d；

SS_V——反应器内污泥浓度，mg/L；

V——反应器的有效容积，L；

SS_{eff}——出流污泥浓度，mg/L；

Q——进水流量，L/d；

SS_w——剩余污泥浓度，mg/L；

Q_w——剩余污泥排放量，L/d；

HRT——水力平均停留时间，d。

由式（3-2）可知，保持 HRT 不变，当 SS_{eff} 满足排放标准时，生物固体平均停留时间与反应器内污泥浓度成正比关系。而由莫诺动力学方程，当底物浓度很低时，有机底物降解速率如下式：

$$\frac{-dS}{dt} = \frac{K}{K_S} XS \tag{3-3}$$

式中　$-dS/dt$——有机底物降解速率，mg/(L·d)；

K——最大比基质降解速率常数，d^{-1}；

K_s——饱和常数，mg/L；

X——污泥浓度，mg/L；

S——有机底物浓度，mg/L。

由式（3-3），因生活污水有机底物浓度 S 很低，最大比基质降解速率常数 K 只与污泥性质和有机底物种类有关，而厌氧工艺的饱和常数 K_s 一般为好氧工艺的 10 倍以上，尤其是随着温度降低下降得更快，所以要想提高厌氧处理低浓度污水有机底物降解速率，只有通过加大反应器内活性污泥的浓度 X 值。故要取得好的处理效果，厌氧反应器必须具有良好的污泥截留能力以保持反应器内足够的微生物量。

一个良好的厌氧生物反应器还应具有独特的微生态系统。有机物的厌氧分解由多类微生物群体共同协调完成，这一过程可分为水解、酸化和产甲烷三个阶段，分别由三类细菌完成。反应器内的产酸菌与产甲烷菌之间是共生又竞争的辨证关系：产酸菌为产甲烷菌提供生存所需基质，而产甲烷菌消耗产酸菌的代谢产物又反过来促进了产酸菌的进一步水解酸化；反之如果产酸菌产物积累过多会造成反应器酸化使得产甲烷菌丧失活性，而产甲烷菌无法利用基质导致产酸菌产物的进一步积累，最终破坏反应器的稳定运行。所以反应器维持良好的处理效果就需要稳定的厌氧生物微生态系统。然而，不同种类的微生物对底物及环境要求各异，在单一空间环境中难以满足要求。将各种功能菌分开培养，使得微生物均能处在各自最佳的生长环境下，以达到最大的处理效果。分级多相（Stage Multi-phase Anaerobic，SMPA）理论就是基于这样的理念提出的，该理论按照生化反应过程将反应器在空间上分成多个或多隔串联的模式，在独立的空间培养各自相对单一的微生物菌群，为各空间微生物提供最适宜的生存环境（最合适的底物组成和环境因素），废水依次通过各个单元，有利于提高处理过程可控制性，使得每个阶段得到最大优化，从而极大地提高整个反应器的效率，同时使其具有更强的抗冲击负荷能力及良好的稳定性。

厌氧折流板反应器（Anaerobic Baffled Reactor，ABR）是在 20 世纪 80 年代研制出来的一种污水处理装置，它是利用反应器内部培养的厌氧微生物降解污水中的有机污染物。ABR 内部用若干人工设置的挡板分为相互并列的隔室，每个隔室相当于独自存在的上流式厌氧污泥床反应器（Up-flow Anaerobic Sludge Bed/Blanket，UASB），但是它们彼此之间又有着一定的联系。污水通过进水口流入 ABR 后，沿着其内部设置的竖向折流板不断向前流动，从第一个隔室流向最后一个隔室，最终通过出水口流出。ABR 中每一个隔室内产生的气体（甲烷等）和废水的流动使得废水中的有机污染物与厌氧微生物得到充分的接触而被去除。

ABR 的工艺特点如下：

（1）良好的水力条件

由于 ABR 是每一个隔室为完全混合式而整体为推流式的复合流态反应器，所以它具有良好的水力条件，因此它对废水的处理效果也比较稳定。而且 ABR 的流态对于厌氧污泥由絮状转化为颗粒状具有一定的促进作用。

（2）截留生物固体能力强

ABR 有效防止厌氧污泥随水流出，可以较好地截留废水中的高浓度污泥。由于 ABR 内合理设置竖向折流板，各隔室内厌氧污泥的沉降性能较好，污泥流失的概率较小，从而能够保证整个反应器对污染物具有较高去除效果。

（3）具有高效稳定的处理效果

在处理高浓度有机废水时，ABR 中竖向折流板的分格使得水解产酸反应和产甲烷反应在不同的隔室中逐渐分开。各隔室内形成了适宜自身环境的微生物，在高负荷时，由于 ABR 前面的挥发性脂肪酸不会对后面的厌氧微生物产生太大影响，所以 ABR 具有较强的抗冲击负荷能力。而进水为低浓度污水时，ABR 中不同隔室之间并不会产生明显分离现象。由于前面隔室内厌氧微生物具有优先选择权，所以微生物活性较高；而流入后面隔室的污水浓度较低，所以微生物处于饥饿状态、活性较低。但是从 ABR 的整体处理效果来看，无论是处理高浓度有机废水，还是处理中低浓度的生活污水，都具有高效稳定的处理效果。

（4）形成良好的种群结构

处理高浓度有机废水时，由于水解产酸反应和产甲烷反应逐渐分开，ABR 的第一个隔室内主要进行有机物的水解产酸反应，所以主要生长了水解和产酸菌；从 ABR 的第二个隔室到最后一个隔室，由于有机污染物浓度逐渐降低，各种产甲烷菌逐渐成为优势菌种。

Langenhoff 等[1] 研究了不同 HRT 对 ABR 运行的影响，他们分别采用溶解性或悬浮颗粒态有机物人工配置成 500mg/L 的污水，研究了 HRT 从 6～80h 时的 COD 去除率均能达到 80% 以上，即使 HRT 下降到 1.3h，COD 去除率仍然能达到 40%。他们还研究了溶解性微生物产物（Soluble Microbial Products，SMP）的产生，悬浮颗粒态有机物为底物时出水产生的 SMP 浓度更大，而对同一种底物，HRT 越小出水产生的 SMP 浓度越大，反应器死区空间为 20%～37%，水力流态介于推流式和完全混合式之间。Perico 等[2] 采用 4 隔室 ABR 处理农村地区污水，结果证明即使在温度低于 20℃ 的情况下，反应器仍然对 COD 及 SS 有很好的去除率，但是出水氮、磷无法达标排放。Gopala Krishna 等[3] 处理 COD 浓度为 500mg/L 的污水，温度为 23～31℃ 的情况下，HRT 为 8～10h 时，COD 的去除率均达到了 90% 以上，并且主要去除作用发生在第一隔室，反应器内 pH 值沿水流方向逐隔上升，而 VFA 正好相反，其水力流态处于推流式和完全混合式之间，采用扫描电镜观察出了生物相分离现象。龚浩[4] 采用在 ABR 上增设经好氧曝气预挂膜的填料形成复合式 ABR 处理进水浓度为 400mg/L 的配置污水，历时 70d 完成启动过程，HRT 控制在 8h，COD 去除率达到 80%，污染物的去除主要在前两隔室，后两隔室起到稳定出水的作用，各隔室 pH 值随水流方向为上升趋势，而 VFA 变化趋势与 pH 值正好相反。沿水流方向各隔室污泥的颗粒化程度逐渐降低，前两隔室污泥表面相对松散，后两隔室相对密实，ABR 各隔室微生物有明显的菌群差异和生物相分离现象，前面隔室优势菌种为水解产酸菌，后面隔室优势菌种为产甲烷菌。张申海[5] 用 6 隔室 ABR 处理某厂区化粪池出水，启动期间污水的 COD 浓度为 110～441mg/L，运行阶段污水的 COD 浓度为 110～296mg/L，试验结果显示在水温为 20.5～26.9℃ 之间，87d 完成启动过程，COD 去除率达到 65%。在运行稳定期后，反应器前两隔室出现了粒径在 0.5～3mm 左右的土黄色球形颗粒污泥。

通过上述国内外研究现状分析，可以看出目前对于 ABR 处理分散式污水的研究比较成熟，但是主要集中在反应器的构造、运行方式、HRT 及 ABR 上增设填料形成复合反应器等研究方面；对如何强化反应器内污泥活性，提高污水处理效率的研究比较少，将超声波强化污泥活性技术运用于 ABR 中以促进分散式污水的厌氧生物处理技术的应用，有待于进一步验证。在超声波应用于污水处理方面，目前的研究主要集中在高强度超声波对剩余污泥进行预处理以实现污泥减量化，而低强度超声波强化污泥活性以促进污水生物处理也逐渐被学者所重视。目前国内外对低强度超声波用于激活细胞、提高酶活性的生物工程应用方面的研究较多，但是，低强度超声波强化污水生物处理技术的研究尚处于起步阶段，且多集中在超声波强化过程的有效性、可行性及操作条件优化等方面，而对超声后细胞形态、酶活性、EPS、微生物群落变化以及与反应器耦合运行影响等问题的研究不多。同时，虽然适当的低强度超声波辐照促进污泥活性已被证实，但其机理尚不明确。且目前大多数研究者所得的超声参数及促进效果均不相同。主要是因为活性污泥微生物种类众多，污水有机物成分复杂，超声波效应的影响因素很多，使得研究结果迥异。因此，对于低强度超声波强化 ABR 处理分散式排放污水的研究，目前还存在以下亟待解决的问题：

① 污水、微生物群体成分复杂，超声波强化污泥活性技术的影响因素很多，反应过程复杂，目前研究成果差异性较大。

② 尽管 ABR 处理分散式排放污水经过前人大量试验验证具有较好的处理效果，但仍然存在启动过程慢、传质效率低、微生物活性差等需要进一步解决的问题。

③ 对超声后在反应器内细胞形态、酶活性、EPS、微生物群落变化以及与反应器耦合运行影响等问题的研究不多。

④ 目前用于好氧活性污泥法处理的强化工艺较多，将超声负载厌氧生物反应器促进污水厌氧生物处理的研究尚处于起步阶段。

3.2 试验方法

3.2.1 试验设备

试验装置为自制有机玻璃 ABR 反应器，分为 2 组，每组都有 4 个隔室，每个隔室大小相同，隔室内分为下向流区和上向流区，体积比为 1∶3，其中单个隔室的有效容积为 3L，有效高度为 30cm，单组有效容积为 12L。进水泵采用格兰蠕动泵压入，出水自流。在反应器每隔室的不同位置设置了取样口，顶部设置了气体收集口及污泥回流孔口，具体见图 3-1 所示。

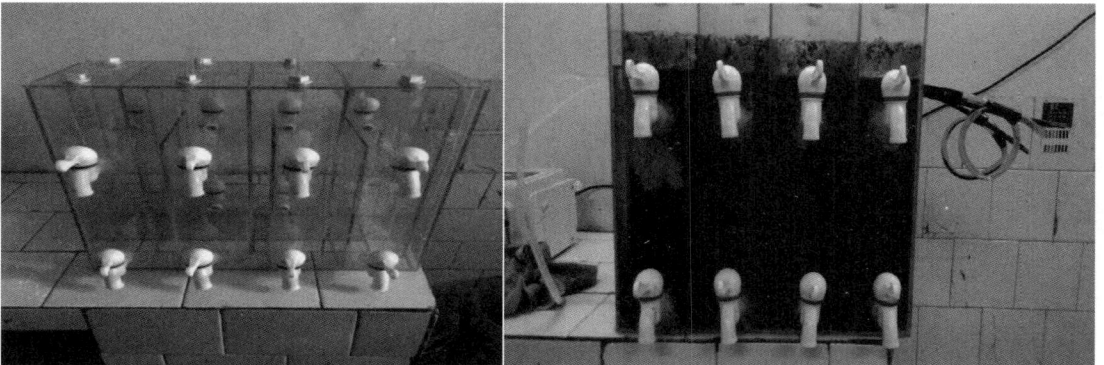

图 3-1 ABR 装置实体图

超声波装置见第 2.2.1 节。

3.2.2　试验材料

（1）接种污泥

试验用接种污泥见第 2.2.2 节。接种污泥占反应器有效容积的一半，分别从 4 个隔室的上流室上方均匀等量地倒入反应器中。

（2）试验用水

试验用水采用实验室自配，以葡萄糖为基质，控制进水 COD_{Cr} 在 600mg/L 左右，氮、磷分别由氯化铵和磷酸氢钠提供，使得 BOD：N：P=200：5：1，并投加适量的 NaH-CO_3，控制出水碱度维持在 600mg/L 以上，微量元素母液的投加量为 0.25mL/L，隔天投加，原水通过格兰蠕动泵抽送至反应器。微量元素成分见表 3-1 所示。

微量元素母液组分　　　　　　　　　　　　　　　　　表 3-1

药品名称	投加量（g/L）
$ZnSO_4 \cdot 7H_2O$	0.1
$MnCl_2 \cdot 4H_2O$	0.03
H_3BO_3	0.3
$CoCl_2 \cdot 6H_2O$	0.2
$NiCl_2 \cdot 6H_2O$	0.02
$CaCl_2 \cdot 2H_2O$	0.01
$FeCl_3 \cdot 6H_2O$	0.15
$Na_2MoO_4 \cdot 2H_2O$	0.03

3.2.3　试验方案

反应器试验在前述优化参数的基础上，以高效厌氧反应器 ABR 为载体，采用超声组与对照组对比试验的方法，以 COD 去除率、DHA、F_{420} 含量、EPS、颗粒粒径及结构变化等为评价指标，研究超声波辐照对反应器启动的影响。在启动成功并稳定运行的反应器内，以反应器 COD 去除率、DHA 和 F_{420} 含量为评价指标，来确定反应器内污泥的最佳超声波间隔周期及每次超声波处理的污泥比例。采用上述超声波优化运行参数的前提下，比较周期性超声波辐照对反应器抗水力负荷、有机冲击负荷、抗毒性能力及抗低温能力的影响。

以污泥温度、pH 值变化、絮体结构、沉降性能、Zeta 电位、污泥粒径、EPS 的成分（多糖、蛋白质及脱氧核糖核酸）变化、吸附性能等参数为评价指标，探寻超声波辐照对污泥特性变化的影响，借以揭示超声波辐照促进污泥活性的相关作用机制。采用电镜、扫描电镜来检测菌胶团结构及微生物细胞的组成成分变化，采用 EPS 和 DHA 变化来研究菌体细胞的组成成分变化，采用蛋白酶 K-CTAB 法提取厌氧污泥中 DNA，然后应用 PCR-变性梯度凝胶电泳（DGGE）技术和 DNA 测序等分子生物学技术，研究反应器内的生物群落变化规律。

反应器试验装置工艺流程如图 3-2 所示。

人工配制的污水通过恒流蠕动泵打入 ABR 工艺，正常运行时 ABR 的水力停留时间控制在 8h，出水通过 U 形水封后自流而出。每天均从四个隔室的取样口及出水口取水样进

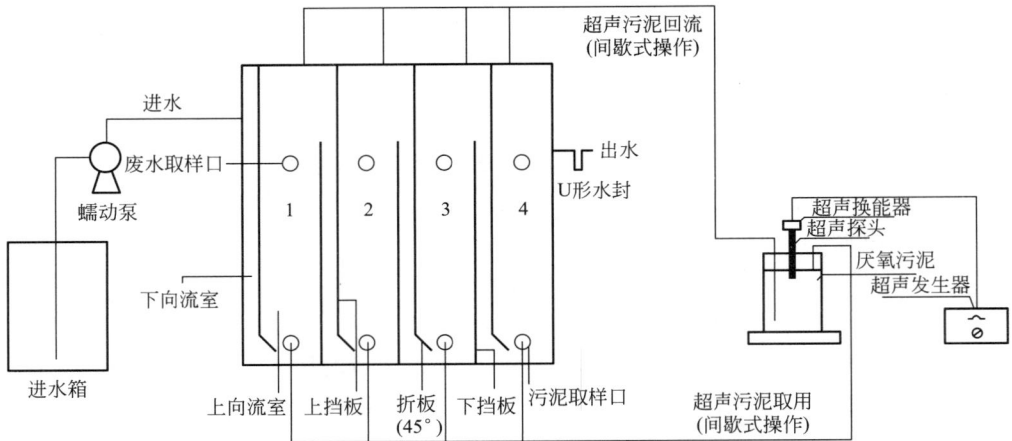

图 3-2　试验装置工艺流程图

行 COD 指标测定，反应器各隔室污泥按一定比例通过底部污泥取样口取用，取出的污泥样品按要求配制成不同浓度后进行间歇式超声波辐照，辐照之后的污泥通过各隔室上部独立回流孔回流至反应器原隔室继续运行。

(1) 低强度超声波辐照污泥耦合 ABR 启动试验方式

试验在两个相同的 ABR 反应器中进行，在低负荷条件下，采用固定进水有机物浓度并逐渐缩短 HRT 的启动方式。进水 COD 浓度保持在 600mg/L 左右，对照组和超声组进水采用同一个储水缸进水。启动分三个阶段运行，逐段缩短 HRT，分别为 24h、12h、8h，有机负荷约为 0.6kgCOD/(m^3·d)、1.2kgCOD/(m^3·d) 和 1.8kgCOD/(m^3·d)。最后达到本设计负荷 HRT 为 8h 的稳定运行阶段。因为参与厌氧消化的两大类微生物产酸菌和产甲烷菌是互为依存的关系，在正常运行状态下它们是处于动态平衡的关系，但是在启动阶段由于产酸菌对环境的适应能力更强，能更快地恢复活性，所以就有可能存在一个代谢中间产物的积累导致反应器内的 pH 值降低，进而抑制产甲烷菌的活性，最终导致反应器启动失败。所以在启动过程中，适当地调节混合液的碱度以保证正常的 pH 值很关键。本试验通过投加适量的 NaHCO$_3$，控制出水碱度维持在 600mg/L 以上以保证稳定的启动环境。由于污泥辐照后回流至反应器是间歇操作的，循环间隔时间长，循环时间很短（不到 2min），且循环污泥比例仅 10%，并不能对反应器的运行造成大的影响，而且每日的污泥循环与出水取样时间均相差约 8h，所以污泥循环产生的污泥混合作用对反应器去除率的影响可以忽略。因此，对照组未设置无辐照污泥循环系统。

对照组按照正常反应器启动运行，超声组在经过初期大约一个星期的污泥适应期后每隔室污泥每天取一次进行超声波辐照（虽然第 2.3.3 节表明超声波辐照的持续时间仅 10h，但是毕竟超声波对微生物有一定的伤害作用，并且也有研究表明，持续频繁的超声波会降低污泥的整体活性，所以本试验中辐照间隔周期选用 24h），取用污泥量约为反应器污泥量的 1/10，将取出的污泥调配至总固体浓度（TS）约 25g/L，pH 值控制在 6.5～7.5，试验过程操作温度控制在 20±2℃。每次试验用污泥置于玻璃烧杯中，充入适量的氮气以排除烧杯中的氧气，然后将烧杯口密闭，并固定于探头式超声波反应器探头处，使探头伸入液面下约 10mm，超声过程中采用间歇搅拌的方式。选择超声声能密度 0.1W/mL，超声波辐照持续时间为 10min，然后将污泥返回至反应器运行。通过超声组与对照组比较，定期测定反应器各隔室污泥的辅酶 F_{420}、DHA 含量，同时还测定进出水与各隔室的 COD 变化趋势。在反应器运行达到稳定后分别取超声组及对照组各隔室污泥进行 EPS 提取，并测定其各组成成分含量。对照组历时 69d 完成启动过程，COD 去除率稳定在 75% 左右，而超声组仅历时 60d 就完成了启动过程，COD 去除率稳定在 80% 左右，对照组启动过程分为启动开始期（30d）、增加负荷期（33d）和稳定运行期（6d），而超声组仅 24d 就完成了增加负荷期，提前达到稳定运行期。

启动各阶段运行参数如表 3-2 所示，超声组污泥超声参数及性质如表 3-3 所示。

启动期参数表　　表 3-2

阶段	时间 (d)	温度 (℃)	HRT (h)	进水 COD (mg/L)	COD 负荷 [kgCOD/(m³·d)]
对照组启动开始阶段	30	25~30	24	593~631	0.59~0.63
超声组启动开始阶段	30	25~30	24	593~631	0.59~0.63
对照组增加负荷Ⅰ阶段	21	24~27	12	561~632	1.12~1.27
超声组增加负荷Ⅰ阶段	15	24~27	12	578~610	1.16~1.22
对照组增加负荷Ⅱ阶段	12	23~26	8	595~622	1.79~1.87
超声组增加负荷Ⅱ阶段	9	24~27	8	561~632	1.68~1.90
对照组稳定运行阶段	6	22~25	8	615~622	1.85~1.87
超声组稳定运行阶段	15	22~25	8	595~622	1.79~1.87

超声组所用超声参数及污泥性质　　表 3-3

超声污泥性质			超声波辐照参数				操作条件
浓度	pH 值	温度	声能密度	辐照时间	间隔周期	辐照污泥比例	
25g/L	6.5~7.5	20±2℃	0.1W/mL	10min	24h	1/10	间歇搅拌

（2）超声波辐照间隔周期对 ABR 运行的影响试验

试验选择 8h、16h、24h 及 36h 的处理周期分别进行反复超声试验，每次分别于每隔室取污泥体积的约 1/10 进行超声波辐照。为了准确地反映整个处理效果，避免因为环境改变造成微生物的不适应现象干扰，每个周期均在反应器中运行 15d，并观察 15d 内反应器 COD 去除率的变化以及运行稳定后反应器内各隔室污泥 DHA 及辅酶 F_{420} 浓度的对照比较。超声污泥性质及超声参数均同表 3-3。反应器运行参数为表 3-2 中稳定运行时参数。

（3）超声波辐照污泥比例对 ABR 运行的影响试验

试验分别选择反应器内 3%、5%、10% 及 20% 的污泥进行反复超声试验，超声波辐照间隔周期选择 16h。为了避免因为环境改变造成微生物不适应现象的干扰，采用每个比例污泥均在反应器中运行 15d，并观察 15d 内反应器 COD 去除率的变化以及运行稳定后反应器内各隔室污泥 DHA 及辅酶 F_{420} 浓度的对照比较。超声污泥性质及超声参数均同均同表 3-3。反应器运行参数为表 3-2 稳定运行时参数。

（4）超声波辐照耦合 ABR 处理污水效果分析

控制超声声能密度为 0.1W/mL、超声波辐照时间为 10min、超声波辐照周期为 16h、超声波辐照处理污泥比例为 10%，超声污泥性质及超声参数均同均同表 3-3，反应器运行参数为表 3-2 稳定运行时参数。分别取样测定超声组和对照组 ABR 中各隔室内的 COD、VFA、pH 值、蛋白质、多糖和 DNA、沉降性能并用显微镜观察污泥形态。

采用电镜、扫描电镜来检测菌胶团结构及微生物细胞的组成成分变化，采用 EPS 和 DHA 变化来研究菌体细胞的组成成分变化，采用蛋白酶 K-CTAB 法提取厌氧污泥中 DNA，然后应用 PCR-变性梯度凝胶电泳（DGGE）技术和 DNA 测序等分子生物学技术，研究反应器内的生物群落变化规律。

（5）超声波辐照对 ABR 脱氮能力的影响试验

本试验采用蛋白胨、氯化铵等配置污水，使 TN（总氮）浓度约 25mg/L，NH_4^+-N 浓度约 15mg/L 的进水，COD 仍保持在 600mg/L 右，超声波辐照间隔周期选择 16h，每次分别于每隔室取大约污泥的 1/10 进行超声波辐照，超声污泥性质及超声参数均同表 3-2 和表 3-3。考察反应器脱氮效果，整个试验为期 30d。

（6）超声波辐照对 ABR 除磷能力的影响试验

本试验采用添加磷酸二氢钾配置成 TP 浓度约 4mg/L 的进水，COD 值仍保持在 600mg/L 左右，超声波辐照间隔周期选择 16h，每次分别于每隔室取大约污泥的 1/10 进行超声波辐照，超声污泥性质及超声参数均同表 3-2 和表 3-3。考察反应器除磷效果，整个试验为期 30d。

（7）水力冲击负荷对超声波强化 ABR 的影响试验

反应器运行、超声波和污泥参数同表 3-2 和表 3-3。将 HRT 由原来的 8h 调整为 4h。每天测定超声组和对照组 ABR 的出水 COD，待超声组和对照组 ABR 运行稳定后，分别取样测定超声组和对照组的 ABR 中各隔室内的 COD、VFA 和 pH 值。

（8）有机冲击负荷对超声波强化 ABR 的影响试验

反应器运行、超声波和污泥参数同表 3-2 和表 3-3。将超声组和对照组 ABR 的进水 COD 由原来的 600mg/L 调整为 1200mg/L。每天测定超声组和对照组 ABR 的出水 COD，待超声组和对照组 ABR 运行稳定后，分别取样测定超声组和对照组的 ABR 中各隔室内的 COD、VFA 和 pH 值。

（9）低温条件对超声波强化 ABR 的影响

反应器运行、超声波和污泥参数同表 3-2 和表 3-3。采用冬季室温状态（8~13℃）考察低温运行时超声波对反应器抗低温能力的效果，即不人为控制反应器内进水温度，试验期间测得的进水温度在 10~13℃，整个试验为期 30d。测试出水 COD 浓度的变化，并定期测试反应器各隔室污泥的 DHA 变化，直至出水 COD 恢复正常水平为止。

（10）硝基苯对超声波强化 ABR 的影响

反应器运行、超声波和污泥参数同表 3-2 和表 3-3。采用硝基苯冲击负荷浓度为 80mg/L，持续时间为 12h，冲击负荷结束后即开始测试出水 COD 浓度的变化，并定期测试反应器各隔室污泥的 DHA 变化，直至出水 COD 恢复正常水平为止。

3.2.4 试验测定指标与分析

本试验主要测试如下指标：污泥 DHA 的测试采用氯化三苯基四氮唑（2,3,5-Triphenyl Tetrazoliumchloride，TTC）分光光度法；辅酶 F_{420} 采用紫外光分光光度法；EPS 采用热提取法提取；多糖采用苯酚-硫酸法；蛋白质测定采用考马斯亮蓝法；二苯胺法测定

DNA；SS 和 VSS 采用重量法测定。

（1）污泥 DHA 活性和污泥辅酶 F_{420} 的测定方法见 2. 2. 4 节。

（2）EPS 的测定

EPS 是分布于细胞表面或细胞之间的由微生物分泌的高分子黏性物质，主要来源于微生物细胞代谢的分泌物、细胞自溶产生的聚合物、细胞脱落的表面物质及进水基质中的相关组分。Lansky[6] 认为 EPS 包括黏液层（松散结合的 EPS）和荚膜层（紧密结合的 EPS）两部分。Ramesh[7] 将 EPS 归类为结合型 EPS 与溶解型 EPS。EPS 在细胞生长及代谢过程中起到了至关重要的作用，它既是营养物质的输送通道，又是在营养物质匮乏时候的备用碳源，而且对细胞的结构稳定性起到了很大的作用。对 EPS 进行研究，可以了解污泥生理及代谢情况，是非常有必要的。EPS 的化学成分、含量及表面性质对污泥处理污水效果有直接的影响。

由于污水生物处理工艺不同，污泥成分复杂，致使目前污泥中 EPS 的提取方法尚不统一，主要有超声法、阳离子交换树脂（CER）法、H_2SO_4 法、热提取法、NaOH 法及高速离心法等六种方法。王暄等[8] 在好氧污泥颗粒 EPS 提取方法研究中得出，热提取和超声波提取是较为有效的方法，且提取物中核酸的含量不高。陈华等[9] 利用化学分析方法结合三维荧光光谱法（EEM）和凝胶渗透色谱法（GPC）对高速离心法、超声法、阳离子交换树脂法（CER）、加热法 4 种方法提取 EPS 进行研究，最后确定热提取法效果最好，而且对细胞破坏小。李继宏等[10] 以蛋白质、多糖和核酸的提取量作为污泥中附着性胞外聚合物（B-EPS）提取总量的衡量指标，研究了加热法、硫酸法、高速离心法、蒸汽法等 6 种方法对 B-EPS 提取的最优条件，结果显示热提取法效果较好，对细胞破坏程度小，且操作过程简单。针对目前厌氧污泥 EPS 的提取方法研究较少。选用超声法、H_2SO_4 法、热提取法、NaOH 法及高速离心法 5 种提取方法，并对 EPS 提取效率、含量和组成进行分析，得出最佳的 EPS 提取方法为热提取法，之后的 EPS 提取试验均采用此法。

① EPS 的提取

稀释污泥试样，使 TSS 维持在 10g/L 左右，取稀释后的污泥 100mL，离心 10min（10000r/min），弃去上清液，加入 0.9% NaCl 恢复体积至 100mL，再次离心 10min（10000r/min）后弃去上清液，加入 0.05mol/L 磷酸缓冲溶液（pH 值为 7）恢复体积至 100mL，摇匀待用。取预处理过后的污泥 10mL，在 80℃下水浴 30min，然后离心 20min（10000r/min），离心后取上清液经 0.2μm 微孔滤膜过滤，取滤液待测。

② 多糖的测定

苯酚-硫酸法即利用分光光度法测定其吸光度，并利用外标法定量。

1）标准曲线的制作：称取标准葡萄糖 10mg 于 100mL 容量瓶中，加蒸馏水定容，分别吸取 0、0.2mL、0.4mL、0.6mL、0.8mL 及 1.0mL 葡萄糖溶液至比色管中，各管加蒸馏水至 1.0mL，加入 5.0mL 浓硫酸及 1.0mL 6% 苯酚，冷却 20min 后，置于 490nm 波长处测 OD。以多糖（μg/mL）为横坐标，吸光度为纵坐标，画得如图 3-3 所示多糖标准曲线。

2）试样多糖含量的测定：吸取待测液 1.0mL 置于比色管中，加入 6% 苯酚溶液 1.0mL 混匀，再小心加入浓硫酸 5mL 混匀，待冷却至室温放置 20min 后，用分光光度计在 490nm 波长处测定吸光度值，以试剂空白溶液做参比，每次均测试 3 次，查标准曲线得多糖含量。

③ 测定蛋白质含量

考马斯亮蓝 G-250 测蛋白质含量是染料结合法。测试时使用塑料或玻璃比色皿，使用后立即用少量 95％的乙醇荡洗，以洗去染色。

1）标准曲线的制作：取 100mg 考马斯亮蓝 G-250 溶于 50mL 浓度为 95％的乙醇，再加 100mL 浓度为 85％的磷酸，然后在 1L 容量瓶中定容。取 12 支试管，分为两组按顺序分别加入试样、水和试剂，即用 0.05mg/mL 的标准牛血清白蛋白溶液向各试管分别加入：0、0.2mL、0.4mL、0.6mL、0.8mL、1.0mL，然后用去离子水补充到 1.0mL，接着各试管中分别加入 5.0mL 考马斯亮蓝 G-250 试剂，将试管摇匀，放置 20min 即可开始用分光光度剂，在 595nm 处测吸光度，以测得的吸光度为纵坐标，蛋白质含量为横坐标，绘制如图 3-4 所示标准曲线。

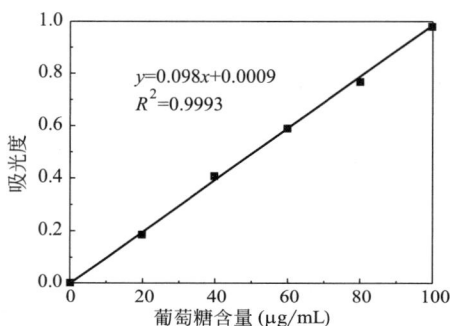

图 3-3　葡萄糖的标准曲线

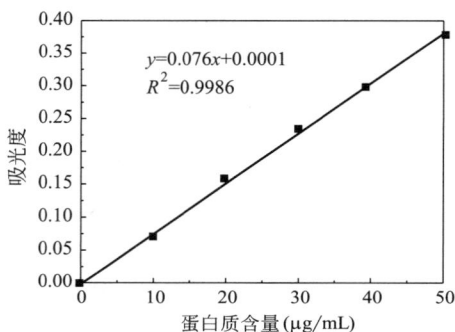

图 3-4　蛋白质的标准曲线

2）试样蛋白质含量的测定：取 1mL 待测液于试管中，加入考马斯亮蓝试剂 5mL，摇匀试管后放置 20min，在 595nm 处测吸光度，查标准曲线得蛋白质含量。

④ 测定 DNA 含量

DNA 中的 α-脱氧核糖在酸性条件下变为 ω-羟基-γ 酮基戊醛，然后与二苯胺试剂加热产生的蓝色化合物，在 595nm 处有最大的吸收，吸光度与 DNA 浓度成正比，所以可以用此测定 DNA。

1）标准曲线的制作：取小牛胸腺 DNA 用 0.1mol/L 氢氧化钠溶液配制成 $400\mu g/mL$ 的溶液，称取 1g 重结晶的二苯胺试剂溶于 100mL 分析纯的冰醋酸中，再加入 10mL 过氯酸（A. R60％以上）或浓硫酸 2.75mL，混匀备用。使用前加入浓度为 1.6％乙醛溶液 1mL，所配得的溶液应为无色。加毕摇匀，于 60℃恒温水浴中保温 1h（或于沸水中煮沸 15min，冷却测 OD595nm 值）。以光密度为纵坐标，DNA 含量（$\mu g/mL$）为横坐标，绘制标准曲线见图 3-5。

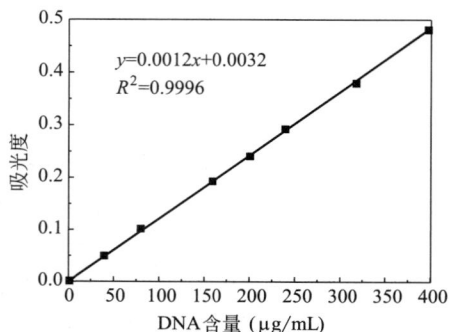

图 3-5　DNA 的标准曲线

2）试样 DNA 含量的测定：取 2 支试管，各加 0.2～0.5mL 的待测液（内含 DNA 应在标准曲线可测范围之内）加蒸馏水稀释至 2mL，再加 4mL 二苯胺试剂摇匀，其操作步骤与标准曲线的制作相同。根据测得的吸光度值，从标准曲线上查出该吸光度下对应的 DNA 含量，按下式计算出样品中 DNA 的含量。

DNA 含量＝标准曲线查得值×稀释倍数

（3）微生物形态学观察

应用扫描电子显微镜（SEM）分析厌氧污泥菌群形态的操作步骤如下：

① 取样与清洗：在不同的阶段取出待测厌氧污泥样品，采用离心的方式清洗 3 次以上；

② 固定：清洗过的样品加入戊二醛溶液（pH 值为 6.8，浓度为 2.5%）至淹没泥样，在 4℃冰箱内固定 2h；

③ 冲洗：取出固定好的样品，采用磷酸缓冲溶液（pH 值为 6.8，浓度为 0.1mol/L）冲洗 3 次以上；

④ 脱水：对样品采用不同浓度的乙醇进行多次脱水；

⑤ 置换：采用 100% 乙醇/乙酸异戊酯为 1：1 及纯乙酸异戊酯各置换一次；

⑥ 干燥：处理后样品置于干燥箱中干燥 8h；

⑦ 粘样与喷金：用导电胶将干燥好的样品粘于专用托架上，然后用离子溅射镀膜仪镀膜（表层 1500nm）；

⑧ 观测：镀好膜的样品在扫描电镜（MLA650F 型）下，选择放大比例进行观察并拍照。

3.3　低强度超声波辐照污泥耦合 ABR 启动

厌氧处理相对好氧处理具有无须供氧、产泥量少且稳定以及产生沼气能源等优势而得到了水处理工作者的广泛关注。但是厌氧生物处理目前仅在高浓度废水处理及城市污水厂污泥的处理方面得到了广泛的应用，而在分散式排放污水处理中尚未得到大量应用，主要原因一方面是厌氧处理分散式排放污水时基质浓度低，有机物降解推动力小，致使微生物活性低，持续处于饥饿状态，底物浓度低还使产气量减少，降低固液混合效果；另一方面是温度低，微生物生化反应速率降低，且污水黏度较大，有机物在污水中的扩散传质效率下降，处理效率较低，出水无法直接达标。随着全球对能源和资源紧缺的重视以及厌氧工艺的不断发展，越来越多的研究人员着眼于分散式排放污水的厌氧生物处理领域，并且取得了不错的研究成果[11~13]。Speece[14] 认为厌氧不再是好氧工艺的补充，而逐渐成为可替代好氧生物处理的一种工艺。

ABR 是由美国 McCarty 和 Bachman 等开发和研制的符合 Lettinga 等提出的分阶段多相厌氧工艺思路的第三代高效新型厌氧反应器。ABR 兼具有各隔室空间上的完全混合流态及整个反应器时程上的推流式流态，同时在各隔室实现了微生物菌群的自然相分离，使得各隔室微生物菌群均能发挥最大的处理效果，所以 ABR 工艺不仅可以处理高浓度污水，而且在一般污水处理中也得到了广泛的研究和应用[3]。但是 ABR 同样存在反应器启动较慢及污水浓度低造成传质接触不充分的问题，而研究表明低强度超声波能通过机械效应和空化效应来促进污泥活性，以提高污水生物处理效率。超声波辐照能使污泥絮体分散，增大固液接触面积以加强传质[15]，同时超声波也能刺激酶分泌促进细胞生长，尤其对低温条件强化效果要优于常温[16]。试验尝试将低强度超声波促进污泥活性强化污水生物处理技术引入 ABR 中，探讨污泥在超声波辐照作用下对 ABR 启动及运行的影响。

第 2 章研究结果表明，超声波输入声能密度 0.1W/mL，辐照 10min，污泥浓度控制在 20～30g/L，初始温度控制在 20℃以上，有机底物浓度较低及超声过程中采用间歇搅拌时，超声波强化效果更好。因此，为了提高 ABR 的启动效率，进而缩短启动时间，强化处理效果，本章拟进行对照和超声两组 ABR 反应器同时采用分散式排放污水启动的对照比较研究，以期提高 ABR 处理分散式排放污水的启动过程，并探究超声波强化启动的可行性。

3.3.1 启动期超声波辐照对 COD 去除的影响

（1）启动期间 COD 及去除率随时间的变化

图 3-6 为 ABR 启动期间对照组进出水及各隔室 COD 浓度在不同阶段的变化情况。整个启动过程进水 COD 控制在 561～632mg/L 之间，各隔室初期接种污泥浓度在 13gMLSS/L 左右，在运行过程中通过逐步减小 HRT 以提高有机负荷，最终达到设计负荷，启动阶段运行参数如表 3-3 所示。

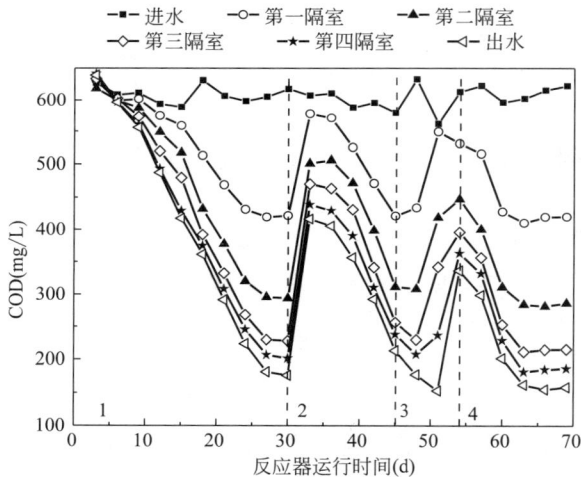

图 3-6　对照组进出水及各隔室 COD 值随启动时间的变化
（1-启动开始阶段 HRT＝24h；2-增加负荷Ⅰ阶段 HRT＝12h；
3-增加负荷Ⅱ阶段 HRT＝8h；4-增加负荷Ⅲ阶段 HRT＝8h）

由图 3-6 可见，在反应器启动的初始一个星期内，反应器各隔室 COD 基本没有降解，部分隔室还出现了 COD 少量增加的现象，且这个阶段的出水发黑，肉眼可见悬浮物较多。分析原因可能是试验采用的接种污泥为污水厂中温厌氧消化池的污泥，在进入反应器的初始阶段由于基质、环境温度等的变化，导致部分污泥失去活性并随水流出，部分污泥解体释放出多糖、蛋白质等溶解性有机物，使得初期污水 COD 不仅没有被去除，反而有所增加。从第二个星期开始污泥逐渐适应环境，细胞菌体生长慢慢地趋于稳定阶段，肉眼观察，反应器前两隔室液面出现褐色泡沫，说明微生物活性开始恢复，酸化和甲烷化反应已经开始形成，这一阶段反应器的 COD 负荷在 $0.59 \sim 0.63 \mathrm{kg/(m^3 \cdot d)}$，进水温度在 $25 \sim 30 ℃$ 内波动，出水 COD 随着时间稳定下降，去除率逐渐提高，从第 25d 开始去除率已经稳定在 70.0% 以上，出水 COD 在 180mg/L 左右波动。

第 31d 开始增加负荷，31~51d 期间为增加负荷 I 阶段，COD 负荷在 $1.12 \sim 1.27 \mathrm{kg/(m^3 \cdot d)}$ 之间，在第 I 阶段初期，随着 HRT 缩短，出水 COD 突然变大，接着再慢慢降低，这说明当进水有机负荷突变时，反应器内的污泥需要一个缓冲时间，这也同时说明 ABR 抗冲击负荷能力较好。到第 46d 开始去除率已经稳定在 70.0% 以上。从第 52d 开始调整负荷到增加负荷 II 阶段，反应器设计处理 COD 负荷 $1.79 \sim 1.87 \mathrm{kg/(m^3 \cdot d)}$ 之间，在第 II 阶段初期，COD 去除率同样是先降低然后慢慢恢复，到第 64d 开始去除率已经接近 75.0%，此阶段出水 COD 最低达到 150mg/L。反应器运行稳定后，从各隔室的 COD 值可以看出，反应器 COD 的去除主要发生在第一隔室和第二隔室，前两隔室 COD 的去除率达到了总去除率的 75% 左右，只有在负荷发生变化的初期，后面两隔室才会承担更多的 COD 去除功能，而这种现象随着反应器运行逐渐稳定后又恢复到初始状态。在低底物浓度下，微生物的活性与底物浓度呈显著正相关。前两隔室进水浓度相对较大，微生物活性相应也更大，进入到三、四隔室的有机负荷相对较低，COD 去除量较少。说明反应器去除有机物的功能主要在前两隔室，后两隔室主要起稳定出水及抗冲击负荷的作用。Yu 等采用 ABR 在常温下处理城市污水，在 2 个多月的时间完成启动，HRT 为 11h，COD 负荷约 $0.9 \mathrm{kg/(m^3 \cdot d)}$，运行稳定后 COD 去除率约 75%。

图 3-7 为 ABR 启动期间超声组进出水及各隔室 COD 浓度在不同启动阶段的变化情况。图 3-7 与图 3-6 的变化趋势基本一致，反应器运行 1 周后开始对每隔室污泥进行周期性超声波辐照（每天 1 次，每次取泥 1/10），在辐照初期 COD 去除率比对照组更低，此阶段由于微生物尚未能完全适应环境，菌体还很脆弱，在超声波辐照环境下可能影响微生物的适应期，从而使菌体受到不可逆的损伤，降低了微生物降解有机物的能力。从第 3 周开始，经过超声波辐照的反应器内 COD 去除率就开始略高于对照组了，说明此时超声波强化微生物活性功能开始发挥作用。到第 25 天 COD 去除率高出对照组 3%，出水 COD 值

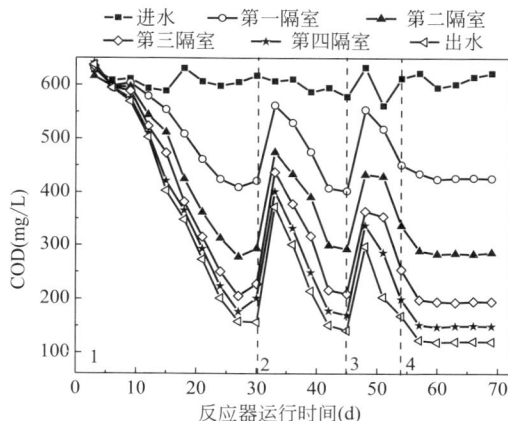

图 3-7　超声组进出水及各隔室 COD 值随启动时间的变化

(1-启动开始阶段 HRT=24h；2-增加负荷 I 阶段 HRT=12h；
3-增加负荷 II 阶段 HRT=8h；4-增加负荷 III 阶段 HRT=8h)

在150mg/L左右。到第31d开始增加负荷，31～45d期间为增加负荷Ⅰ阶段，COD负荷在1.16～1.22kg/（$m^3 \cdot d$）之间，46～54d期间为增加负荷Ⅱ阶段，COD负荷在1.68～1.90kg/（$m^3 \cdot d$）之间，由图3-7与图3-6对比可知，增加负荷的两个阶段初期超声组对COD的去除率均显著大于对照组，而且其COD降解能力恢复到正常水平的时间明显均小于对照组，缩短了1/3。这说明超声波辐照不仅能增加厌氧污泥对有机物的去除效果，且能提高整个反应器的抗冲击负荷能力。到第55d，超声组COD去除率达80%，出水COD约120mg/L，超声组比对照组提前9d完成了启动过程。

比较超声组与对照组的COD去除情况可知，超声波辐照不仅能够提高反应器COD处理效率，而且大大强化了其抗冲击负荷能力，缩短了反应器的启动时间。因为一般污水处理过程中，低的产气速率降低了反应器内气液混合效果，导致微生物与污染物接触传质效率低。由莫诺微生物动力学方程可知，在低底物浓度下，有机物降解遵循一级反应，有机底物浓度是其降解速率的控制因素。厌氧污泥基本处于饥饿状态，污泥活性远低于最佳状态。采用超声波辐照一方面可以促进酶活性，加速细胞生长，另一方面还可以增加细胞的通透性，使污泥絮体分散从而加大固液接触面积，强化固液传质，利于微生物与基质的接触，显著降低K_S值，从而加快有机底物降解速率。

（2）反应器COD去除率与有机负荷的关系

在启动各阶段，随着HRT和进水负荷的改变，反应器各隔室的平均COD、去除率及平均有机去除负荷的变化情况如表3-4所示。

启动阶段COD去除率、有机负荷与HRT的关系 表3-4

运行阶段	HRT (h)	平均COD负荷 [kgCOD/（$m^3 \cdot d$）]	平均COD 去除率（%）	平均COD去除负荷 [kgCOD/（$m^3 \cdot d$）]
对照组启动开始阶段	24	0.609	35.49	0.216
超声组启动开始阶段	24	0.609	36.87	0.224
对照组增加负荷Ⅰ阶段	12	1.192	51.85	0.617
超声组增加负荷Ⅰ阶段	12	1.191	60.56	0.719
对照组增加负荷Ⅱ阶段	8	1.824	59.06	1.075
超声组增加负荷Ⅱ阶段	8	1.807	63.09	1.138
对照组稳定运行阶段	8	1.856	74.62	1.385
超声组稳定运行阶段	8	1.834	80.19	1.471

由表3-4可知，在启动初期，由于存在污泥水解和不适应环境而被洗出等因素，其COD去除率较低，对照组平均COD去除率仅35.5%；这也与有机负荷有关，有机负荷低则微生物活性差，基质降解速率就低。这一阶段超声组COD去除率为36.9%也同样很低，相对对照组仅提高了1.4%，主要是这一阶段初期由于微生物的不适应及个体还很脆弱，在超声作用下造成了一定的损伤，致使COD去除率反而低于对照组，这就导致整个阶段的平均COD去除率提高不多。在增加负荷Ⅰ阶段，随着微生物活性不断增加，平均去除率有了较大的提高，由于初期负荷增加导致COD去除率下降，对照组COD平均去除率为51.9%，而此阶段超声组COD平均去除率为60.6%，相对对照组提高了8.7%。这一阶段辐照发挥较大作用，主要是在增加负荷初期由于超声作用使得负荷增加对COD去

除率的影响远小于对照组，大大提高了超声波辐照污泥 COD 平均去除率。在增加负荷Ⅱ阶段，无论是对照组还是超声组 COD 平均去除率都在增加，但是超声组仅提高了 4.0%，小于增加负荷Ⅰ阶段的提升效果，主要是这一阶段超声组持续时间较短，仅在 9d 之内就完成了，所以其平均 COD 去除率受到初期负荷冲击作用影响较大。达到稳定运行阶段后，超声组相对对照组 COD 平均去除率提高了 5.6%，达到 80.2%。根据总的趋势，COD 平均去除率是随反应器平均有机负荷增大而下降的，而 COD 平均去除负荷随反应器平均有机负荷增加而上升。

　　图 3-8 显示为超声组 COD 负荷与 COD 去除负荷相对于对照组的增长率随启动时间的变化。由图 3-8 可知对照组和超声组 COD 负荷基本一致，仅由于超声组增加负荷Ⅱ阶段的初始时间提前 6d 期间有所不同。在低负荷时间段（1～30d），超声组相对对照组的 COD 去除率及去除负荷都相差不大，但是随着时间呈逐渐增大的趋势，在增加负荷的两个阶段期间，超声组的 COD 去除率及去除负荷均相对对照组有较大的提升。尤其在负荷调整初期，虽然均有降低，但是超声组降低的幅度明显更小，而且恢复至正常水平的时间也比对照组快，这说明超声作用后的反应器对污泥有机负荷的变化有更好的适应性。由于 ABR 本身具有生物相分离的特性，即产酸菌群与产甲烷菌群沿程分布于各隔室，各隔室因底物的不同而呈现不同的优势菌群，逐步将有机底物分解为甲烷和二氧化碳等。ABR 前端隔室产酸菌群对环境适应能力强、代谢速度快，可极大削弱负荷冲击对后端隔室菌群的影响，尤其是起到了保护对环境变化敏感的产甲烷菌群的作用。超声对反应器有机负荷变化的适应性在其他反应器内会有更好的效果。

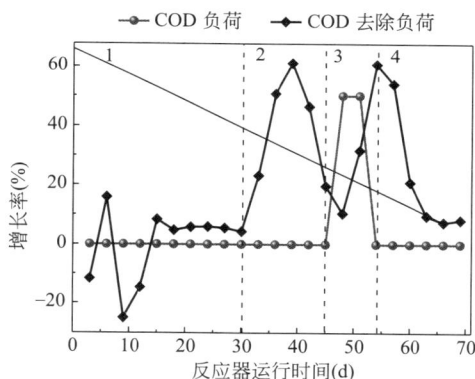

图 3-8　超声组 COD 负荷与 COD 去除负荷相对于
对照组的增长率随启动时间的变化

(1-启动开始阶段 $HRT=24$h；2-增加负荷Ⅰ阶段 $HRT=12$h；
3-增加负荷Ⅱ阶段 $HRT=8$h；4-增加负荷Ⅲ阶段 $HRT=8$h)

（3）各隔室 COD 去除率与有机负荷的关系

　　因为 ABR 中各隔室的负荷相差较大，而第 2 章研究发现不同的负荷情况下超声波辐照促进作用差异明显，所以为了揭示不同负荷下的超声波强化作用规律，特对各隔室的容积负荷进行了单独分析及单独的超声波辐照组对比，与后面研究的各隔室辅酶 F_{420} 及 DHA 活性变化相对应。为了详细地考察反应器各隔室对 COD 去除的贡献以及不同负荷状态下超声波作用的不同影响效果，对每隔室的各阶段平均 COD 浓度、COD 去除率及去除负荷进行了测定及计算，结果如表 3-5 所示。

启动阶段各隔室 COD 浓度、COD 去除率和 COD 去除负荷值　　　表 3-5

反应器	运行阶段	平均 COD(mg/L)					去除率(%)					去除负荷[kg/(m³·d)]			
		进水	1号	2号	3号	4号	出水	1号	2号	3号	4号	1号	2号	3号	4号
对照组	I	609	522	459	426	406	393	17.7	8.7	5.3	3.8	0.11	0.05	0.03	0.02
	II	596	507	417	362	313	288	19.5	13.1	10.3	8.3	0.24	0.16	0.12	0.10
	III	608	471	361	304	276	250	28.5	15.2	8.6	6.6	0.52	0.28	0.16	0.12
	IV	619	419	284	215	186	157	40.2	18.3	9.8	7.0	0.74	0.34	0.18	0.13
超声组	I	609	519	454	420	400	385	18.3	9.0	5.4	4.1	0.11	0.05	0.03	0.03
	II	596	476	379	312	266	236	25.0	14.6	11.4	8.9	0.30	0.17	0.14	0.11
	III	602	508	400	324	262	223	21.3	16.2	13.6	11.6	0.39	0.29	0.25	0.21
	IV	611	428	285	195	150	121	37.9	20.5	13.5	8.4	0.69	0.38	0.25	0.15

从表 3-5 可以看出，无论是对照组还是超声组 COD 的去除率主要贡献发生在第一、二隔室。每一个阶段的 COD 去除率均是从第一隔室到第四隔室逐渐降低的，启动初始阶段对照组中 COD 平均去除率由第一隔室的 17.7%，降低到第四隔室的 3.8%，COD 去除负荷也由 0.11kg/(m³·d) 下降到 0.02kg/(m³·d)，降低了 5.5 倍。随着有机负荷的逐渐增加，反应器内各隔室的 COD 去除率也在逐渐增加，对照组第一隔室 COD 平均去除率由启动开始阶段的 17.7%，到稳定运行阶段增加到了 40.2%，COD 去除负荷也由 0.11kg/(m³·d) 上升到 0.74kg/(m³·d)，升高了 6.7 倍。超声组与对照组有着相似的变化趋势，只是超声组大多数对应隔室的 COD 去除率均大于对照组，说明超声波辐照起到了提高反应器内厌氧污泥活性的作用，刺激了相应酶的分泌，强化了污水厌氧生物处理过程，使得有机物得到了更好的去除。

图 3-9 显示的是超声组和对照组反应器各隔室 COD 去除率与有机物容积负荷的关系。由图 3-9 可见，无论是超声组还是对照组随着反应器容积负荷的上升，各隔室的基质去除率基本均呈上升趋势。而在报道 ABR 处理高浓度废水时观察到 COD 去除率会随着有机物容积负荷的增加而逐渐下降的趋势，分析原因：可能是在高底物浓度下厌氧微生物具有足够的营养物质使其具有最高的生物活性，同时大量的气体产物在反应器内搅拌使得底物与微生物接触混合良好，混合液的传质速率大于微生物降解有机物的速率，有机底物不再是微生物生长的限制因素。当进一步加大有机负荷时，由于 HRT 缩短，减少了基质与微生

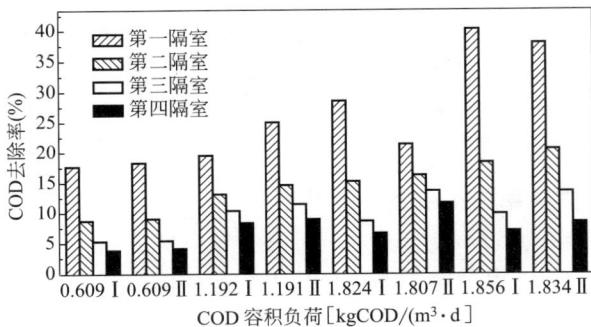

图 3-9　反应器各隔室平均 COD 去除率与容积负荷
的关系 (I 为对照组，II 为超声组)

物的接触时间，部分基质尚未被微生物有效利用即随出水流走，因而降低了基质去除负荷。对于低浓度污水，反应器内微生物尤其是第三、第四隔室中的微生物基本处于无有机物可利用的饥饿状态，活性较差；同时由于产气量少而使得泥水混合不充分，传质效果差。Gopala Krishna 等[3] 认为低浓度条件下产生的气体量少更有利于提高反应器截留微生物能力，从而采用较短的 HRT 也能达到很好的处理效果。从图 3-9 中可以清晰地看出，第一隔室的去除率无论在什么状态下一直都是最大的，随着容积负荷的增加，各隔室的去除率不断增加。由超声组和对照组对比可知，在平均 COD 负荷为 0.6kg/（m³·d）［实测负荷为0.609kg/（m³·d）］的低负荷状态下超声组仅比对照组去除率高出少许；当平均 COD 负荷升高到 1.2kg/（m³·d）时［实测负荷为 1.192kg/（m³·d）与 1.191kg/（m³·d）］，超声组第一隔室去除率相对对照组有了明显的提高；但是进一步升高到 1.8kg/（m³·d）时［实测负荷为 1.824kg/（m³·d）与 1.807kg/（m³·d）］，就会发现超声组虽然整体降解速率高于对照组，但是第一隔室的 COD 降解速率反而低于对照组，而其他隔室的去除率相对对照组均有不同程度的提高。在第 2 章的试验中也发现，超声波对低负荷条件下微生物的活性促进作用要比高负荷时效果更好。所以在超声波辐照过程中，当有机底物浓度太低时，微生物的活性主要受到基质浓度抑制影响最大，这样会弱化超声波辐照促进厌氧微生物活性的效果，当有机底物浓度达到一定的要求后［本试验条件下为 1.2kg/（m³·d）］，超声波强化的促进作用将会很明显地显现出来，当进一步提高有机底物浓度时，超声波强化作用将会逐渐往后面隔室延展。

图 3-10 和图 3-11 显示的是超声组和对照组反应器各隔室及总的 COD 去除率随反应时间的变化。由图 3-10 可见，无论是超声组还是对照组在第一隔室的变化幅度最大，说明当有机负荷发生变化时，首先冲击的就是第一隔室，对于一般污水处理，第一隔室在正常运行期间起到去除大部分有机物的作用，而当发生负荷变化时，它又在一定程度上抵抗冲击负荷变化的作用。在发生冲击负荷的状况下，超声波有明显的提升 COD 去除率的作用，而且能够更快地恢复活性，这种现象在第一隔室最为明显，并且逐隔室降低。

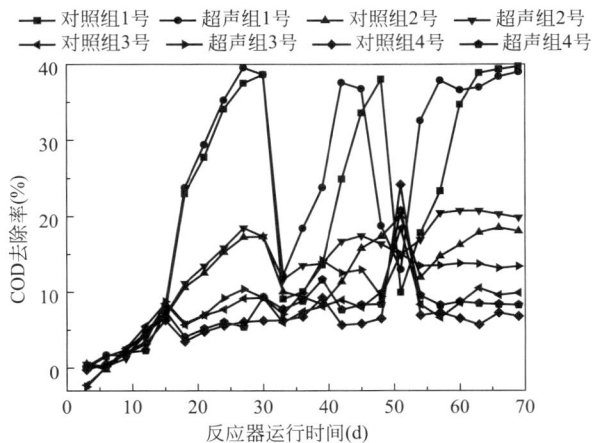

图 3-10　反应器一、二隔室 COD 去除率随启动时间的变化

由图 3-11 可知，反应器内 COD 的去除主要发生在第一和第二隔室，前两隔室的 COD 去除率占到了总去除率的 75% 以上，第三和第四隔室对 COD 的去除也有一定贡献，但仅占到了总去除率的 25% 以下。到达运行稳定阶段，超声组的后两隔室去除率所占的比例相

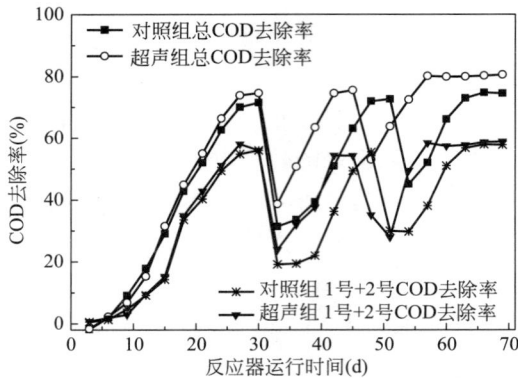

图 3-11 反应器总 COD 及 1 号＋2 号隔室去除率随启动时间的变化

对对照组要高出 $4\%\sim5\%$。这说明在处理一般污水时，COD 降解主要发生在前两隔室，分析原因：因为低浓度导致基质成为限制微生物生长的主要因素，第一和第二隔室污泥的营养物质相对充足，生长得更好，而后两隔室由于前面的去除导致基质浓度过低而使得微生物基本处于饥饿状态，活性较低。这种现象在后面的微生物 DGGE 优势条带分析中也得到验证。运行稳定阶段，在超声组前两隔室 COD 去除率与对照组相差不大，但是其后两隔室的 COD 去除率明显高出对照组约 5%，分析原因，可能是在超声波辐照作用下部分 EPS 溶解并释放于水中增加了污水中有机物浓度，同时由于辐照作用刺激了酶的活性，强化了微生物处理污水的能力。在增加负荷的初始阶段，第一和第二隔室的累计去除率会突然下降，而此时第三和第四隔室的去除率则有所上升，说明后两隔室主要起到了稳定出水水质和提高反应器抗冲击负荷的能力。所以，在处理较低浓度污水时，水力负荷是关键的影响因素。在一定范围内随着水力负荷的提高，有利于加强传质，促进了混合液中基质与微生物的接触，减少反应器死区，有利于提高有机物去除率。

3.3.2 超声波辐照耦合 ABR 启动对污泥活性的影响

为了更好地分析超声波辐照对反应器启动过程的影响，在启动开始的第 10d 起，每隔 10d 就分别测定一次对照组与超声组反应器内各隔室污泥的 DHA 和辅酶 F_{420} 浓度，以分析超声波辐照的长期作用对反应器内污泥活性的持续性影响和促进作用。

（1）超声波辐照耦合 ABR 启动对污泥 DHA 活性的影响

图 3-12 和图 3-13 显示的是在反应器启动阶段，超声组与对照组反应器内各隔室 DHA 随反应器运行时间的变化。DHA 是微生物降解有机污染物获得能量所必需的酶，是氢传递的重要载体，参与从有机物到分子氧化的电子得失全过程。DHA 由活的微生物体产生，参与有机物的脱氢反应。所以用 DHA 来表征厌氧生物的活性，并评价其分解有机物的能力大小[17、18]。启动阶段对照组 ABR 各隔室中微生物 DHA 随时间的变化如图 3-12 所示。

由图 3-12 可知，在反应器启动的前 10d，反应器各隔室的 DHA 基本相差不大，整体活性都比较低，主要原因是这一阶段处于反应器启动初期，反应器内用于接种的厌氧污泥来自于城市污水处理厂的中温厌氧消化池。由于温度、有机底物等环境均发生了变化，微生物需要一定时间以适应这些变化，所以初期活性基本上没有得到提高，这与 COD 降解

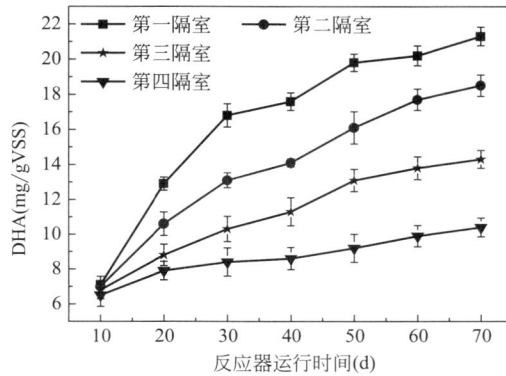

图 3-12　对照组 DHA 随运行时间的变化

过程一致。在 10～30d，反应器各隔室 DHA 均迅速增加，但是增加的趋势逐渐变缓，这一阶段微生物已经基本适应了环境的变化，在有机底物的供应下活性得到迅速提高，第一隔室得到的有机底物是最充足的，所以活性也增加得最快后续各隔室可供利用的有机底物浓度逐渐下降，所以其 DHA 的增加速率也随着水流方向逐渐降低。最后一隔室 DHA 仅稍微增加，这也与后面的 DGGE 优势条带分离出的反应器内各隔室微生物的多样性相映照。在 30～60d 期间，有机负荷分 2 次增加，反应器各隔室内 DHA 仍随着有机负荷的增加而缓慢增加，到 60d 以后 DHA 基本稳定，这一阶段的 COD 去除率也基本达到稳定状态。总体上来说，随着启动时间的增加，反应器各隔室的 DHA 也逐渐增强，这与上一节系统对有机物去除效率的变化规律相似。DHA 沿水流方向逐隔室依次下降，主要是由于进水有机物浓度较低，大部分的底物在前端即已经完成了产酸发酵过程，后面的隔室由于基质浓度不够而影响了其微生物的活性。

启动阶段超声组 ABR 各隔室中微生物 DHA 随时间的变化见图 3-13 所示。由图 3-13 可知，超声组与对照组的 DHA 变化趋势基本一致。在 10～20d 各隔室 DHA 均上升很快，且上升的幅度要大于对照组，且第二隔室与第一隔室的差异要比对照组更小一些。在 20～40d 上升的趋势逐渐变缓，但是在 40～60d DHA 的变化趋势又加快，可能是受到这段时间负荷变化的影响。整个反应器各隔室 DHA 均比对照组有所增加。间歇超声波辐

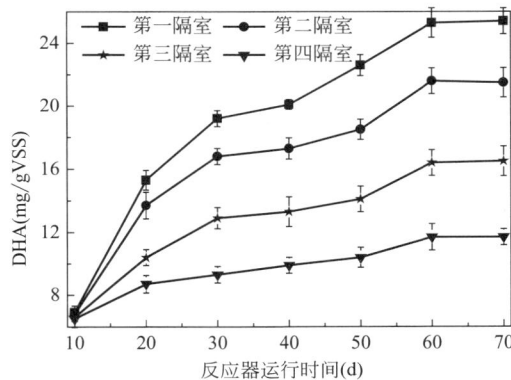

图 3-13　超声组 DHA 随运行时间的变化

57

照能够提高反应器内厌氧污泥 DHA，但各隔室的促进作用有一定的差异性。启动完成达到稳定时期超声组从第一隔室增加了 19.3% 逐隔室下降到第四隔室增加了 12.5%，这说明在相同的超声波辐照条件下，不同基质浓度及环境的厌氧污泥呈现出不同的促进效果。

图 3-14 是启动阶段超声组与对照组 ABR 各隔室中污泥 DHA 在不同阶段的比较。反应器启动初期的接种污泥为某城市污水处理厂中温厌氧消化池的厌氧污泥，两组反应器各隔室的接种污泥浓度和性质均一样。由图 3-14 可知，在反应器启动运行的第 10d，反应器各隔室污泥 DHA 已经有了小幅度的变化，这一阶段污泥尚处于对不同基质不同环境的适应期，此阶段污水 COD 去除率较低，反应器各隔室污泥 COD 容积负荷相差不大，所以相应各隔室的 DHA 也相差不大。这一阶段超声组各隔室污泥 DHA 均略小于对照组，主要原因是反应器启动运行一个星期后才开始进行超声波处理，一方面污泥尚处于适应新环境的过程中菌体活性尚未恢复，另一方面污泥对超声环境也需要有一个稳定适应过程。所以超声波不仅无法促进污泥活性，反而导致部分污泥解体，降低了污泥的活性。在反应器启动运行的第 30d，反应器各隔室的污泥 DHA 已经发生了较大的变化，无论是超声组还是对照组的污泥 DHA 均能很明显反映出沿水流方向逐隔室下降的趋势，这说明有机底物浓度对厌氧污泥 DHA 有显著影响，在基质浓度较低的条件下，厌氧污泥 DHA 与有机底物浓度呈明显的正相关。

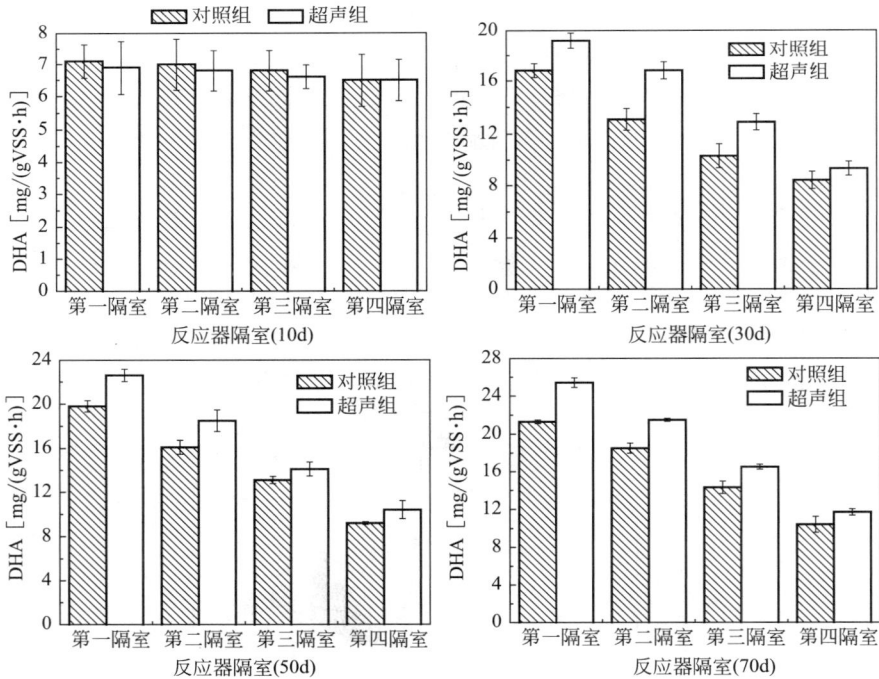

图 3-14 不同时间段超声组与对照组反应器 DHA 比较

超声组每隔室污泥的 DHA 均高于对照组，其中第二隔室的提升比例最大，相比对照组提高了 28.24%；第四隔室的提升比例最小，仅比对照组提高了 10.71%；说明相同超声波辐照条件下，污泥 DHA 的提高程度与基质浓度有关，较低基质浓度更有利于超声波促进污泥 DHA 增加，但是太低基质浓度反而不利于超声作用。对照组反应器内污泥的平均 DHA 提高了 77.4%，而超声组反应器内污泥的平均 DHA 提高了 117.2%，超声组相比对照组的平均 DHA 提高了 19.75%，此阶段污泥的 DHA 基本上得到了有效的促进，说明超声波对产酸菌的促进作用已经达到了较高的水平。在反应器启动运行的第 50d，由于反应器有机负荷提高，超声组与对照组反应器内各隔室的 DHA 均有不同程度的提高，其中前两隔室的提升作用明显要优于后两隔室，由于反应器内各隔室在不同有机负荷下运行较长时间，导致各隔室产生了各不相同的优势菌群，而不同的微生物菌群对超声波辐照的反应各不相同。在反应器达到稳定运行的第 70d，超声组与对照组反应器内各隔室污泥 DHA 也基本达到稳定状态，之后不再发生明显变化。此时对照组第一隔室污泥 DHA 最高为 21.3mg/(gVSS·h)，相应的第四隔室 DHA 最低为 10.4mg/(gVSS·h)，反应器内平均 DHA 为 16.1mg/(gVSS·h)；超声组第一隔室 DHA 最高为 25.4mg/(gVSS·h)，是对照组的 1.19 倍，相应的第四隔室 DHA 最低为 11.7mg/(gVSS·h)，是对照组的 1.13 倍，反应器内平均 DHA 为 18.8mg/(gVSS·h)，相对应为对照组的 1.17 倍。

（2）超声波辐照耦合 ABR 启动对污泥辅酶 F_{420} 浓度的影响

图 3-15 和图 3-16 显示的是反应器启动阶段超声组与对照组反应器内各隔室辅酶 F_{420} 浓度随反应器运行时间的变化。辅酶 F_{420} 是在产甲烷菌中普遍存在而尚未发现其他专性厌氧菌存在的一种重要辅酶，由于其在产甲烷菌中的独特性及其不可替代性，目前常用测定辅酶 F_{420} 的含量来表征产甲烷菌的活性。启动期对照组反应器各隔室中污泥辅酶 F_{420} 浓度随时间的变化见图 3-15 所示。

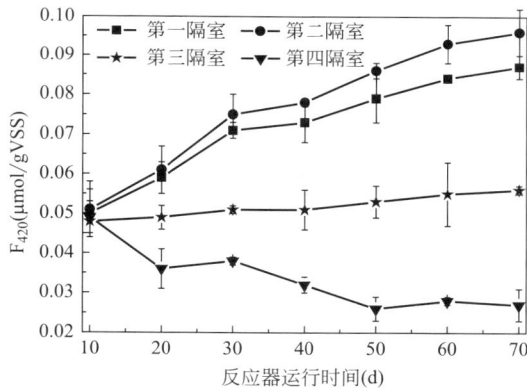

图 3-15　对照组辅酶 F_{420} 浓度随运行时间的变化

由图 3-15 可知，在反应器启动的前 10d，反应器各隔室的辅酶 F_{420} 浓度没有发生变化，说明反应器内产甲烷菌整体活性不高，主要是反应器处于启动初期，微生物整体活性不高，产酸菌尚未能为产甲烷菌提供合适的生存环境及可利用的底物，所以这一阶段产甲烷菌活性较低。在 10～30d，反应器各隔室辅酶 F_{420} 浓度发生了较大的变化，但是其变化趋势与 DHA 并不一致。其中反应器第一、第二隔室辅酶 F_{420} 浓度处于持续增加状态，第三隔室辅酶 F_{420} 浓度仅有很小幅度的上升，而第四隔室辅酶 F_{420} 浓度不升反降。这一阶段随着时间的增加，反应器内的微生物逐渐适应并不断增加，反应器的前两隔室由于产酸菌活性高，产酸发酵反应为产甲烷菌提供了可利用的三甲一乙类产物，所以前两隔室的产甲

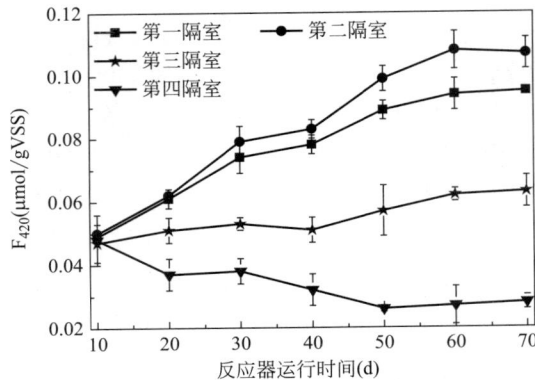

图 3-16　超声组辅酶 F_{420} 浓度随运行时间的变化

烷菌活性较高，辅酶 F_{420} 浓度得到增加。后两隔室由于可利用底物的减少，导致产甲烷菌无可利用底物，从而使得活性无法提高，尤其是第四隔室由于严重缺乏底物，导致辅酶 F_{420} 浓度下降。这说明有机物浓度较低条件下，有机底物浓度对产甲烷菌的影响更大于产酸菌。在 30d 以后，有机负荷分 2 次增加，反应器各隔室内辅酶 F_{420} 浓度的变化趋势仍与前面一致，只是变化趋势逐渐缓慢，前两隔室仍然呈上升趋势，且第二隔室浓度大于第一隔室，第三隔室辅酶 F_{420} 浓度也在负荷发生变化阶段有了比前面稍大幅度的增加，第四隔室辅酶 F_{420} 浓度下降趋势变缓，到 50d 后基本稳定不变。从整体来看，第二隔室的辅酶 F_{420} 含量最高，接下来依次是第一、第三及第四隔室。结合各隔室 COD 浓度可知，COD 去除主要发生在前两隔室，所以相应的前两隔室产甲烷菌含量较高，辅酶 F_{420} 浓度也高，越到后面隔室基质浓度越低，有机物降解推动力越小，产甲烷菌活性越低，其表征值 F_{420} 浓度也低。虽然第一隔室有机负荷高于第二隔室，但是第一隔室基质来自进水中的有机物，大部分均不能被产甲烷菌直接利用，需要经过水解酸化菌及产氢产乙酸菌阶段形成产物后才能被产甲烷菌利用，而第二隔室的有机负荷就会包括第一隔室产生的大量三甲一乙类能为产甲烷菌直接利用的有机底物，所以第二隔室比第一隔室有更高的辅酶 F_{420} 浓度。

　　启动阶段超声组 ABR 各隔室中污泥辅酶 F_{420} 浓度随时间的变化见图 3-16。由图 3-16 可知，各隔室辅酶 F_{420} 浓度也受到超声波作用而均有增加。在 10~30d 期间前两隔室辅酶 F_{420} 浓度随运行时间逐渐上升，且上升幅度要大于对照组，且第二隔室辅酶 F_{420} 浓度逐渐开始大于第一隔室。第三隔室在这期间浓度有小幅度上升，第四隔室则是显著下降。在 30d 以后前三隔室辅酶 F_{420} 浓度均随着负荷的变化而有所上升，第四隔室辅酶 F_{420} 浓度仍然呈下降趋势。这说明在超声波辐照的作用下，产甲烷菌的活性向后面隔室有了一定的延展，这与超声波辐照后 COD 去除率的变化趋势一致。各隔室辅酶 F_{420} 浓度的变化趋势基本与对照组一致。整个反应器各隔室辅酶 F_{420} 浓度均比对照组有所增加。间歇超声波辐照能够提高反应器内厌氧污泥辅酶 F_{420} 浓度，但各隔室的促进作用有一定的差异性，启动完成达到稳定时期第三隔室增加了 12.5％，第二隔室增加了 11.5％，第一隔室增加了 9.2％，而第四隔室仅增加了 3.7％。分析原因：可能是超声波对低基质浓度的产甲烷菌有更大的促进作用，所以第三隔室的促进作用大于第二与第一隔室，而第四隔室由于微生物处于严重缺乏营养物质的状态而导致活性很差，抵抗外界干扰能力很低，所以超声波对其促进作用受到了影响。这与本书前期小试试验结论一致。

图 3-17 是启动期超声组与对照组 ABR 中辅酶 F_{420} 浓度在不同阶段的比较，反应器启动初期各隔室辅酶 F_{420} 浓度均一致。由图 3-17 可知，在反应器启动运行的第 10d，反应器各隔室的辅酶 F_{420} 浓度基本变化不大。辅酶 F_{420} 浓度表征的是产甲烷菌的活性，产甲烷菌为严格厌氧菌，Hungate 和 Smith 等认为产甲烷菌只能在氧化还原电位低于 $-0.33V$ 时才能生长，产甲烷菌反应为厌氧生物反应的最后一个步骤，它的严格生存条件有赖于产酸菌为其提供的良好环境，所以在运行初期产甲烷菌的活性尚未得到恢复，这也可以从前期反应器内 COD 的去除率得到佐证。

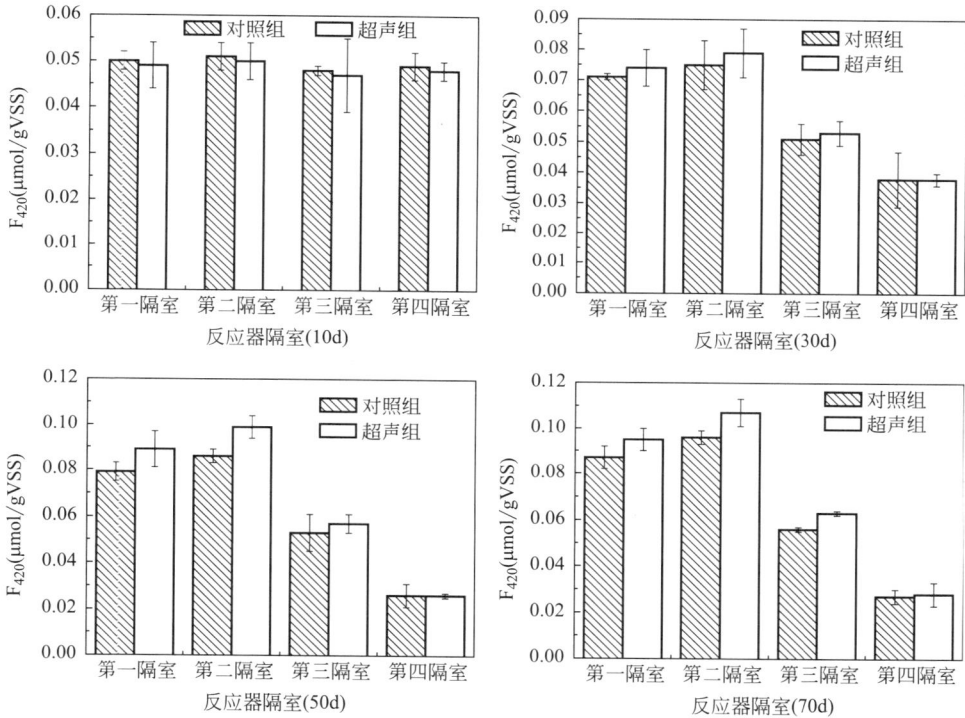

图 3-17　不同时间段超声组与对照组辅酶 F_{420} 浓度比较

在反应器启动运行第 30d，反应器内污泥辅酶 F_{420} 显著增加，辅酶 F_{420} 与 DHA 的变化趋势并不一致，污泥辅酶 F_{420} 浓度与有机底物浓度并无明显的相关关系。超声组第四隔室辅酶 F_{420} 浓度与对照组基本没有变化，其他三个隔室污泥的辅酶 F_{420} 浓度均高于对照组，其中第二隔室的提升比例最大，相对对照组提高了 5.3%，第一和第三隔室均提高了 3.0% 左右，说明相同超声波辐照条件下，产甲烷菌的促进生长效果因基质情况而异。此阶段对照组反应器内污泥的平均辅酶 F_{420} 浓度提高了 21.2%，而超声组反应器内污泥的平均辅酶 F_{420} 浓度提高了 27.1%。此阶段污泥的辅酶 F_{420} 浓度提高幅度还不是很大，说明超声波对产甲烷菌的促进过程要比产酸菌的促进过程更慢。在反应器启动运行的第 50 天，随着反应器有机负荷的提高，超声组与对照组反应器内各隔室的辅酶均有较大程度的提高，其中前两隔室的提升作用明显优于后两隔室。由于反应器内各隔室较长时间持续的不同有机负荷，导致各隔室产生了各不相同的优势菌群，而不同的微生物菌群对超声波辐照的反应各不相同。在这一阶段已经可以明显看出前两隔室辅酶 F_{420} 浓度比后两隔室要高得多。在反应器达到稳定运行的第 70 天，超声组与对照组反应器内各隔室污泥的辅酶 F_{420} 浓度也达到稳定状态，基本不再发生变化，此时对照组第二隔室 F_{420} 浓度最高为 $0.096\mu mol/gVSS$，相应的第四隔室 F_{420} 浓度最低为 $0.027\mu mol/gVSS$，反应器内平均 F_{420} 浓度为 $0.067\mu mol/gVSS$；超声组第二隔室 F_{420} 浓度最高为 $0.107\mu mol/gVSS$，是对照组的 1.11 倍，相应的第四隔室 F_{420} 浓度最低为 $0.028\mu mol/gVSS$，是对照组的 1.04 倍，但是促进作用最大的是第三隔室，为对照组的 1.13 倍，反应器内平均 F_{420} 浓度为 $0.073\mu mol/gVSS$，为对照组的 1.10 倍。说明在反应器运行过程中，超声波辐照能更快地促进产酸菌活性的增加，而产甲烷菌活性的超声波促进要达到较高活性需要的时间更长，这是由于活性污泥中生物酶对超声波辐照敏感性不同。

3.3.3 超声波辐照耦合 ABR 启动对污泥 EPS 的影响

EPS 是污泥的主要成分之一，来源于进水基质中相关组分及微生物在合成与分解代谢中产生的高分子聚合物，EPS 的组分、含量对厌氧污泥的理化性质及颗粒化有重要影响[19]。研究表明，超声波辐照能导致污泥 EPS 的成分发生变化。高强度的超声波辐照能产生大量·OH 和·H 自由基，而·OH 自由基攻击蛋白质和酶活性中心的氨基酸微区[20]，破坏细胞 DNA，使酶失活或细胞死亡。低强度超声波辐照能诱导分泌酶蛋白从而使得 EPS 中蛋白质含量上升，同时还会干扰微生物细胞对糖类物质的转换和合成从而使得 EPS 中多糖的含量下降。EPS 成分复杂，主要成分为多糖和蛋白质，两者占总 TOC 的 70%~80%，本试验直接以多糖、蛋白质与 DNA 之和作为 EPS 总量。

在反应器启动的整个试验阶段，每隔 10d 分别测定一次对照组与超声组各隔室污泥的 EPS 及其组成成分，以分析超声波辐照作用对反应器内污泥 EPS 成分变化的影响规律。

(1) 超声波辐照耦合 ABR 启动对污泥 EPS 含量的影响

污泥 EPS 的成分和含量影响因素众多，不同有机底物、不同反应器操作条件及不同的微生物菌群等都对 EPS 组成及含量有很大影响。启动运行过程中反应器内污泥平均 EPS 含量随时间的变化如图 3-18 所示。

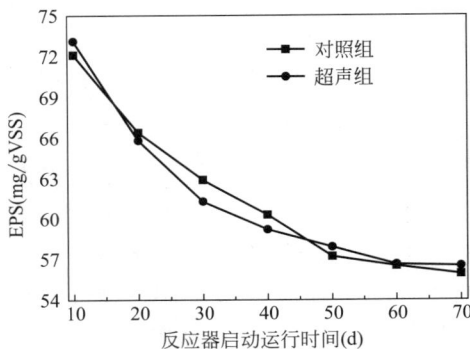

图 3-18 反应器内污泥平均 EPS 含量随运行时间的变化

由图 3-18 可知，超声组与对照组污泥 EPS 均随运行时间逐渐下降。对照组在反应器启动第 10d 的含量最高为 72.1mg/gVSS，污泥中 EPS 来源可能主要有以下几个方面：①进水中的溶解性有机物，因为在反应器启动的初始阶段微生物尚未恢复活性，对进水中有机物的降解能力低，这样 ABR 各隔室尤其是后端隔室污泥均能接触到相对较高的有机底物浓度而使吸附量增加；②微生物自溶，在这一阶段由于微生物刚进入一个新的环境，大量无法适应环境的细菌死亡解体产生的自溶释放使得 EPS 增加；③微生物分泌物，由于反应器采用的接种污泥为污水处理厂中温厌氧消化池污泥，在接种启动初期微生物所处的环境发生了很大变化（包括温度降低、有机底物浓度下降等），微生物为了抵御外界不良环境的影响而在短时期内分泌出更多的高分子聚合物使得 EPS 增加。

随着反应器运行时间的延长，微生物慢慢地适应了新的环境，代谢活动开始恢复正常，污泥微生物自溶释放的 EPS 逐渐降低，同时由于微生物的活性增加，底物消耗不断加快，污泥 EPS 中储存的有机物部分被微生物当作底物所利用，这一阶段污泥中 EPS 也开始慢慢下降。在第 30～50d 期间，污泥 EPS 降低幅度发生了一些变化，可能原因是在第 31d 污泥负荷增加 1 倍，负荷的突然增加导致微生物环境发生突变使微生物分泌出更多的高分子物质增加 EPS 含量，而有机负荷的增加使得微生物内源代谢降低、同化作用增加，污泥活性增大使得 EPS 含量降低。第 50d 以后污泥 EPS 基本不再发生变化，这一阶段微生物生态系统逐渐稳定，污泥 EPS 的产生与消耗达到了一个动态平衡过程。污泥 EPS 含量随着反应器运行逐渐稳定而下降，与有机底物浓度呈负相关[21]。超声组第 10d 污泥 EPS 大于对照组，主要因为污泥刚刚开始接受超声时菌体尚不能适应而使得微生物死亡比例增加，由于微生物自溶加大使得污泥中 EPS 含量高于对照组，随着运行时间增加，超声波促进生物活性作用逐渐显现，使得超声组污泥活性开始高于对照组，这一阶段超声组的 EPS 开始小于对照组，50d 以后超声组的 EPS 又开始大于对照组，可能是超声波作用使得絮体分散让污泥微生物暴露于环境中导致微生物分泌出更多的高分子聚合物，另外超声波作用也能刺激微生物分泌出更多的酶，也可能是持续周期性超声作用使得部分适应性强的微生物菌群得以富集从而改变了反应器内微生物群落的结构，导致不同菌群分泌的 EPS 含量和成分各异。

图 3-19 为不同时间段超声组与对照组反应器各隔室污泥 EPS 含量比较。由图 3-19 可知在反应器启动第 10d，ABR 中四个隔室污泥的 EPS 相差均不大，前面两隔室略大于后面两隔室，受到超声波作用干扰，这一阶段超声组各隔室 EPS 均略高于对照组。第 30d 时，污泥 EPS 开始沿着水流方向逐隔室下降，同时这一阶段超声组各隔室 EPS 均小于对照组。之所以出现各隔室污泥 EPS 含量不同，主要有以下原因：①由于 ABR 独特的构造使得各隔室出现了各自不同的微生物菌群，不同的微生物分泌出的 EPS 含量不同；②进入各隔室的可利用基质浓度不同，可利用基质浓度低一方面使污泥处于饥饿状态增加自溶概率从而增加 EPS 含量，另一方面使得微生物几乎没有可利用基质而只能消耗 EPS 作为底物从而使 EPS 降低。在多种因素的共同作用下使得 ABR 中各隔室污泥 EPS 出现差异性，Batstone 和 Keller[22] 认为污泥 EPS 含量与污泥负荷呈正相关性，而周健等[8] 的研究结果正好相反。根据试验结果认为当有机负荷是微生物生长的主要影响因素时，随着负荷的增加微生物的活性得到很大的提高从而使得内源代谢减少，EPS 含量降低；而当有机负荷增加到一定程度将不再成为微生物生长的限制因素时，增加有机物的负荷发挥的主要作用将是污泥吸附有机物作为营养储存从而增加 EPS 含量，而本试验中当 ABR 后面隔室处于可利用的基质浓度极低的情况时，长期处于饥饿状态下的微生物对 EPS 的消耗量较大，大量的 EPS 将会被微生物作为有机底物利用从而使得 EPS 降低。第 50d 和第 70d 的数据显示，超声组 EPS 含量开始高于对照组，这可能与微生物菌群不同有关，也可能与超声波周期性刺激环境导致细菌产生更多 EPS 有一定的关联性。

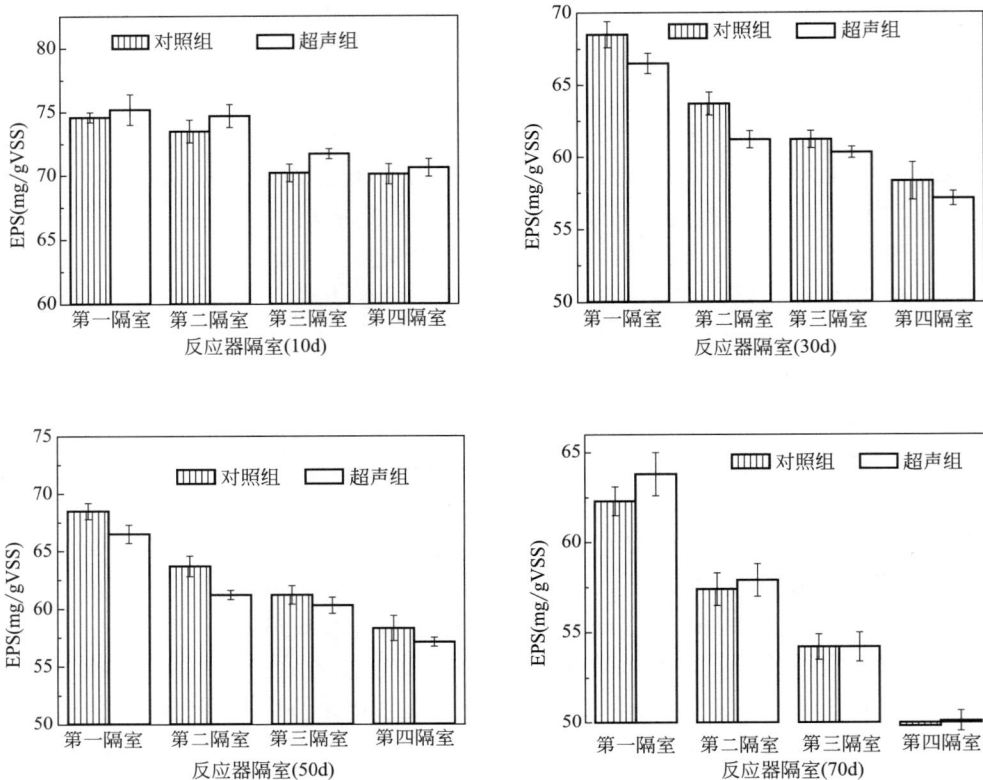

图 3-19　不同时间段超声组与对照组反应器各隔室污泥 EPS 含量比较

（2）超声波辐照耦合 ABR 启动对污泥 EPS 中各成分含量的影响

多糖是由单糖聚合而成，也叫聚糖。污水处理中微生物合成多糖的主要途径是由葡萄糖转化，所以以葡萄糖为底物培养时，很快就达到胞外多糖形成的峰值。污泥 EPS 中多糖所占的比例在不同文献中差异性较大，Liu 和 Fang[23] 统计了大量的文献得出 EPS 中蛋白质和多糖的比值在 0.5～21.2 之间。

图 3-20 为反应器启动运行稳定后对照组和超声组各隔室多糖含量。由图可知，无论是对照组还是超声组多糖含量均是沿水流方向逐隔室下降的，这与 EPS 变化一致，经过长时期的周期性超声后可以看出各隔室内超声组多糖含量均小于对照组，这说明超声波作用抑制了微生物代谢过程中转化多糖的途径，也有可能是超声波导致微生物菌群发生变化而造成 EPS 中多糖含量的变化。

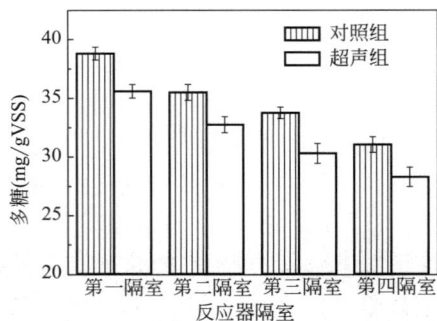

图 3-20　超声组与对照组反应器各隔室污泥多糖含量比较

污水处理中微生物蛋白质的合成方法之一是通过转氨基酸作用完成的，即以有机物所含的氨基酸构成胞外蛋白质的成分。基质能够提供的氨基酸越多，胞外蛋白质的合成速率越大，则 EPS

中蛋白质含量越高。图 3-21 为反应器启动运行稳定后对照组和超声组各隔室蛋白质含量。

由图 3-21 可看出，各隔室内超声组蛋白质含量均大于对照组，这说明超声波作用有利于微生物蛋白质的分泌，也有可能是超声波导致微生物菌群发生变化而造成 EPS 中蛋白质含量的变化。有研究[24] 认为，低强度超声波的机械效应及稳态空化效应使污泥细胞表面瞬间造成损伤，低强度短时间辐照产生的伤口小，易被微生物自身修复，修复过程中可导致蛋白酶的分泌增加，污泥活性增强。

图 3-22 为反应器启动运行稳定后对照组和超声组各隔室 DNA 含量，污泥 EPS 中的 DNA 主要来源于胞内物质释放。由图 3-22 可知，周期性的超声作用使得微生物胞内释放的 DNA 大于对照组，可能是持续超声波处理造成部分微生物更快衰亡，从而能释放出更多的 DNA。

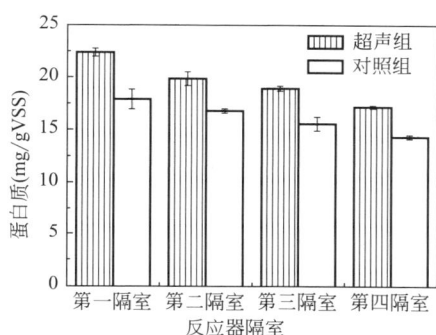

图 3-21　超声组与对照组反应器各
隔室污泥蛋白质含量比较

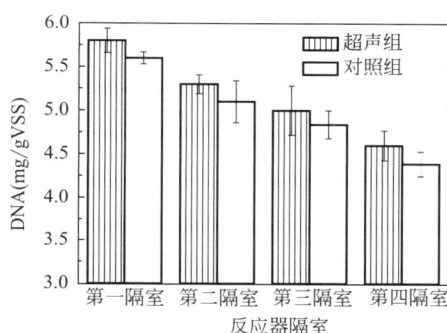

图 3-22　超声组与对照组反应器各
隔室污泥 DNA 含量比较

由表 3-6 可知，经过 2 个多月的超声波辐照作用，反应器内污泥的平均 EPS 含量为 56.5mg/gVSS，相比对照组仅增加了 1.1%；多糖含量为 31.7mg/gVSS，比对照组减少了 8.7%，占总 EPS 含量的比例由 62.2% 降低为 56.2%；蛋白质含量为 19.6mg/gVSS，比对照组增加了 21.3%，占总 EPS 含量的比例由 28.9% 上升到 34.7%；DNA 含量为 5.2mg/gVSS，比对照组增加了 3.8%，占总 EPS 含量的比例由 8.9% 上升到 9.2%。从以上数据可以看出，尽管超声波抑制了多糖的生成，促进了蛋白质和 DNA 的分泌合成，EPS 中仍然是以多糖含量为主要成分。可以推测在较低浓度污水厌氧生物处理过程中，低强度超声波处理会增强微生物的活性使厌氧污泥 EPS 中蛋白质和 DNA 含量的增加及抑制糖类的合成。

反应器内污泥平均 EPS 组成成分及含量　　　　　　　　　　　　　　表 3-6

	EPS	多糖	蛋白质	DNA
超声组(mg/gVSS)	56.5	31.7	19.6	5.2
对照组(mg/gVSS)	55.9	34.8	16.1	5.0
增加率(%)	1.1	−8.7	21.3	3.9

3.3.4　超声波辐照耦合 ABR 启动对污泥粒径及结构的影响

厌氧反应器内形成的颗粒污泥是平衡的微生态系统，是不同菌群微生物在处理过程中自动形成的一种固定化形态，这种形态有利于微生物抵抗环境因素干扰及净化污水。它的主要优点是发挥了不同菌群之间的互利共生关系，有效提高不同生物菌群之间的传质效果，改善污泥的沉淀性能，强化泥水分离效果，保持稳定的微生物群落，增强抵御环境风险能力。

虽然有研究表明，ABR中即使不出现颗粒污泥也同样有很好的有机物去除效果，但是大多数研究者均在ABR中发现了不同粒径的颗粒污泥。本试验过程中也在启动结束阶段的反应器内各隔室发现了不同粒径的颗粒状污泥。

（1）超声波辐照耦合ABR启动对各隔室颗粒粒径的影响

在反应器启动运行结束阶段，取反应器内各隔室颗粒污泥进行粒径分析，结果如图3-23和图3-24所示。

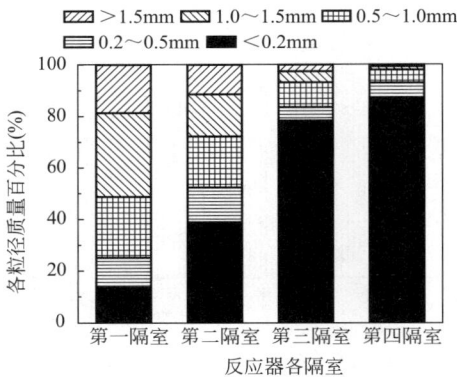

图 3-23　对照组反应器各隔室污泥粒径分布　　图 3-24　超声组反应器各隔室污泥粒径分布

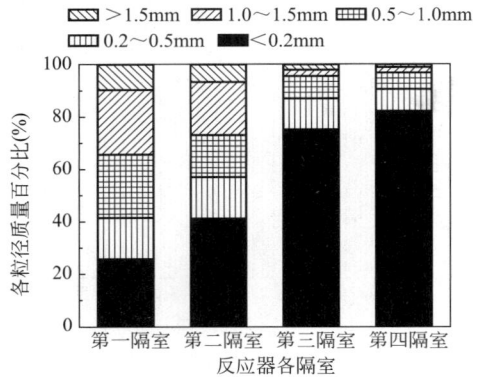

由图3-23及图3-24可看出，总体上无论是对照组还是超声组各隔室污泥的粒径沿水流方向逐隔室降低。这说明在较低有机负荷的情况下，反应器内污泥的颗粒化水平与混合液中可利用的基质浓度呈显著正相关性，这也与各隔室的有机物去除负荷相对应。

对照组各隔室颗粒粒径的差异性非常显著，污泥粒径为$0\sim0.2mm$的占比沿隔室变化最大，第一隔室粒径在$0\sim0.2mm$的仅占13.6%，而在第四隔室占比为87.1%，后面两隔室绝大多数的污泥粒径均在该范围，说明ABR处理较低浓度污水在后端隔室由于极度缺乏营养物质基本不能形成颗粒污泥。粒径大于1mm的颗粒污泥在第一隔室占51.3%，在接下来的隔室就降为了27.8%，到最后一隔室仅占2%，说明ABR中污泥颗粒化程度沿水流方向逐隔室下降，这是由可利用底物浓度逐隔室降低造成的。

超声组各隔室颗粒粒径的差异性相对对照组有所缓和，在污泥粒径为$0\sim0.2mm$的阶段，第一隔室污泥的比例相对对照组增加了89.0%，第二隔室增加了59.1%，但是后面隔室所占的比例却比对照组有所下降，第三隔室下降了4%，第四隔室下降了5.6%。可能是由于超声波辐照作用使得前两隔室的颗粒污泥或污泥絮体分散，降低了颗粒粒径使得小粒径比例增大，但是后两隔室污泥一直处于饥饿状态，颗粒粒径小，在超声波作用下刺激污泥分泌出更多高分子黏聚物，使污泥絮体凝聚从而部分增大了污泥的粒径，使得这一阶段的粒径比例降低。在污泥颗粒粒径大于 1mm 的阶段，超声组相对对照组各隔室的变化规律并无单一的趋势，第一隔室减少了 33.1％，第二隔室仅减少了 3.2％，第三隔室却减少了 34.8％，第四隔室反而增加了 60％。主要原因是各隔室污泥的初始质量比例差别较大，而且周期性的超声波作用对反应器各隔室产生了诸多的变化使得其规律有所差别，同时也可能是超声波作用使得污泥絮体分散、质量变轻，第一隔室部分颗粒污泥随水流进入第二隔室使得第二隔室的该段粒径比例增加。总体上超声波作用使反应器前两隔室污泥大粒径比例变小，小粒径比例增加，絮体分散，后两隔室絮体结合，大粒径比例增加。

（2）超声波辐照耦合 ABR 启动对污泥絮体结构的影响

为了解超声波辐照持续作用对反应器内污泥絮体成长及结构变化的影响，在反应器启动运行达到稳定期后，在显微镜下观察对照组和超声组各隔室的污泥絮体，结果如图 3-25 所示。由图可知：第一隔室对照组污泥形成了较密实的颗粒状或絮团状絮体，而超声组则显现出细散状微小絮体整面铺开。第二隔室对照组污泥相对第一隔室形成了更大的絮团状污泥，而超声组相对第一隔室则显得更加松散且表面更毛糙。对照组第三隔室由于营养物质不太充分、污泥本身处于较小的絮团状，但是相互结合比较紧密；超声组相比对照组更加分散，但是其污泥成团絮体比对照组更大、生长得更好。第四隔室污泥基本处于饥饿状态，对照组污泥呈絮团状分散状，超声组与对照组相比变化不大。对照组与超声组在各隔室的状况都有所不同，可能是由于反应器内每次仅取 10％的污泥进行超声，且各隔室的微生物形态与结构均不相同，所以其在运行过程中逐渐显现出各自的特点。通过图 3-25 可以看出，超声组的污泥整体更加分散，絮体尺寸基本变小，对照组和超

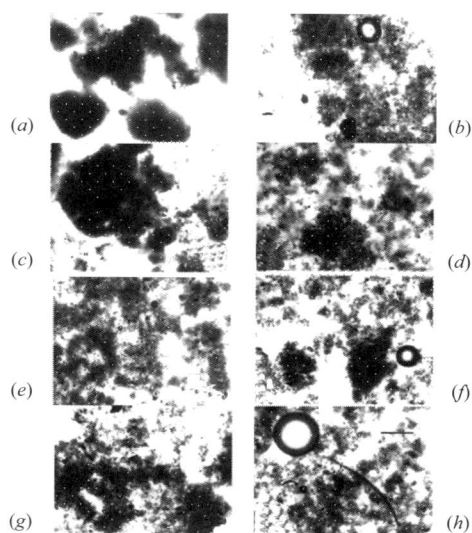

图 3-25　反应器各隔室污泥显微镜图片（标尺为 1mm）

（其中 (a)、(c)、(e)、(g) 分别为对照组 1 号、2 号、3 号、4 号；(b)、(d)、(f)、(h) 分别为超声组 1 号、2 号、3 号、4 号）

声组反应器前两隔室均发现黑色污泥颗粒，少部分污泥颗粒四周有白色绒线状物质，后两隔室均基本未形成颗粒状污泥。反应器沿水流方向各隔室污泥颗粒的粒度逐渐减小。第一隔室污泥呈明显的颗粒状，而最后隔室的污泥基本为分散絮体状。这说明不同隔室由于进水有机负荷不同，微生物生长状况也不一样。前端隔室微生物基质较多，污泥生长较好，而后端隔室污泥长期处于饥饿状态，污泥生长缓慢且活性较差。总体上来说，低强度超声波辐照使絮体分散是强化污水厌氧生物处理的作用原理之一。值得注意的是相对于对照组，在超声组中均发现了更多微型动物。

在整个试验过程中还发现，超声组各隔室污泥浓度明显要低于对照组，虽然超声组出水夹带污泥量要比对照组稍多，但是污泥产量明显减少可能存在"解偶联"代谢作用。由于超声波辐照过程产生的少量·OH 自由基及其他环境的改变，使得分解代谢产生的能量

部分逸散，降低了合成代谢速率，从而降低了超声组污泥的生成量。

3.4 超声波辐照耦合 ABR 处理污水参数优化与效果分析

3.4.1 超声波辐照耦合 ABR 处理污水参数优化

Schläfer 等[25] 曾经对污水生物处理整个反应过程进行超声波辐照，并且取得了很好的 COD 去除效果，虽然他们采用的超声声能密度仅 0.3W/L，仍然由于花费太大而显得不经济，但是他们在研究中发现了超声波促进作用有一个持续的时间。这种持续作用现象为间歇式周期性超声提供了可操作的空间，杨霏[26] 采用两周期试验对烧杯内所有污泥进行超声（间隔周期为 6h）后发现出水 COD 不仅没有降低反而有所上升，认为超声破坏了污泥絮体结构，降低了絮体凝聚能力，从而使出水水质恶化。蒋洪波[27] 同样采用 6h 的辐照间隔周期却得出了与杨霏不同的结论，他在 24h 运行时间内每间隔 6h 对烧杯中所有污泥超声一次后发现 COD 去除效果是最理想的。闫怡新等采用 8h 的周期时间对反应器内所有污泥进行 3 次辐照后就发现污泥的活性明显下降，仅为对照组的 50%；而采用 24h 的周期时间对反应器内所有污泥进行 3 次辐照后也发现随着辐照次数的增加污泥活性的促进作用开始减弱，到第 3 次辐照后污泥 24h 的活性也降低到了对照组之下，并认为超声作用的频繁剪切力对部分细胞造成无法修复的永久性创伤，会逐步降低污泥活性。为了减小反复超声波处理对污泥活性的不利影响，她们尝试每次仅取反应器内部分污泥进行超声波处理，发现取 0.5%～20% 的污泥进行超声波辐照时，都能取得较好的 COD 去除效果，但是当取用污泥比例大于 30% 时，COD 去除率就会低于对照组[28]。

上述研究均为烧杯试验或者采用 SBR 工艺在较短时间内进行的研究，不同参数及外界环境干扰较大，所得结果也不尽相同。污水生物处理系统本身就是个由复杂微生物菌群组成的稳定生态系统，本节尝试在 ABR 稳定运行过程中研究超声波辐照间隔周期和超声波辐照污泥比例等参数优化，以便更好地指导超声波强化技术应用于污水厌氧生物处理中。

（1）超声波辐照间隔周期对 ABR 运行的影响

根据前面试验得出的辐照后污泥活性的变化规律，以及其他研究者认为的短期频繁的超声会对微生物造成不良影响，考虑每天运行管理的方便，本试验选择 8h、16h、24h 及 36h 的处理周期分别进行反复超声试验，每次仍分别于每隔室取污泥体积的约 1/10 进行超声波辐照。因为启动期采用的就是 24h 的超声间隔时间，所以仅考虑 8h、16h 和 36h 的处理周期，为了准确地反映整个处理效果，避免因为环境改变造成微生物的不适应现象干扰，采用每个周期均在反应器中运行 15d，并观察期间反应器 COD 去除率的变化以及运行稳定后反应器内各隔室污泥 DHA 及辅酶 F_{420} 浓度的对照。超声污泥性质及超声参数均同表 3-3。不同辐照间隔周期对厌氧反应器 COD 处理效率的影响试验结果见图 3-26 所示。

由图 3-26 可知，当辐照间隔周期由初始的 24h 突然减小到 8h 时，反应器内的 COD 去除率不仅没有增加，反而低于初始 80% 的去除率，调整辐照间隔周期后的第 2d 反应器内的 COD 去除率下降到最低为 78.44%。随着运行时间的增加 COD 去除率逐渐增加，到第 10～15d，COD 的去除率已经稳定在 82%～83%，对比前面 24h 辐照间隔周期的去除率增加了 2%～3%。从第 16d 开始调整辐照间隔周期为 16h，此时反应器内 COD 去除率有缓慢下降的趋势，但是其下降的幅度不大，基本控制在 81.7%～82.3%，相对 8h 的辐照间隔周期仅下降了不到 1%。但是到第 31d 将辐照间隔周期调整为 36h 后，反应器内 COD 去除率就开始逐步下降了，在第 39d 达到最低为 77.73%，之后 COD 去除率基本稳定在 78%～79%。

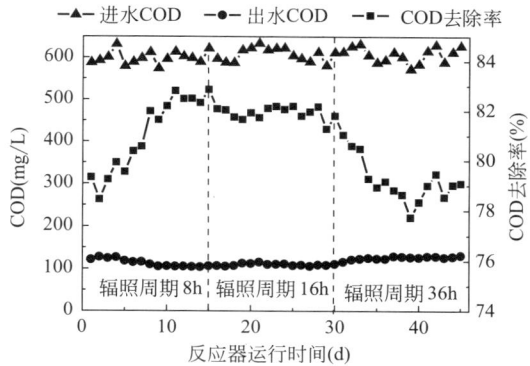

图 3-26　进出水 COD 值和去除率在不同辐照间隔周期下的变化

　　从整体上看辐照间隔周期为 8h 时反应器内 COD 的去除效果最好，辐照间隔周期为 36h 的效果最差。这是因为超声波辐照对污泥活性的促进作用有一个持续周期，当间隔的周期过长这种持续作用基本消失了，适当的间隔时间能够更有效地促进污泥活性，提高其降解有机物的能力。尽管有研究表明多次循环周期辐照会减弱促进作用，甚至使细胞失活，使得最终活性低于对照组，但是诸多研究都是直接针对同一污泥进行周期性辐照，且运行时间都较短、以烧杯试验为主。通过本试验得出的结论认为，不需要对整个反应器内所有微生物的活性都进行刺激，仅仅使反应器内部分污泥活性得到有效促进就能在污水处理中取得较好的降解效果。另外，在长期的超声波辐照过程中，反应器内部分对超声作用比较敏感、不适应的微生物菌群逐渐被淘汰，而另外一些在超声波作用下能够的得到有效增长的微生物菌群得以聚积逐渐形成优势菌群，这样就通过辐照作用改变了 ABR 中的微生物菌群，使得这些微生物能够更好地适应超声作用，从而提高污水处理效率。

　　辐照间隔周期由 24h 下降到 8h 的初始一星期内 COD 去除率下降，可能的原因是虽然 8h 辐照间隔周期能够更好地提高反应器内部分污泥的活性，但是污水生物处理系统本身就是个复杂的生态系统，尤其是厌氧生物处理是由产酸菌和产甲烷菌两大类群组成的一个生态平衡体系，辐照间隔周期突然缩短，使得反应器内的生态平衡受到了影响，有些更能适应辐照效应的微生物生长更快，而另外一些则受到了抑制，这样反应器就需要一定时间去适应和调整，以抵抗环境变化所产生的不利影响。重新达到一个动态平衡过程时，超声波辐照强化效果就逐渐显现，这时 COD 去除率的提高就体现出来了。虽然 8h 辐照间隔周期对 COD 去除效果最好，但是也可看出其相对 16h 辐照间隔周期的去除率并没有很大提高，辐照间隔周期为 16h 时 COD 去除率相对 24h 则有较大的提升。从能耗的角度上考虑 8h 辐照间隔周期相对 24h 其超声作用的能耗会增加 2 倍，而 16h 辐照间隔周期仅增加 50%，所以选择 16h 为合适的辐照间隔周期。

　　为了比较不同辐照间隔周期对反应器内污泥活性的促进影响，在不同运行周期结束阶段测定了反应器内各隔室污泥的 DHA 和辅酶 F_{420} 含量，分别如图 3-27 及图 3-28 所示。

由图 3-27 可知，整体上反应器内各隔室的 DHA 是随着水流方向逐隔室下降的趋势。从单个隔室来比较，各隔室的 DHA 均是随着辐照间隔周期的缩短而增加的。每一隔室的增加幅度均不相同，可能原因是反应器每一隔室均培养了适应该隔室底物成分和浓度的微生物菌群，不同的微生物菌群对超声波辐照的反应各不相同。另外，从图中也可以看出第四隔室的差异性最不明显，同时也是污泥活性最低的隔室，主要是第四隔室位于反应器水流的最末端，其可利用的底物浓度太低，导致其活性受到较大程度的抑制，微生物一直处于活性很低的饥饿状态，超声波辐照无法对其产生有效的刺激，这说明底物浓度是影响微生物活性的关键因素。第三隔室内缩短辐照间隔周期对污泥 DHA 促进作用要大于前两隔室，可能原因是第三隔室有机底物浓度较低，前面的研究也说明了超声波对相对低的有机底物浓度的污泥促进作用更明显。

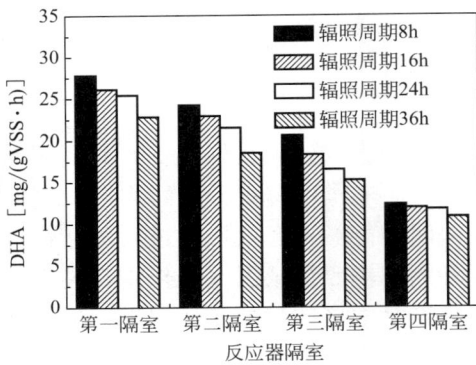

图 3-27　反应器各隔室 DHA 在不同
辐照间隔周期下的变化

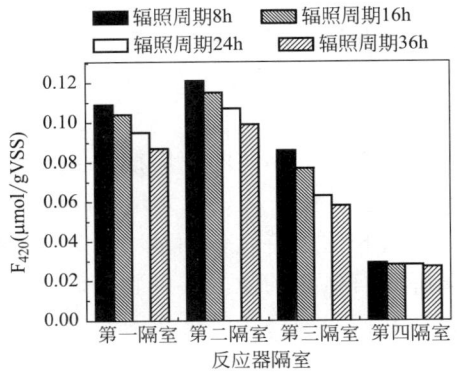

图 3-28　反应器各隔室辅酶 F_{420} 含量
在不同辐照间隔周期下的变化

由图 3-28 可看出，反应器内辅酶 F_{420} 也与 DHA 有相似的变化趋势，但是其最大活性隔室并不是有机底物浓度最大的第一隔室而是第二隔室，在第二隔室内辐照 8h 的辅酶 F_{420} 浓度比辐照 24h 高出了 13.1%，而辐照 16h 的辅酶 F_{420} 浓度比辐照 24h 高出 7.5%，辐照 36h 的辅酶 F_{420} 浓度仅为辐照 24h 的 92.5%。第四隔室辅酶 F_{420} 浓度同样是增幅不明显，增幅最大仍然发生在第三隔室。各隔室的辅酶 F_{420} 浓度与 DHA 结果一致，且与 COD 降解规律相符。

闫怡新等曾经推测，采用 24h 的辐照间隔周期会使污泥的活性随时间发生变化，从而使其处理效率发生周期性变化。本试验在各辐照间隔周期运行稳定阶段选择一天时间进行了间隔 2h 的出水 COD 测定。测定结果显示，各辐照间隔周期条件下 1d 内 COD 的去除率并未发生周期性波动，反应器能基本保持较稳定的 COD 去除率。分析原因，可能 ABR 是一个具有较好抗冲击负荷能力的反应器，而且污水生物处理系统中的活性微生物也是一个相互作用的复杂微妙的生态平衡系统，其对污水中有机物的降解与许多因素有关，超声波强化污水生物处理也不单单是依靠促进生物活性来实现的，可能还包括优势菌群筛选等其他诸多因素。

（2）超声波辐照污泥比例对 ABR 运行的影响

前面研究发现，对全部的污泥都反复进行超声波辐照，将会很快引起污泥活性的下降，最终降低污水处理效率。所以本节设置不同的处理污泥比例，以寻求较合适的污泥处理比例。闫怡新等[28] 曾研究认为 10％的辐照比例是最优的，当超声波辐照污泥比例达到 30％时活性反而下降，而超声波辐照污泥比例小于 3％时污泥的增长率将会成倍增加。虽然她们的试验是基于 SBR 工艺的好氧污泥，但是无论是好氧微生物还是厌氧微生物，超声波强化作用机理基本一致，所以本试验考虑考察辐照污泥比例在 3％～20％之间时，对反应器 COD 去除率的影响及反应器内污泥活性变化规律。

辐照污泥比例的选择对污泥活性促进效果有很大影响，辐照比例太小强化效果不显著，而辐照比例过大不仅能耗利用率较低，而且还会过度破坏污泥絮体的结构，对细胞菌体造成不可逆的多次伤害，最终降低污泥整体活性。不同辐照比例污泥对厌氧反应器 COD 处理效率的影响试验结果见图 3-29 所示。

由图 3-29 可知，当进水 COD 控制在 600mg/L 左右时，不同超声波辐照污泥比例的 COD 去除率也各不相同。当超声波辐照污泥比例为 3％时，COD 去除率在 79％～80％，这一阶段由于辐照比例较低，仅有少部分污泥受到了超声波辐照作用，且只有极少数污泥可能受到连续超声作用，经计算平均辐照一次需要大约 33 个辐照间隔周期，

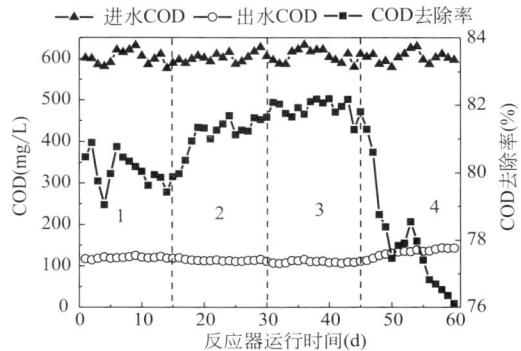

图 3-29　进出水 COD 值和去除率在不同
辐照污泥比例下的变化
（其中 1-辐照比例 3％；2-辐照比例 5％；
3-辐照比例 10％；4-辐照比例 20％）

也就是需要 22d 才能将反应器内的污泥完全辐照一次。如果按照辐照持续时间仅 10h 来计算，说明反应器内大多数污泥均不能达到辐照增强活性的效果，但是相比对照组，超声组反应器对 COD 的去除率明显更高。分析原因可能是长久持续的超声波作用使得反应器内的生物菌群发生了变化，部分适应性较强的微生物菌群得到了富集，而部分适应性较差的菌群则被淘汰。在超声波辐照的作用下这部分适应性较强的微生物菌群具有更好的活性，能够更有效地促进污水的生物降解效果。另外，也有可能是超声作用使得污泥絮体分散，增大了其与有机底物接触的面积，强化了传质，使得反应器比对照组有更高的 COD 去除率。

当超声波辐照污泥比例增加到 5％时，反应器对 COD 的去除率很快就增加到 81％以上，进一步增加辐照污泥比列到 10％时，反应器对 COD 的去除率增加到了 82％左右。说明随着辐照污泥比例的提高，反应器内更多的污泥受到超声波的作用增加了活性，使得反应器对有机物降解能力得到了提高。但是当辐照污泥比例增加到 20％时，反应器对 COD 的去除率却开始迅速下降，最低甚至达到 76％，仅比未经超声的对照组高出不到 1％。分析原因，可能是由于辐照污泥比例增加，反应器内污泥受到重复超声的概率也跟着加大，经过反复超声的污泥会受到不可逆的伤害从而降低活性甚至死亡，这种现象持续发生就会使污泥活性逐渐降低，对有机物的降解速率也会逐渐下降。

同样在不同污泥辐照比例运行结束阶段测定了反应器内各隔室污泥的 DHA 和辅酶 F_{420} 含量，如图 3-30 及图 3-31 所示。

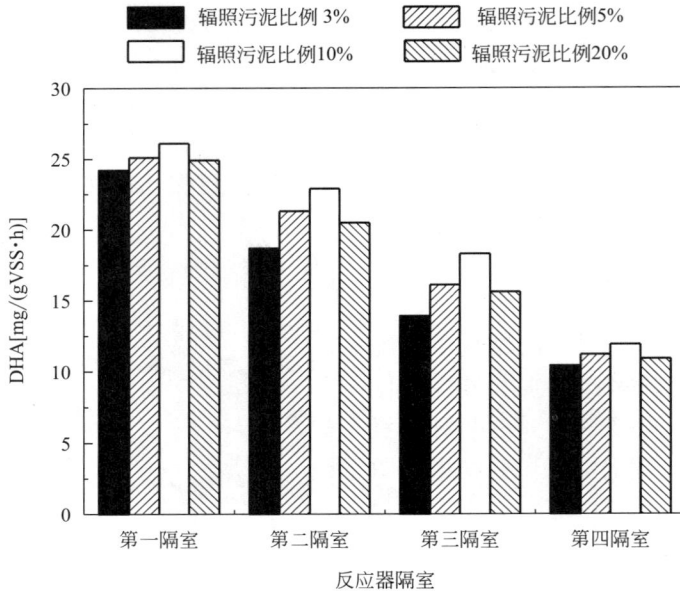

图 3-30 反应器各隔室 DHA 在不同辐照污泥比例下的变化

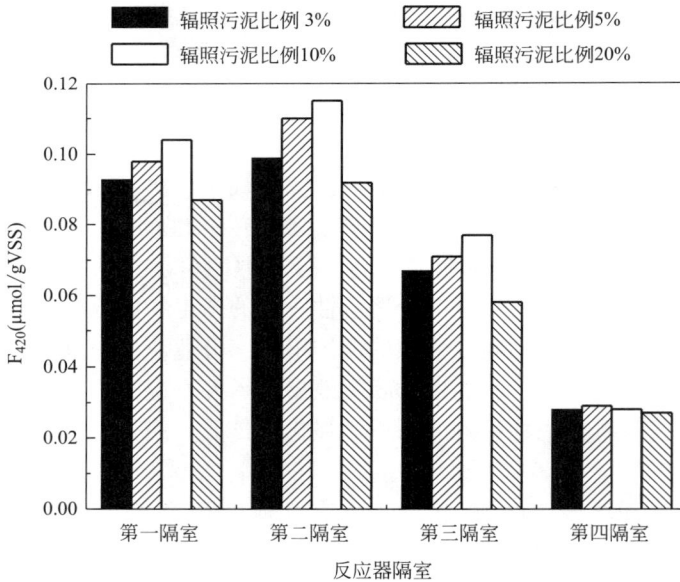

图 3-31 反应器各隔室辅酶 F_{420} 含量在不同辐照污泥比例下的变化

由图 3-30 可知，反应器内各隔室的 DHA 仍然是随着水流方向逐隔室下降。针对单隔室来比较，当污泥辐照比例小于 10％时，反应器各隔室 DHA 随着辐照污泥比例的增加而增加，但是当辐照污泥比例达到 20％时，反应器内各隔室 DHA 反而开始下降。由图 3-29 可知，辐照污泥比例达到 20％时其 COD 去除率最低，但 DHA 却不是最低的。各隔室污泥 DHA 大小排序为 10％＞5％＞20％＞3％，辐照污泥比例为 20％时反应器内各隔室的 DHA 均大于辐照污泥比例为 3％时的活性，但是根据反应器 COD 去除情况却是辐照比例为 3％时处理效果优于 20％。分析原因可能是厌氧生物反应是由产酸菌和产甲烷菌共同作用，辐照污泥比例太大，在超声过程中破坏了两类微生物的生态平衡，使得反应器的处理能力下降。由第四隔室的运行情况可知，在可利用的有机底物浓度很低的情况下，超声波促进作用对污泥活性的影响几乎可以忽略。从总体上来看，超声波辐照污泥比例对反应器内污泥 DHA 大小有一定的影响，这种影响也与反应器内微生物的种类和可利用有机底物的浓度有关。

由图 3-31 可看出，反应器内辅酶 F_{420} 浓度在超声波辐照污泥比例为 10％时达到最大，各隔室辅酶 F_{420} 浓度变化趋势与 DHA 基本一致，但辐照污泥比例为 20％时各隔室辅酶 F_{420} 浓度基本降到最低，这与 COD 去除率变化一致。分析原因，可能是每次均取反应器内 20％的污泥进行超声波处理，在操作过程中会有部分空气进入反应器，从而提高了反应器内的氧化还原电位，而产甲烷菌是一类严格的厌氧古细菌，对环境中的氧化还原电位要求很高，一般只有在 -330 mV 以下才能很好地生存，这样频繁的扰动干扰了其正常的生长代谢，使得表征其含量的辅酶 F_{420} 浓度降低。

在试验中还发现超声波辐照污泥比例会影响污泥生长。当超声波辐照污泥比例为 10％以下时，反应器内污泥的增长量很小，基本变化不大。但是当辐照污泥比例达到 20％时，随着运行时间反应器内的污泥是逐渐减少的，尤其是后面两隔室更加明显。可能是辐照污泥比例为 20％时，更多的污泥经超声波处理后絮体结构分散，降低了其凝聚沉淀性能，使得更多的细小微生物絮体随水流出反应器，在反应器运行一段时间后就会在排水缸底部发现大量的絮状体也对这种现象进行了佐证。

根据以上分析，本节选择超声波辐照间隔周期为 16h，辐照污泥比例为 1/10，此时超声组 ABR 的 COD 去除率高达 82％。

3.4.2　超声波辐照耦合 ABR 处理污水效果分析

（1）超声波对 ABR 降解 COD 的影响

超声组和对照组 ABR 的进出水 COD 和 COD 去除率如图 3-32 所示，超声组和对照组 ABR 运行稳定后各隔室平均 COD 去除率如图 3-33 所示。当进水 COD 为 600mg/L 左右时，对照组 ABR 的平均出水 COD 为 162mg/L，平均 COD 去除量为 438mg/L，平均 COD 去除率为 73.0％。其中，1 号隔室的平均 COD 去除量为 283mg/L，占整个 ABR 中 COD 去除量的 64.6％；2 号隔室的平均 COD 去除量为 108mg/L，占整个 ABR 中 COD 去除量的 24.7％；3 号隔室的平均 COD 去除量为 33mg/L，占整个 ABR 中 COD 去除量的 7.5％；4 号隔室的平均 COD 去除量为 14mg/L，占整个 ABR 中 COD 去除量的 3.2％。而超声组 ABR 的出水 COD 在运行初期（第 1～8d）不断发生变化，在低强度超声波作用后的第 1d，超声组 ABR 的出水 COD 为 205mg/L，COD 的去除量为 395mg/L，去除率为 65.8％，比对照组 ABR 降低了 7.2％。这主要是因为运行初期 ABR 处于调整适应期，对 ABR 中厌氧污泥的超声回流使得微生物种群受到扰动，在一定程度上打破了原来有机污染物的降解平衡，所以出水 COD 会波动。

经过 8d 左右的调整适应期之后，超声组 ABR 的平均出水 COD 为 119mg/L，平均 COD 去除量为 481mg/L，平均 COD 去除率为 80.2％，比对照组 ABR 提高了 7.2％。其中，1 号隔室的平均 COD 去除量为 308mg/L，占整个 ABR 中 COD 去除量的 64.0％；2

号隔室的平均 COD 去除量为 117mg/L，占整个 ABR 中 COD 去除量的 24.3%；3 号隔室的平均 COD 去除量为 40mg/L，占整个 ABR COD 去除量的 8.3%；4 号隔室的平均 COD 去除量为 16mg/L，占整个 ABR 中 COD 去除量的 3.4%。由于 ABR 设有多个隔室，而且其整体为推流式，各反应隔室的容积负荷沿着水流方向逐渐降低，可被厌氧微生物所利用的有机物逐渐减少，所以从 1 号隔室到 4 号隔室的 COD 去除量逐渐减少。由于 ABR 前两个隔室内的厌氧微生物对有机物具有优先选择权，所以 COD 的去除主要发生在前两个隔室。而后两个隔室的容积负荷较低，厌氧微生物处于饥饿状态，微生物的活性较低，COD去除率也都在 10% 以下。

超声组和对照组 ABR 在前两个隔室的去除率大致相同，占到了总去除率的 90% 左右。超声波处理并没有影响各隔室之间的资源占用情况，但是超声组各隔室在 COD 降解量上都高于对照组。这主要是因为本试验中所采用的低强度超声波会对微生物产生微小的创伤，在对伤口的自我修复过程中，微生物的活性得以增强。厌氧生物处理工艺之所以难以广泛地应用于工程当中，其重要的原因之一是出水 COD 较高，从试验结果可以看出，合适的超声波可以有效地降低出水 COD 值，对厌氧水处理工艺的广泛应用有积极意义。

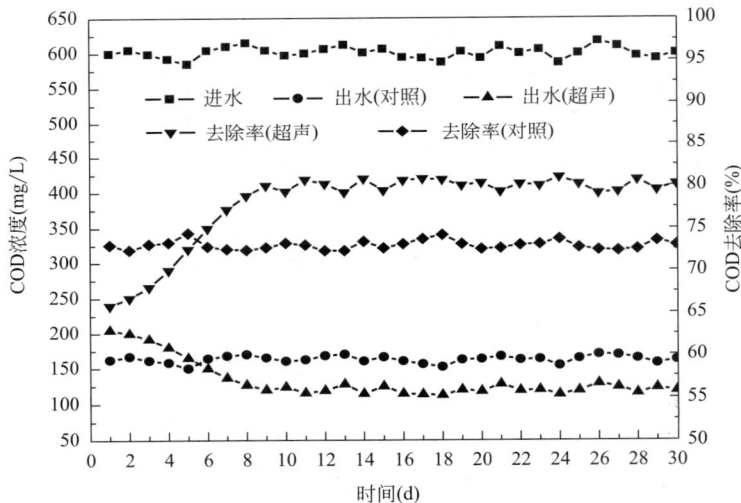

图 3-32　超声组和对照组 ABR 进出水 COD 值

（2）超声波对 ABR 各隔室内 VFA 的影响

挥发性脂肪酸（VFA）是厌氧生物处理过程中重要的中间产物，产甲烷菌主要利用 VFA 生成甲烷，只有 30% 的甲烷由二氧化碳和氢气生成。当 ABR 正常运行时，产酸菌产生的 VFA 大部分被产甲烷菌转化为甲烷、二氧化碳和水，所以 ABR 的出水中 VFA 的浓度很低。与产酸菌相比，产甲烷菌的世代时间较长、最大增长速率较小，而且产甲烷菌对其所处生长环境的变化比较敏感，当外界环境（例如：氧化还原电位、温度、pH 值、营养和有毒物质）突然发生变化时，就会导致产甲烷菌的活性受到抑制，从而使 VFA 的浓度增加。Drizo 等[53] 的研究表明，当 ABR 正常运行时，ABR 的出水中 VFA 浓度应小于 3mmol/L。

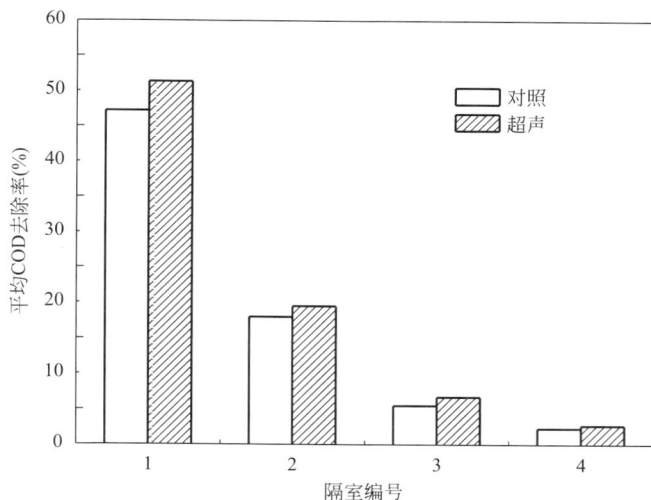

图 3-33　超声组和对照组 ABR 各隔室平均 COD 去除率

超声组和对照组 ABR 中各隔室内 VFA 的浓度如图 3-34 所示。超声组和对照组 ABR 从 1 号隔室到 4 号隔室内 VFA 的浓度逐渐降低，这主要是因为进水 COD 浓度较低，ABR 中不同隔室之间并不会产生明显的相分离现象。ABR 从 1 号隔室到 4 号隔室的有机物浓度逐渐降低，前面隔室内的厌氧微生物对污水中的有机物具有优先选择权，所以微生物的活性较高，水解产酸反应和产甲烷反应较活跃；而流入后面隔室内的污水中的有机物浓度较低，所以微生物处于饥饿状态、活性较低，水解产酸反应和产甲烷反应较少。而且与产酸菌相比，产甲烷菌的世代时间较长、最大增长速率较小，所以经过产甲烷菌的降解后，ABR 前面隔室内剩余的 VFA 比后面隔室更多。

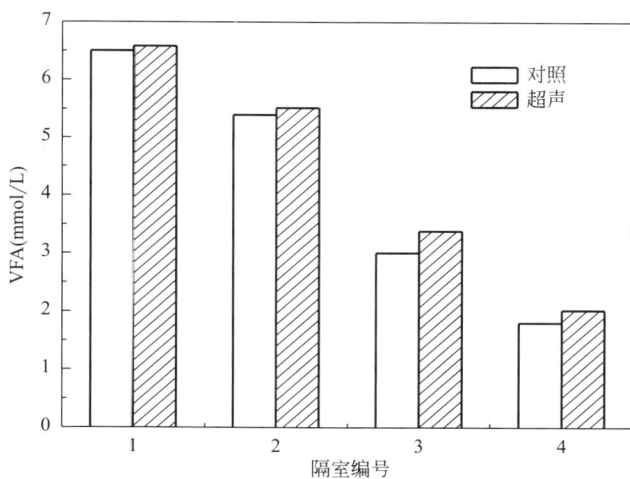

图 3-34　超声组和对照组 ABR 各隔室 VFA 的浓度

与对照组相比，超声组 ABR 中各隔室内 VFA 的浓度都有一定程度的提高，这说明低强度超声波能够使得污泥上清液中 VFA 的浓度提高。这主要是因为低强度超声波促进微生物生长的程度与其自身的新陈代谢的速率有关，微生物的生长速度越快，超声波对它的强化效果越显著。通过低强度超声辐照后，超声组 ABR 中各隔室内产酸菌的活性提高的程度比产甲烷菌更高，所以经过产甲烷菌的降解后，超声组 ABR 中各隔室内剩余的 VFA 比对照组更多。但是与对照组相比，超声组 ABR 中各隔室内 VFA 的浓度提高的幅度不大，并不会导致 ABR 中 VFA 的过度积累或影响 ABR 的正常运行。

（3）超声波对 ABR 各隔室内 pH 值的影响

pH 值对厌氧生物处理的影响很大，污水进入 ABR 后，生化反应和稀释作用会导致污水的 pH 值迅速发生变化。不同的厌氧微生物生长所需的最适 pH 值范围并不相同，产酸菌所能适应的 pH 值范围较大，其最适 pH 值范围为 6.5～7.5。产甲烷菌所能适应的 pH 值范围较小，其最适 pH 值范围为 6.8～7.2。pH 值的变化不仅会影响厌氧微生物的新陈代谢和对有机物的降解，而且当 pH 值下降过多时，会导致 ABR 酸化，严重时会使厌氧生物处理系统遭到破坏。所以控制适宜的 pH 值对于维持厌氧生物处理系统的高效稳定运行具有重要的意义。

超声组和对照组 ABR 中各隔室内的 pH 值如图 3-35 所示。当进水 pH 值的平均值为7.1 时，超声组和对照组 ABR 在 1 号隔室内的 pH 值都下降到最低，之后再沿着水流方向逐渐上升。这主要是因为在厌氧生物处理过程中，产酸菌产生了大量的挥发性脂肪酸，经过产甲烷菌的降解后，超声组和对照组 ABR 前面隔室内剩余的挥发性脂肪酸比后面隔室更多。而且后面隔室内的产甲烷菌利用 VFA 和含氮化合物等产生的氨气、甲烷和氢气等，使得污水碱性逐渐增强，所以超声组和对照组 ABR 中各隔室内的 pH 值沿着水流方向逐渐上升。

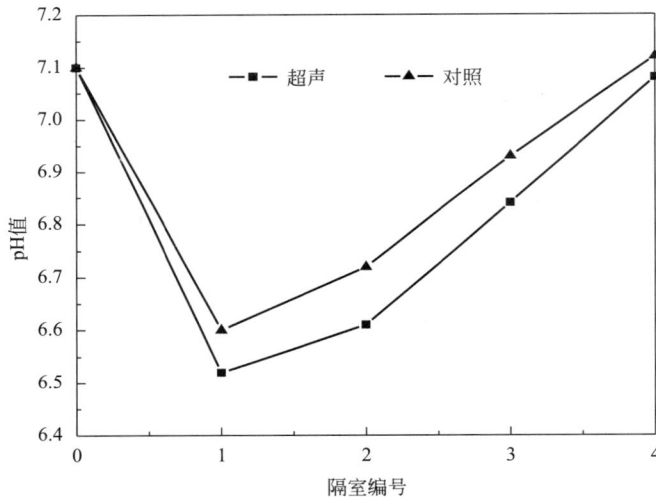

图 3-35　超声组和对照组 ABR 各隔室的 pH 值

与对照组相比，超声组 ABR 中各隔室内的 pH 值都有一定程度的降低，这说明低强度超声波降低了污泥上清液中的 pH 值。这主要是因为通过低强度超声辐照后，超声组 ABR 中各隔室内剩余的挥发性脂肪酸比对照组更多，所以超声组 ABR 中各隔室内的 pH 值都低于对照组。但是与对照组相比，超声组 ABR 中各隔室内的 pH 值降低的幅度并不大，并不会影响厌氧生物处理过程中产酸菌和产甲烷菌对有机物的降解。

（4）超声波对 ABR 各隔室内 EPS 分泌和释放的影响

胞外聚合物（EPS）是活性污泥的重要组成部分，它是微生物在生长过程中根据自身所处的环境而分泌出来的一种非均相物质，对菌胶团结构的稳定性和污泥絮体的沉降性有很大的影响，是活性污泥生长代谢过程中不可缺失的重要组成部分[29]。EPS 是活性污泥絮体中的第三大组成部分，它的主要成分为蛋白质、多糖和 DNA。EPS 具有重要的生理功能，同时也起到储备碳源和能源的作用。EPS 在细胞生长和代谢过程中至关重要，它既是营养物质的输送通道，又是在营养物质匮乏时候的备用碳源，而且对细胞的结构稳定性起到了很大的作用。通过对胞外聚合物的研究，可以了解污泥的生理及代谢情况，是非常有必要的。

超声组和对照组 ABR 中各隔室内 EPS 的总量如图 3-36 所示。超声组和对照组 ABR 在相同隔室内的胞外聚合物总量基本相同，这表明超声并不会改变 EPS 的总量。超声组和对照组 ABR 从 1 号隔室到 4 号隔室内胞外聚合物的总量都逐渐减少，这可能与 ABR 中各隔室内的容积负荷有关，随着容积负荷逐渐降低，EPS 的总量也逐渐减少。在容积负荷较高的隔室内，胞外聚合物作为营养物质的载体，吸附污水中的有机污染物，所以胞外聚合物的总量相对较高。然而在容积负荷较低的反应隔室内，一部分胞外聚合物作为碳源被微生物分解利用，所以胞外聚合物的总量相对较低。

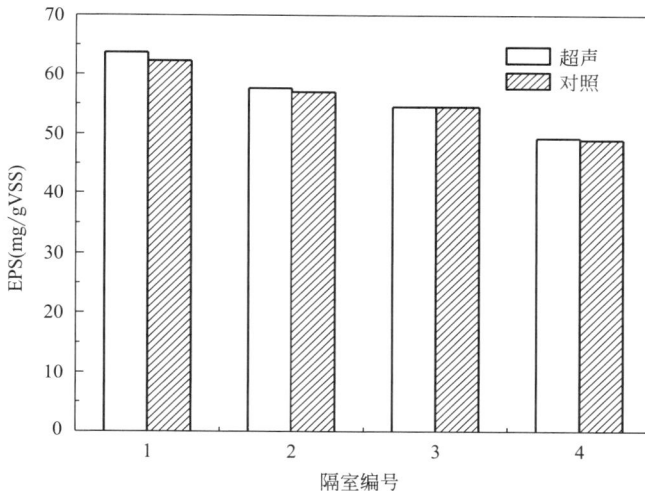

图 3-36　超声组和对照组 ABR 各隔室 EPS 的总量

超声组和对照组 ABR 中各隔室内蛋白质的含量如图 3-37 所示。超声组和对照组 ABR 从 1 号隔室到 4 号隔室的蛋白质含量都逐渐减少，与对照组相比，超声组 ABR 中各隔室内的蛋白质含量都有一定程度的提高，这说明超声波能够使得 EPS 中的蛋白质含量提高。这可能是因为低强度超声波辐照使得微生物表面产生微小的创伤，在对伤口的修复过程中分泌出大量的酶蛋白，用以完成各种生物合成反应。这种微小的创伤不仅不会导致细胞死亡，而且还会激发细胞的自我修复功能，从而强化细胞对蛋白质的合成。

超声组和对照组 ABR 中各隔室内多糖的含量如图 3-38 所示。超声组和对照组 ABR 从 1 号隔室到 4 号隔室的多糖含量都逐渐减少，与对照组相比，超声组 ABR 中各隔室内

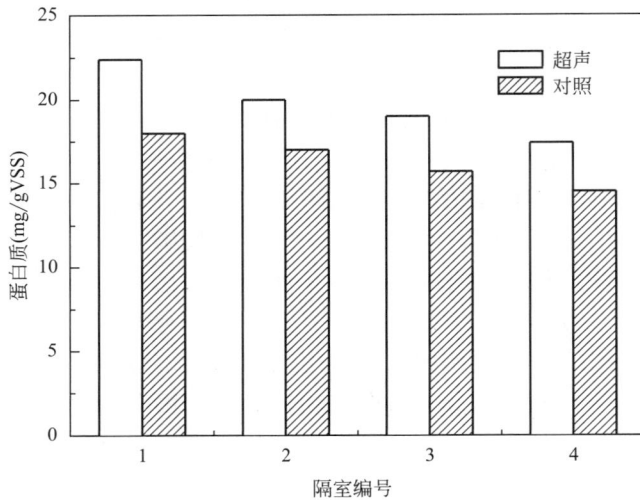

图 3-37　超声组和对照组 ABR 各隔室蛋白质的含量

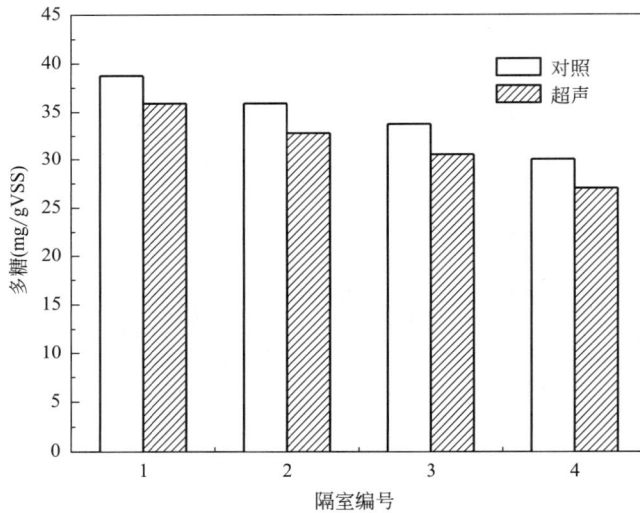

图 3-38　超声组和对照组 ABR 各隔室多糖的含量

的多糖含量都有一定程度的减少，说明超声导致 EPS 中的多糖含量减少。这可能是因为低强度超声波干扰了微生物对糖类物质的转换和合成，或者由于低强度超声波辐照使得微生物表面产生微小的创伤，在对伤口的自我修复过程中消耗了一部分多糖，从而导致多糖含量的减少。

超声组和对照组 ABR 中各隔室内 DNA 的含量如图 3-39 所示。超声组和对照组 ABR 从 1 号隔室到 4 号隔室的 DNA 含量都逐渐减少，这个与胞外聚合物总的提取量有关。超声组和对照组 ABR 在相同隔室内的 DNA 含量相差不大，这主要是因为 DNA 占胞外聚合物总量的比重都在 9% 左右，DNA 主要来源于细胞胞内物质的释放（细胞自溶），而低强度超声波辐照并不会导致细胞大面积死亡。

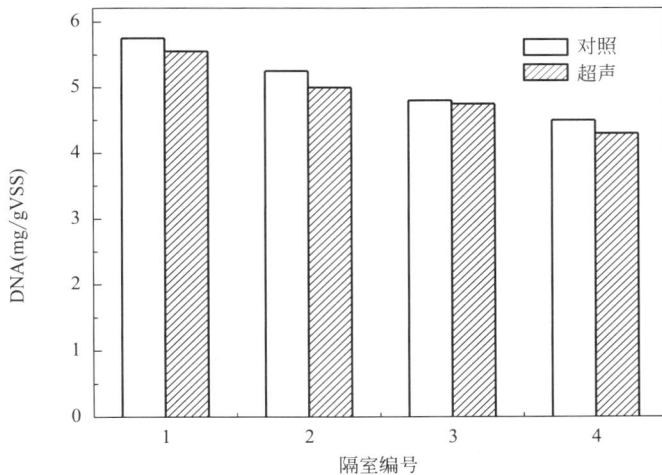

图 3-39　超声组和对照组 ABR 各隔室 DNA 的含量

（5）超声对 ABR 各隔室内污泥形态的影响

常见的厌氧颗粒污泥一般为椭圆状和多孔结构。对照组和超声组 ABR 各隔室污泥形态（40 倍）分别如图 3-40 和图 3-41 所示。超声组和对照组 ABR 从 1 号隔室到 4 号隔室内的颗粒污泥粒径都逐渐减小。其中，在对照组中，与 2 号隔室、3 号隔室和 4 号隔室相比，1 号隔室内的厌氧颗粒污泥中的菌胶团数量较多、絮体结构较致密；而在超声组中，与 2 号隔室、3 号隔室和 4 号隔室相比，也是 1 号隔室内的厌氧颗粒污泥中的菌胶团数量较多、絮体结构较致密。这主要是因为 ABR 从 1 号隔室到 4 号隔室的污染物浓度逐渐降低，1 号隔室内的微生物对污染物具有优先选择权，厌氧微生物的活性较高，大多数有机底物被 1 号隔室内的厌氧微生物所去除，所以 1 号隔室在有机污染物去除上起主导作用，这也是其内的颗粒污泥粒径较大、菌胶团数量较多和絮体结构较致密的主要原因。

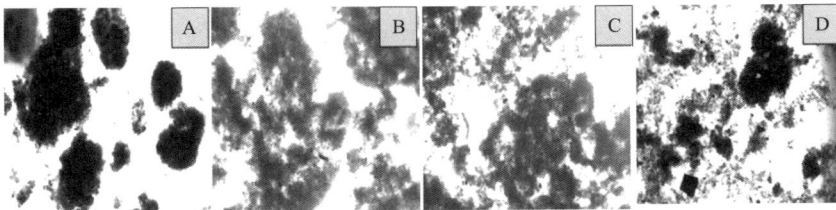

图 3-40　对照组 ABR 各隔室污泥形态（40 倍）
（A、B、C、D 分别为 1 号、2 号、3 号、4 号隔室的污泥）

在对照组中，1 号隔室和 4 号隔室内的厌氧颗粒污泥的颜色为深黑色，2 号隔室和 3 号隔室内的厌氧污泥为灰色，这可能 ABR 的运行条件和进水中加入的微量元素有关；而在超声组中，1 号隔室和 4 号隔室内的厌氧颗粒污泥的颜色更接近于灰色，这可能是低强度超声波辐照使厌氧颗粒污泥中的菌胶团遭到破坏、絮体结构松散和胞外聚合物的组成发生变化等原因引起。在相同隔室内，与对照组相比，超声组 ABR 中的颗粒污泥粒径较小、菌胶团数量较少和絮体结构较松散，这主要是因为低强度超声波的辐照处理打散了活性污泥絮体，使它的颗粒变小、结构更松散。

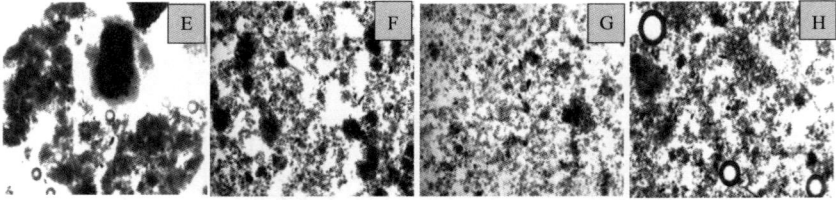

图 3-41　超声组 ABR 各隔室污泥形态（40 倍）
（E、F、G、H 分别为 1 号、2 号、3 号、4 号隔室的污泥）

（6）超声波对 ABR 各隔室内污泥沉降性能的影响

超声组和对照组 ABR 中各隔室内污泥所在的量筒内泥水分界刻度线随时间的变化如图 3-42 所示。在静置时间相同时，超声组和对照组 ABR 中各隔室内污泥所在的量筒内泥水分界刻度线的值沿着水流方向逐渐增大，这说明超声组和对照组 ABR 中各隔室内污泥的沉降性能沿着水流方向逐渐降低。主要是因为沿着水流方向，超声组和对照组 ABR 中各隔室内的颗粒污泥粒径逐渐减小、菌胶团数量逐渐减少和絮体结构越来越松散。

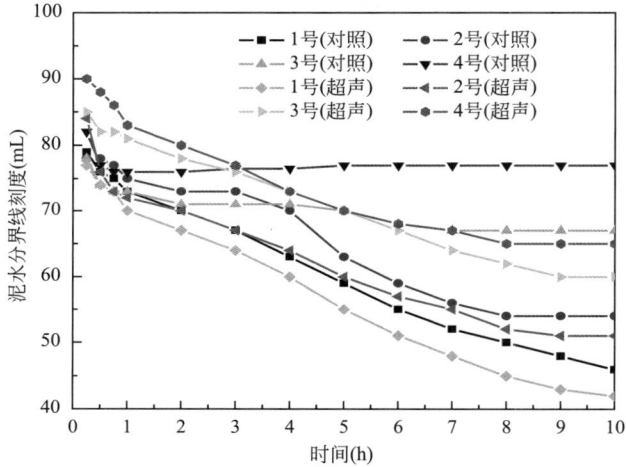

图 3-42　超声组和对照组 ABR 各隔室污泥沉降性能

在静置 15min 后，只有超声组 ABR 中 1 号隔室内污泥所在的量筒内泥水分界刻度线的值略小于对照组，而超声组 ABR 中其他隔室内污泥所在的量筒内泥水分界刻度线的值都大于对照组，这说明在上一次周期性的超声作用完成后的前期，一定强度的超声波对厌氧污泥的沉降性能不利。这可能是一定强度的超声波破坏了污泥絮体的结构和细胞壁，使得细胞的通透性增加、细菌表面附着的胞外聚合物增多，而且这些胞外聚合物的结构比较松散，所以污泥的沉降性能降低。

在静置 6h 后，超声组 ABR 中各隔室内污泥所在的量筒内泥水分界刻度线的值都小于对照组，这说明在上一次周期性的超声作用完成后的后期，一定强度的超声波能够改善厌氧污泥的沉降性能。这可能是因为厌氧污泥在超声作用完成后的后期出现了海绵效应，这使得污泥颗粒开始聚集、粒径不断增大，然后它们开始做无规则热运动并相互碰撞，最后沉淀。

在静置 10h 后，超声组 ABR 中各隔室内污泥所在的量筒内泥水分界刻度线的值与对照组相差更大，这说明在周期性的超声作用完成后，随着时间的延长，超声组 ABR 中各隔室内污泥的沉降性能越来越好。由于本试验中所选用的超声辐照间隔周期为 24h，所以超声组 ABR 中各隔室内污泥的沉降性能比对照组更好。

3.4.3　超声波辐照对 ABR 脱氮能力的影响

虽然常规生物脱氮工艺以好氧处理为主，但是目前也有研究表明，厌氧条件下也会存在一类微生物（Anammox 菌）能够将 NH_4^+-N 和 NO_3^--N 转化成 N_2 从而脱除废水中总氮。Duan 等[30] 研究了频率为 25kHz，声强为 $0.3W/cm^2$ 的低强度超声波辐照持续 4min，使得 Anammox 工艺的总氮去除率提高了约 25.5%。为探究超声波对厌氧微生物脱氮能力的影响，测定并计算得超声组和对照组 ABR 的 TN 去除率，如图 3-43 所示。

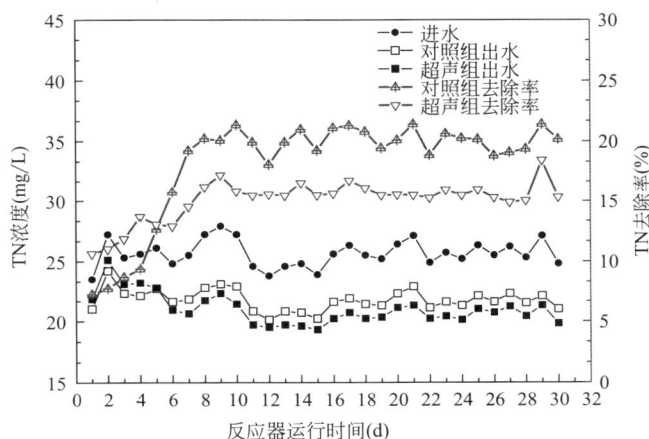

图 3-43　反应器 TN 去除率随时间的变化

由图 3-43 可知，当进水 TN 约为 25mg/L 时，运行稳定后对照组的 TN 去除率约为 16%，而超声组的 TN 去除率约 20%，比对照组有所提高，无论是对照组还是超声组对进水中 TN 的去除率均较低。同时在进行 NH_4^+-N 分析测定过程中发现，无论对照组还是超声组，均存在出水 NH_4^+-N 高于进水 NH_4^+-N 的现象。分析原因，可能是由于微生物合成代谢本身需要将一部分有机氮或 NH_4^+-N 同化成细胞组织成分，氨化菌在厌氧条件下仍能将有机氮转化成 NH_4^+-N，但是厌氧或缺氧条件下，AOB 及 NOB 无法将 NH_4^+-N 转化为 NO_2^--N 和 NO_3^--N，由于缺乏 NO_2^--N 或 NO_3^--N 作为电子受体，Anammox 菌在反应器内无法形成优势菌群，不能有效地发挥厌氧氨氧化作用。由于硝化作用受到阻碍，而且厌氧微生物因缺乏底物而生长缓慢，世代时间较长，同化作用和厌氧氨氧化作用去除的有机氮和 NH_4^+-N 并不多，氨化菌的氨化作用产生的 NH_4^+-N 大于厌氧微生物同化作用和 Anammox 菌的厌氧氨氧化作用消耗的 NH_4^+-N，这样就造成了处理水中 NH_4^+-N 的积累，所以 ABR 对 TN 的去除率不高，出水 NH_4^+-N 还高于进水值。

相对对照组，超声组对 TN 和 NH_4^+-N 的去除有相似的变化规律，但是其去除效果也有小幅度的提高。这说明低强度超声波对 ABR 去除 TN 和 NH_4^+-N 具有一定的强化作用，但是这种强化的效果并不明显。这主要是因为低强度超声波促进微生物生长的程度与其自身的新陈代谢的速率有关，微生物的生长速度越快，超声波对它的强化效果越显著。由于硝化细菌和 Anammox 菌都是自养型细菌，它们和其他厌氧微生物一样，生长缓慢，世代时间较长，所以低强度超声波对它们的促进作用不够明显。而且硝化细菌具有比较复杂的内膜结构，Anammox 菌的厌氧氨氧化体被双层膜包围，所以它们对低强度超声波不够敏感。

3.4.4 超声波辐照对 ABR 除磷能力的影响

Devai 等人曾发现污水生物处理过程中磷循环过程损失达 30%～40%，并证明其中的 1/4～1/2 是以气态磷化氢的形式进入大气。目前，厌氧除磷研究主要集中在自然界中吸附态磷化氢的产生及磷化氢和微生物群落及酶活性的关系方面。也有人对磷化氢的产生与其他环境因子，特别是与某些生命活动关系密切的环境因素如 pH 值、温度和营养因素如硝酸、硫酸，有机碳源和氮源的关系进行了研究。

由图 3-44 可知，当进水 TP 约为 4mg/L 时，运行稳定后对照组的 TP 去除率约为 36%，而超声组的 TP 去除率约 32%，比对照组略有降低，无论是对照组还是超声组对进水中 TP 的去除率均不高。分析原因，可能是由于微生物合成代谢本身需要将一部分磷同化成细胞组织成分，而厌氧产磷化氢菌由于生长条件苛刻，并未能在反应器中成为优势菌群，无法发挥产气态磷化氢而将 TP 去除的作用。相对对照组，超声组对 TP 的去除有相似的变化规律，但是其去除效果却发生小幅度的下降。这说明低强度超声波对 ABR 去除 TP 有制约作用。这主要是因为生物除磷的实质就是通过剩余污泥（过量吸磷的）的排放实现的，而在试验中发现，超声组由于存在超声波辐照作用在污泥中产生部分氢氧自由基，导致反应器内发生部分解偶联代谢现象，使得超声组反应器内的污泥量明显低于对照组，就导致了超声组总体除磷效果要低于对照组。

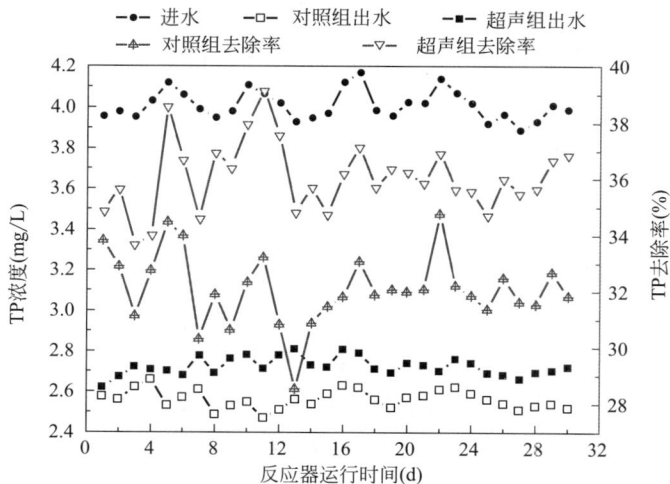

图 3-44 反应器 TP 去除率随时间的变化

根据以上分析，ABR 及其超声波强化工艺对氮磷的去除效果并不明显，本书采用的厌氧工艺仅用于有机物的有效减排，如需要进一步的达标排放，可考虑后接土地处理及氧化塘等自然生态处理工艺。

3.4.5 超声波辐照对 ABR 污泥微生物群落演替的影响

分子生态学随着分子生物学与生态学的不断发展而成为一个新兴的交叉学科。以核酸生物技术为主要内容的现代分子生物学技术的广泛应用，能够迅速、准确鉴定水处理反应器内的微生物个体，并进行复杂的微生物群落结构和功能分析。近 30 年，聚合酶链式反应（Polymerase Chain Reaction，PCR）、基因克隆文库、DNA 印迹技术（Southern Blotting）、单链构象长度多态性（SSCP）、荧光原位杂交（Fluorescence in Situ Hybridization，FISH）和变性梯度凝胶电泳（DGGE）等分子生物学技术逐步在污水处理的微生物菌群结构变化规律的研究中被应用。

聚合酶链式反应-变性梯度凝胶电泳技术（PCR-DGGE）直接采用 DNA 或 RNA 来表征微生物遗传特性，能较好地鉴定出环境中的微生物个体，提供含关键基因的生物群落关于结构和多样性的重要信息，从而分析评价微生物群落结构演替规律，揭示生物群落的演变对污水生物处理效果的影响。

Marsh[31] 等提取污泥中 DNA，PCR 扩增，将 PCR 产物通过变性梯度凝胶电泳（DGGE）技术分析，末端限制性片段长度多态性（T-RFLP）和 rDNA 的克隆比较序列分析。结果显示，该方法所得到的微生物种类要远多于传统培养方法所得到的。Lapara 等[32] 采用七段生物好氧反应器处理制药废水，并用 PCR-DGGE 分子生物技术研究了细菌群落的变化，发现微生物群落随进水水质发生变化，从而保持良好的出水水质。

Muyzer[33] 等研究认为 DGGE 无法检测到少量（<1%）微生物菌群，且 DNA 测序分析的准确性有赖于 DGGE 图谱，所以必须得到分离效果良好和分辨率高的图谱。但是，PCR-DGGE 技术仍然是在水处理中应用于微生物群落结构演变的主要方法。本章将应用 PCR-DGGE 技术，取用前面最佳超声参数条件下获得的稳定处理效果后的超声组各隔室污泥及对照组各隔室污泥，考察持续的超声作用对 ABR 中各隔室污泥微生物菌群结构产生的影响，研究超声波辐照对反应器微生物的影响因素及促进有机物降解的作用机制。

（1）厌氧污泥细菌群落的 PCR-DGGE 图谱分析

为了进一步研究持续的周期性超声波辐照作用对 ABR 中各隔室微生物学产生变化的影响，分别对对照组 ABR 和超声组 ABR 中的厌氧活性污泥微生物群落结构进行了分析。在 ABR 运行达到稳定时期，分别在对照组及超声组中从第一到第四隔室取污泥样品，进行 PCR 扩增，然后采用 DGGE 分析，并对 DGGE 图谱中的优势条带进行分离、克隆、测序及分析，方法详见参考文献[34]。

图 3-45 为对照组与超声组 ABR 中各隔室厌氧污泥细菌群落的 DGGE 图谱。其中前 4 泳道为对照组反应器内第 1~4 隔室污泥样品，中间四泳道为超声组反应器内第 1~4 隔室污泥样品，最后 A 泳道为接种原污泥样品，B 泳道为接种原污泥直接超声作用后的样品。从对照组 1~4 泳道可以看出，各泳道条带数沿水流方向逐渐降低，说明反应器内各隔室沿水流方向的微生物菌群多样性有明显降低。这可能是由于进入各隔室的有机物浓度逐渐降低，导致各隔室微生物多样性沿水流方向逐渐减少。第 1、第 2 泳道条带数量及分布差别不大，仅少数条带颜色深浅不一，这说明前两隔室污泥微生物丰度较大，种类较多且基本相近；第 3 泳道与前两泳道的条带数及位置分布差异相当明显，且各条带颜色深浅也差

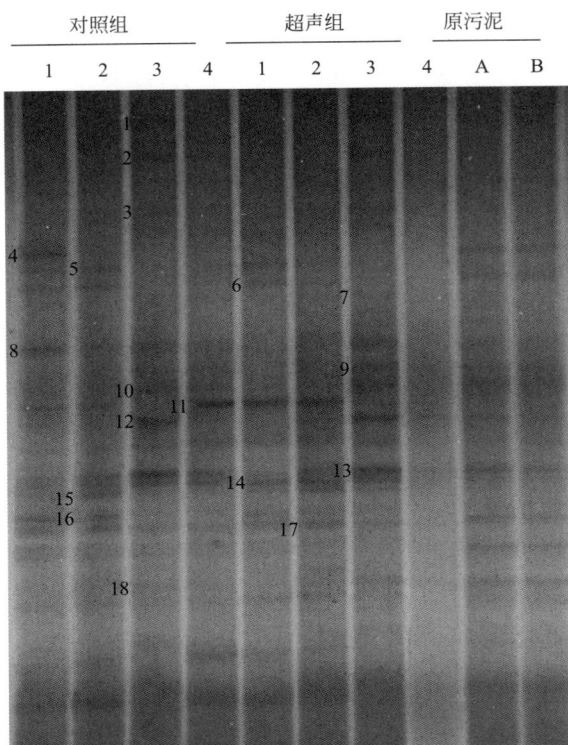

图 3-45　对照组与超声组 ABR 中厌氧污泥细菌群落的 DGGE 图谱

异较大，说明反应器第三隔室的优势微生物菌群发生了变化；第 4 泳道的条带数最少，这一隔室的微生物基本长期处于饥饿状态，所以菌群数量大大减少。这也验证了前面对测试的结果的原因推测，有机物的降解主要在前两隔室，后两隔室尤其是最后一隔室主要起稳定水流的作用。而根据超声组 1～4 泳道条带的分布情况来看，第 1 泳道的条带数较少，第 2、第 3 泳道条带数量反而增多，第 4 泳道条带数迅速下降。

　　各隔室微生物经与对照组比较后发现，超声组第一隔室微生物量远低于对照组，而超声组第 2、3 泳道相比对照组条带数减少的不多，超声组第四隔室相比对照组却大大减少。根据前面各隔室对有机物的降解规律及各隔室微生物酶活性的测试分析可知，相同超声波辐照条件下的促进污泥活性在不同基质浓度情况下效果不同，较低基质浓度更有利于超声波促进污泥活性增加，但是太低基质浓度反而不利于超声作用。所以超声组第四隔室污泥由于长期处于饥饿状态而活性极低，再加上受到超声波辐照作用使得微生物菌群 DGGE 图谱基本看不到条带。根据超声组与对照组相同隔室条带比较可知，条带位置分布基本相近，只是由于超声作用使得部分条带消失，部分条带颜色深浅发生了变化。这说明超声作用并不能完全改变反应器内的微生物菌群种类，但是可以淘汰部分不适应菌群同时强化部分适应性好的优势菌群，使得反应器内的菌群结构发生变化，从而进一步影响微生物对有机物的降解速率。从以上分析可得反应器内各隔室微生物菌群种类不同，主要跟各隔室进水有机物浓度关联度较高，而与超声作用关联度不大。由 A、B 泳道对照可以看出，直接超声波辐照后污泥条带数量及分布与对照基本一样，只是 A、B 泳道少数条带的亮度略有差异，这说明低强度超声波辐照不会立刻改变微生物菌群结构，但由于超声波辐照对不同微生物的效应不相同，导致部分菌群代谢受到抑制，部分菌群受到促进，持续的作用会引起污泥总体菌群发生相应的淘汰或富集。各泳道上深浅不一的颜色，说明持续周期性的超声波作用能够使 ABR 中微生物菌群发生演变。

（2）DGGE 图谱中的优势条带测序结果

对 DGGE 图谱中的优势条带进行切胶回收，然后 PCR 重扩增，并连接、转化、克隆后测序可获得不同的 16S rDNA 序列，从而了解超声组与对照组反应器中微生物群落结构关系。从 DGGE 胶上割下 18 条优势菌种片段（图 3-45）后，进行 PCR 扩增和构建 16S rDNA 克隆，送上海生工生物技术有限公司测序，测序结果通过基因库 NCBI 中比对，选取序列最为接近的部分菌种进行比对，比对结果见表 3-7。

超声组与对照组各隔室条带微生物基因 DGGE 片段分析结果　　　　　表 3-7

条带编号	克隆子编号	比例	相似性（%）	NCBI 比对结果
1	1-1	1/3	99	Methyloversatilis thermotolerans strain（NR_125673.1）
	1-2	1/3	93	Dechloromonas agitata strain（KF800710.1）
	1-3	1/3	97	Syntrophus sp.（AJ133796.1）
2	2-1	1/3	89	Candidatus Cloacamonas acidaminovorans str. Evry strain（NR_102986.1）
	2-2	1/3	95	Geobacter uraniireducens strain（NR_074940.1）
	2-3	1/3	96	Methylocaldum sp.（AJ868426.1）
3	3-1	1/3	99	Uncultured delta proteobacterium clone（JQ795427.1）
	3-2	1/3	99	Ferrimonas senticii strain（NR_043953.1）
	3-3	1/3	93	Deinococcus sp.（KF206374.1）
4	4-1	1/3	99	Anaeroarcus burkinensis strain（NR_025298.1）
	4-2	1/3	99	Enterococcus avium strain（KM016950.1）
	4-3	1/3	88	Uncultured Spirochaetales bacterium clone（JN540136.1）
5	5-1	2/3	85	Uncultured Endomicrobia bacterium clone（KP258938.1）
	5-3	1/3	99	Clostridium amylolyticum strain（KF611987.1）
6	6-1	1/3	99	Clostridium amylolyticum strain（KF611987.1）
	6-2	2/3	94	TM7 phylum sp.（GU410602.1）
7	7-1	1/3	100	Sphingomonas melonis gene（AB201254.1）
	7-2	1/3	94	Sulfurospirillum sp.（DQ228140.1）
	7-3	1/3	100	Defluviimonas sp.（KF851341.1）
8	8-1	2/3	98	Uncultured bacterium clone（GU914722.1）
	8-2	1/3	99	Saccharomyces cerevisiae strain（KC969085.1）
9	9-1	2/3	96	Syntrophus sp.（AJ133796.1）
	9-3	1/3	90	Oxobacter pfennigii strain（NR_117687.2）

条带编号	克隆子编号	比例	相似性（%）	NCBI 比对结果
10	10-1	1/3	99	Uncultured Caldiserica bacterium clone（JQ906957.1）
	10-2	1/3	85	Candidate division OP11（AF047562.1）
	10-3	1/3	92	Bacterium MS-F-43（FJ460071.1）
11	11-1	2/3	100	Trichococcus sp.（JN873151.1）
	11-2	1/3	99	Clostridium scatologenes gene（LC007109.1）
12	12-1	3/3	98	Uncultured candidate division OP11 bacterium clone（GU236005.1）
13	13-1	2/3	97	Syntrophus sp.（AJ133796.1）
	13-2	1/3	96	Syntrophus aciditrophicus strain（NR_102776.1）
14	14-1	1/3	98	Syntrophus sp.（AJ133796.1）
	14-2	1/3	100	Clostridium amylolyticum strain（KF611987.1）
	14-3	1/3	99	Trichococcus patagoniensis strain（KF817793.1）
15	15-1	2/3	99	Clostridium amylolyticum strain（KF611987.1）
	15-3	1/3	100	Uncultured Bacteroidetes bacterium clone（JN809580.1）
16	16-1	1/3	99	Bacillus sp.（KJ423089.1）
	16-2	1/3	99	Enterobacter sp.（GQ487560.1）
	16-3	1/3	97	Pelobacter propionicus strain（NR_074975.1）
17	17-1	1/3	99	Uncultured Bacteroidetes bacterium clone（JN809518.1）
	17-2	1/3	100	Aeromonas sp.（FJ646660.2）
	17-3	1/3	100	Enterobacter sp.（LN614535.1）
18	18-1	1/3	98	Uncultured Bacteroidetes bacterium（FN679203.1）
	18-2	1/3	94	Anaerotruncus colihominis strain（KC206033.1）
	18-3	1/3	96	Syntrophus sp.（AJ133796.1）

从表3-7可以发现，除了条带克隆子编号为2-1、4-3、5-1和10-2不能在NCBI中找到同源性很高的菌群以外，其他条带克隆子基本上都可以找到与其序列同源性较高（>90%）的菌群。反应器内大部分条带代表的微生物属于来自环境样品的不可培养的细菌（Uncultured Bacterium）。由图谱可知，条带1~3及12仅在对照组和超声组的泳道3可以明显看出，而在前两隔室条带颜色则显著变浅，甚至消失，这说明条带1~3及12所代表的微生物菌群在反应器的第3隔室得到了富集，数量增加，相反其在前两隔室的生长受到了抑制。分析认为这些数量有所增加的微生物种类可能是耐饥饿能力较强的微生物菌群，所以在前两隔室有机底物相对充沛的环境下没有得到富集，而在处于很低底物浓度下的第3隔室则得到了富集。分别将对照组合超声组的泳道进行比较后发现，在四个多月的间歇式超声波处理使得反应器内的优势菌群发生了明显的改变。

超声波辐照使得7号、9号、11号条带对应的微生物菌群得到了富集，说明超声波作用促进了这些微生物的活性，使其在反应器中占据优势地位；而 4 号、8 号、15 号及 16 号条带在超声组对应的泳道颜色变淡有的几乎消失，说明这些条带对应的微生物菌群受到了超声波的抑制，在超声组内逐渐被淘汰或弱化。这说明超声波处理对反应器的微生物菌群类型产生了较大的影响，使得能够适应超声波环境的微生物得到富集，从而占据优势地位。Tan 等[35] 曾经采用 PCR-DGGE 技术研究了超声波联合厌氧工艺在 70℃ 高温去除咔唑废水的生物群落变化的影响，运行一段时间后反应器内微生物种类多于未超声且出现了新的条带，说明超声波处理改变了反应器内的微生物群落结构，从而影响了反应器对咔唑废水的去除效果。

3.4.6　超声波辐照偶合 ABR 处理污水能耗及适用性分析

超声波辐照强化 ABR 处理污水工艺主要运用于分散排放的量小面广的村镇生活污水。该工艺开发的目的是为满足我国部分农村地区分散式排放污水处理的实际需要，因此采用超声波技术后增加的能耗是否低于好氧曝气能耗，需对该工艺的实际应用进行技术经济方案的比较，以评估该工艺的技术经济可行性。

根据 2016 年中国环境状况公报，我国 Ⅳ 类、Ⅴ 类及劣 Ⅴ 类地表水断面仍占到了 32.3%，主要污染指标仍为化学需氧量、氨氮和总磷。由于广大建制镇及农村生活污水处理率极低，农村生活污水已成为不可忽视的污染源。尽管近年来国家不断加大农村环境整治工作，投入大量资金用于农村环境治理，但是全国对生活污水进行处理的行政村比例仍不到 10.0%。村镇生活污水化学需氧量的有效削减是我国目前迫切需要解决的重大环境问题。所以，寻求一种低耗、高效的适用于分散式排放的小型生活污水处理的工艺具有重要的现实意义。

根据前期试验总结，低强度超声波输入声能密度为 0.1W/mL，超声波辐照污泥浓度为 20～30g/L，合适的超声波辐照时间为 10min，辐照间隔周期选择 16h，辐照污泥比例选取 10%。通过研究发现，在不同情况下经过超声波强化后污水有机物去除率可以提高 6%～9%。当 ABR 中各隔室污泥浓度为 12.5g/L 时，每立方米有效容积需耗电 0.875kW·h，按水力停留时间 8h 计算，则处理每吨污水由于超声增加的电耗为 0.29kW·h，按 0.6 元/（kW·h）计算，用于超声波辐照增加的电耗费用仅 0.174 元/t，加上厌氧处理工艺及污泥循环需要的提升费用大约 0.4 元/t，而小型污水好氧生物处理运行成本大约需要 0.6 元/t，所以超声负载 ABR 处理分散式污水从经济上是可行的；同时，厌氧处理的污泥产量低，大大降低了剩余污泥处理成本。

尽管传统的活性污泥法污水处理技术在城市污水处理厂得到广泛应用，但是建设污水处理厂的投资较高，建成后的运营管理费用也较大。而分散式排放的村镇污水尤其是部分地势起伏较大的地区根本无法建起完备的污水管网收集系统。对村镇采用不同运行方式的污水处理工艺进行经济分析发现，集中处理总投资约为分散处理系统的 1.5～2.2 倍，主要成本增加在污水干管及泵站系统的建立上。各村镇之间距离较远，地形也不平坦，采用集中处理模式明显不经济也不合适。厌氧处理工艺投资较低，运行管理较方便，虽然厌氧反应比好氧耗时稍长（HRT＝8h），反应器容积偏大，但是村镇分散式排放污水本身规模小，需要占地面积不大，且农村土地相对便宜，基本不会对造价造成较大影响。

所以，针对分散式排放的生活污水，采用小型厌氧处理系统具有投资少、能耗低、操作和维护简单且效果稳定的优点。超声波强化的厌氧 ABR 工艺在经济和技术上是可行的，本书的研究可为村镇分散排放污水的有机物削减的预处理提供新思路。研究超声负载对 ABR 系统影响机制，为开发经济高效且适用于农村的超声-ABR 污水处理技术奠定基础。

3.5 超声波辐照对 ABR 工艺运行稳定性影响分析

在污水的生物处理过程中，常常会碰到外界环境的冲击变化，比如说进水有机物浓度突然加大导致处理负荷增加，或者进水中混入一些有毒有害物质使反应器中微生物活性受到抑制或使细胞受到损伤，这些都会对污水生物处理造成较大的干扰。判断污水处理系统是否能良好运行，常常会采用该工艺抵抗环境变化的能力大小来评价系统运行的稳定性，尤其是在处理较低浓度生活污水时，由于存在排放高峰时段，抗冲击负荷能力是表征其性能优劣的重要指标。本试验设计了增加有机负荷、有毒物质冲击和低温条件试验，旨在考察超声组反应器运行对冲击变化的抵抗能力，并对反应器内污泥活性进行观察。

3.5.1 水力冲击负荷对超声波强化 ABR 的影响

当水力停留时间（HRT）突然发生变化时，ABR 各隔室内的微生物对这种变化的适应性就是 ABR 的抗水力冲击负荷能力。本节通过突然缩短超声组和对照组 ABR 的 HRT，研究低强度超声波对 ABR 抗水力冲击负荷能力的影响。

（1）抗水力冲击负荷过程中 COD 的变化

当 HRT 由原来的 8h 调整为 4h 时，超声组和对照组 ABR 的进出水 COD 和 COD 去除率如图 3-46 所示。此时 ABR 的进水容积负荷为 3.6kgCOD/(m^3·d)，超声组和对照组 ABR 的出水 COD 都有所增加。其中，对照组 ABR 的出水 COD 为 395mg/L，COD 去除率为 35.2%，而超声组 ABR 的出水 COD 为 278mg/L，COD 去除率为 54.4%。这主要是因为当水力停留时间较长时，ABR 中各隔室内的微生物与污水中有机污染物的接触时间也较长，大分子有机污染物经过水解酸化阶段被分解为小分子物质，由于水力停留时间较长，这些容易被微生物降解的小分子物质被进一步降解，所以 ABR 的出水 COD 较低，

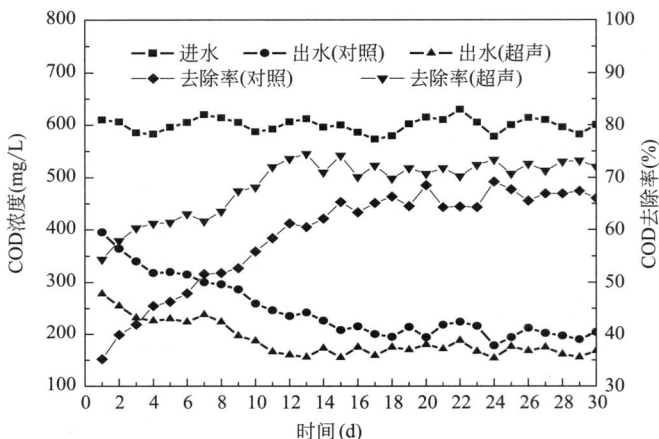

图 3-46 水力冲击负荷对 ABR 出水 COD 的影响

COD 去除率较高；而当水力停留时间缩短时，水力负荷较大，各隔室内出现了沟流，一些死掉的颗粒污泥被水流冲刷出去，而且 ABR 反应器中各隔室内的厌氧微生物与污水中有机污染物的接触时间也缩短，有机物在与微生物接触时没有被充分降解，所以 ABR 的出水 COD 较高、COD 去除率较低。

第 1~14 天，对照组 ABR 处于调整适应期，出水 COD 不断发生变化；从第 15d 开始，对照组 ABR 处于稳定期，平均出水 COD 为 204mg/L，平均 COD 去除率为 66.0%。由此可见，ABR 抗水力冲击负荷能力较强。当水力停留时间变化较大时，ABR 仍然能够保持相对稳定的处理效果，这体现出 ABR 在污水处理中具有一定的优越性。而从第 1~10d，超声组 ABR 处于调整适应期，出水 COD 不断发生变化；从第 11d 开始，超声组 ABR 处于稳定期，平均出水 COD 为 168mg/L，平均 COD 去除率为 72.0%。从 COD 的去除率来看，超声组 ABR 的 COD 去除率比对照组增加了 6.0%。这主要是因为在最佳超声工艺参数的作用下，与对照组相比，超声组 ABR 中各隔室内的微生物活性都有一定程度的提高。

从到达稳定所需要的时间来看，超声组 ABR 比对照组缩短了 4d。这说明低强度超声波能够很好地提高厌氧污泥的活性、提高 ABR 的 COD 总去除率、缩短 ABR 到达稳定所需要的时间和提高 ABR 的抗水力冲击负荷的能力。

（2）水力冲击负荷对各隔室 COD 去除率的影响

不同 HRT 条件下超声组和对照组 ABR 各隔室平均 COD 去除率如图 3-47 所示。超声组和对照组 ABR 对 COD 的去除都主要发生在 1 号隔室和 2 号隔室。当 HRT 为 8h 时，各隔室的 COD 去除率沿着水流方向逐渐减小，其中，对照组 1 号隔室、2 号隔室、3 号隔室和 4 号隔室的平均 COD 去除率分别为 47.2%、18.0%、5.5% 和 2.3%；超声组 1 号隔室、2 号隔室、3 号隔室和 4 号隔室的平均 COD 去除率分别为 51.3%、19.5%、6.7% 和 2.7%，分别比对照组提高了 4.1%、1.5%、1.2% 和 0.4%。这主要是由于水力停留时间较长时，ABR 中各隔室内的微生物对有机污染物的降解时间也较长，由于 1 号隔室和 2

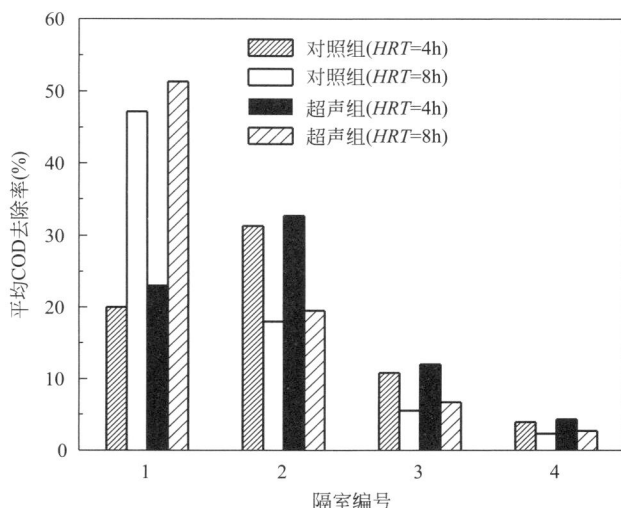

图 3-47　不同 HRT 条件下 ABR 各隔室平均 COD 去除率

号隔室内的微生物可以优先利用污水中较多的有机底物，所以对进水 COD 去除得比较彻底；而流入 3 号隔室和 4 号隔室污水中的有机污染物含量较低，微生物对 COD 的降解比较有限，主要是通过微生物吸附去除少量的 COD。

当 *HRT* 较短时，超声组和对照组 ABR 中 1 号隔室的 COD 去除率也开始减小。当水力停留时间为 4h 时，对照组 1 号隔室、2 号隔室、3 号隔室和 4 号隔室的平均 COD 去除率分别为 20.0%、31.3%、10.8%和 3.9%；超声组 1 号隔室、2 号隔室、3 号隔室和 4 号隔室的平均 COD 去除率分别为 23.0%、32.7%、12.0%和 4.3%，超声组和对照组 2 号隔室的平均 COD 去除率分别比 1 号隔室高出 9.7%和 11.3%，超声组和对照组 3 号隔室和 4 号隔室的平均 COD 去除率也都有一定程度的提高。这主要是因为 *HRT* 较短时，ABR 中各隔室内的微生物与有机物的接触时间也较短，由于进水流速较快，水力冲刷也较剧烈，1 号隔室内被去除的 COD 也较少，还有一部分 COD 是通过厌氧污泥的吸附而被去除，所以 1 号隔室的平均 COD 相对去除率仍然较高，而此时由于厌氧消化后延，2 号隔室、3 号隔室和 4 号隔室的处理效率逐渐增大，由于此时 2 号隔室在 COD 去除中发挥了主要作用，所以其 COD 去除率高于 1 号隔室。

不同 *HRT* 条件下超声组和对照组 ABR 各隔室平均 COD 相对去除率如图 3-48 所示。当水力停留时间缩短时，超声组和对照组 ABR 反应器 1 号隔室的平均 COD 相对去除率都开始减小，对照组 1 号隔室的平均 COD 相对去除率由原来的 64.6%（*HRT*=8h）减小到 30.3%（*HRT*=4h），超声组 1 号隔室的 COD 平均相对去除率由原来的 64.0%（*HRT*=24h）减小到 31.9%（*HRT*=4h）；超声组和对照组 ABR 反应器 2 号隔室、3 号隔室和 4 号隔室的平均 COD 相对去除率都开始增大，对照组 2 号隔室、3 号隔室和 4 号隔室的平均 COD 相对去除率由原来的 24.7%、7.5%和 3.2%（*HRT*=8h）增大到 47.5%、16.4%和 5.8%（*HRT*=4h），超声组 2 号隔室、3 号隔室和 4 号隔室的平均 COD 相对去除率由原来的 24.3%、8.3%和 3.4%（*HRT*=8h）增大到 45.4%、16.7%和 6.0%（*HRT*=4h）。

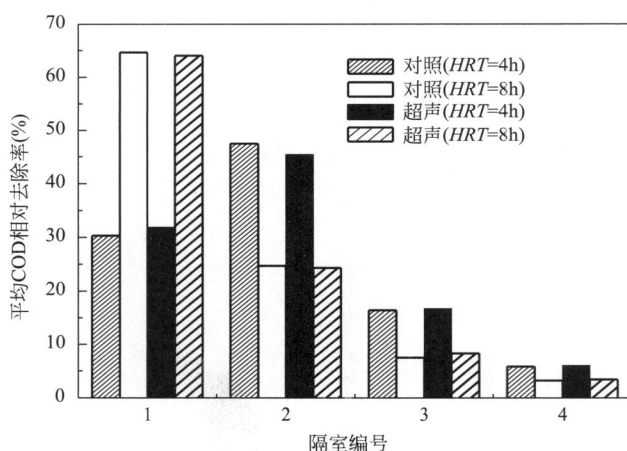

图 3-48　不同 *HRT* 条件下 ABR 各隔室平均 COD 相对去除率

当水力停留时间相同时，与对照组相比，超声组 ABR 各隔室内的平均 COD 去除率均有提高。这主要是因为在最佳超声工艺参数时，与对照组相比，超声组 ABR 反应器中各反应隔室内的微生物活性都有一定程度的提高。

（3）水力冲击负荷对各隔室 VFA 的影响

$HRT=4h$ 时超声组和对照组 ABR 各隔室 VFA 的浓度如图 3-49 所示。超声组和对照组 ABR 从 1 号隔室到 4 号隔室内 VFA 的浓度都是先在 2 号隔室上升到最高，然后再逐渐降低。这主要是因为当 HRT 由 8h 缩短到 4h 时，水力负荷较大，各隔室内出现了沟流，有机物的降解主要发生在 2 号隔室，2 号隔室内的水解产酸反应和产甲烷反应较活跃，而且与产酸菌相比，产甲烷菌的世代时间较长且最大增长速率较小，所以经过产甲烷菌的降解后，2 号隔室内剩余的 VFA 比其他隔室更多。

由图 3-34 和图 3-49 可以看出，当进水 COD 浓度相同时，HRT 越短，与对照组相比超声组 ABR 中各隔室内 VFA 浓度提高的幅度越大。这主要是因为经过低强度超声波的强化后，由于有机底物较充足，微生物的生长速度更快，超声波的强化效果更显著。

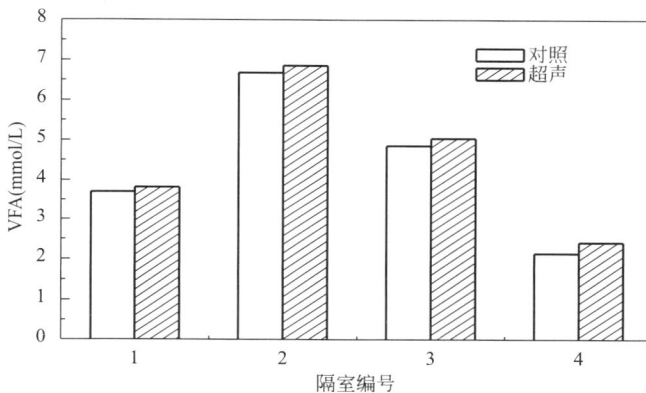

图 3-49　$HRT=4h$ 时 ABR 各隔室 VFA 的浓度

（4）水力冲击负荷对各隔室 pH 值的影响

$HRT=4h$ 时超声组和对照组 ABR 各隔室 pH 值如图 3-50 所示。当进水 pH 值的平均值为 7.1 时，超声组和对照组 ABR 从 1 号隔室到 4 号隔室内 pH 值都是先在 2 号隔室下降到最低，然后再逐渐上升。这主要是因为当 HRT 由 8h 缩短到 4h 时，水力负荷较大，各隔室内出现了沟流，有机物的降解主要发生在 2 号隔室，2 号隔室内的水解产酸反应和产甲烷反应较活跃，而且与产酸菌相比，产甲烷菌的世代时间较长和最大增长速率较小，所以经过产甲烷菌的降解后，2 号隔室内剩余的 VFA 比其他隔室更多。而且后面隔室内的产甲烷菌利用 VFA 和含氮化合物等产生的氨气、甲烷和氢气等，使得污水碱性逐渐增强，所以超声组和对照组 ABR 中各隔室内的 pH 值沿着水流方向先下降后上升。

由图 3-35 和图 3-50 可以看出，当进水 COD 浓度相同时，HRT 越短，超声组和对照组 ABR 的出水 pH 值都越低。这主要是因为当 HRT 越短时，越多的 VFA 没有被降解就从 ABR 中流出。所以在实际工程应用中，为了获得较好的出水水质，不能过度缩短 HRT，应该通过不断调整选择适合的 HRT。

3.5.2　有机冲击负荷对超声波强化 ABR 的影响

Stuckey 等曾研究 ABR 处理 COD 为 4000mg/L 的葡萄糖合成废水时水力冲击负荷和有机冲击负荷对反应器运行稳定性的影响，结果显示 ABR 在处理高浓度废水时具有良好

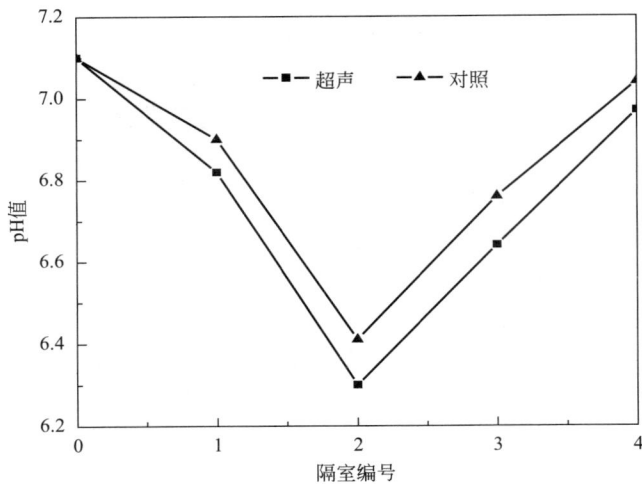

图 3-50　*HRT*＝4h 时 ABR 各隔室 pH 值

的抗冲击负荷能力，ABR 工艺的分隔室化结构为废水处理提供了良好的相分离效果和运行稳定性。胡细全等[36] 研究表明，ABR 处理污水时，在 100％浓度的有机冲击负荷下，反应器不仅没有受到影响，反而因为浓度增加改善了微生物的活性，提高了反应器的处理能力。谢倍珍等[24] 设置超声组和对照组，采用 SBR 反应器处理 COD 浓度由 400mg/L 增加到 1000mg/L 的污水，结果显示超声组相对对照组有更好的运行稳定性。

（1）抗有机冲击负荷过程中 COD 的变化

当进水 COD 由原来的 600mg/L 调整为 1200mg/L 时，超声组和对照组 ABR 的进出水 COD 和 COD 去除率如图 3-51 所示。此时 ABR 的进水容积负荷为 3.6kgCOD/(m³ · d)，超声组和对照组 ABR 的出水 COD 都有所增加。其中，对照组 ABR 的出水 COD 为 562mg/L，COD 总去除率为 53.6％，而超声组 ABR 的出水 COD 为 436mg/L，COD 总去除率为 64.0％。这主要是因为在厌氧生物处理过程中，产甲烷菌的代谢速度没有产酸菌快，当进水 COD 浓度较高时，产酸过程中所形成的 VFA 也较多，由于 VFA 对产甲烷过程具有一定的阻碍作用，所以 ABR 的出水 COD 较高，COD 去除率较低。

第 1～18d，对照组 ABR 处于调整适应期，出水 COD 不断发生变化；从第 19d 开始，对照组 ABR 处于稳定期，平均出水 COD 为 194mg/L，平均 COD 去除率为 83.8％。由此可见，ABR 具有较强的抗有机冲击负荷能力。当进水 COD 变化较大时，ABR 仍然能够保持较稳定的处理效果，这体现了 ABR 在污水处理方面具有一定的优越性。而第 1～13d，超声组 ABR 处于调整适应期，出水 COD 不断发生变化；从第 14d 开始，超声组 ABR 处于稳定期，平均出水 COD 为 132mg/L，平均 COD 去除率为 89.0％。从 COD 的去除率来看，超声组 ABR 的 COD 去除率比对照组提高了 5.2％。这主要是因为在最佳超声工艺参数的作用下，与对照组相比，超声组 ABR 反应器中各反应隔室内的微生物活性都有一定程度的提高。

从到达稳定所需要的时间来看，超声组 ABR 比对照组缩短了 5d。这说明低强度超声波能够很好地提高厌氧污泥的活性、提高 ABR 的 COD 去除率、缩短 ABR 到达稳定所需要的时间和提高 ABR 的抗有机冲击负荷的能力。

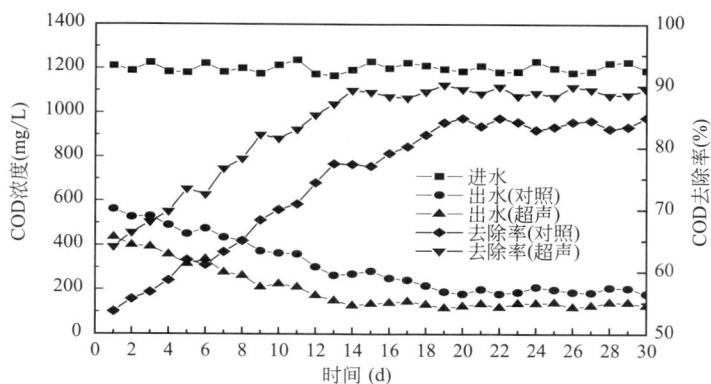

图 3-51　有机冲击负荷对出水 COD 的影响

由图 3-46 和图 3-51 可以看出，当 ABR 的进水容积负荷由 1.8kgCOD/(m^3·d) 增加至原来的 2 倍时，无论是通过固定进水 COD 并缩短 HRT，还是通过固定 HRT 并增加进水 COD，超声组和对照组 ABR 的出水 COD 都有所增加。但是通过固定进水 COD 并缩短 HRT 会导致超声组和对照组 ABR 的 COD 去除率降低，而通过固定 HRT 并增加进水 COD 可以提高超声组和对照组 ABR 的 COD 去除率。

（2）各隔室平均 COD 去除量和去除率

COD＝1200mg/L 时超声组和对照组 ABR 各隔室平均 COD 去除率如图 3-52 所示。当进水 COD 为 1200mg/L 左右时，对照组 ABR 的 1 号隔室的平均 COD 去除量为 646mg/L，平均 COD 去除率为 53.8％；2 号隔室的平均 COD 去除量为 238mg/L，平均 COD 去除率为 19.8％；3 号隔室的平均 COD 去除量为 85mg/L，平均 COD 去除率为 7.1％；4 号隔室的平均 COD 去除量为 37mg/L，平均 COD 去除率为 3.1％。由此可见，当进水 COD 浓度提高时，ABR 中各隔室内的 COD 去除率也会增加。这主要是因为 ABR 对高浓度污水具有良好的处理效果，当进水中的有机底物增加时，ABR 中各隔室内的厌氧微生物可以利用的有机物也会增加，所以微生物的新陈代谢加快，对有机底物的消耗也会增加。而超声

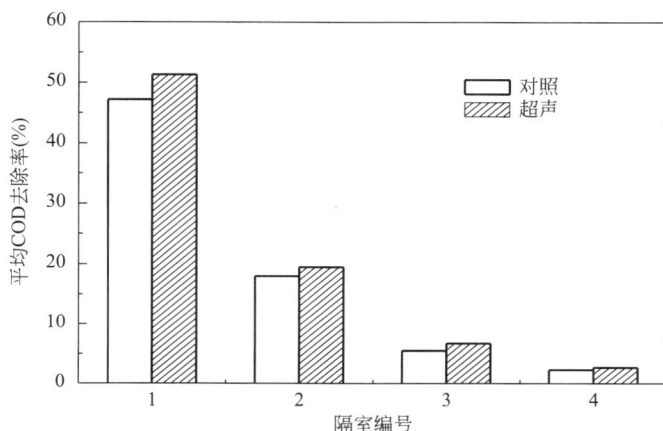

图 3-52　COD＝1200mg/L 时 ABR 各隔室平均 COD 去除率

组 ABR 的 1 号隔室的平均 COD 去除量为 672mg/L，平均 COD 去除率为 56.0％；2 号隔室的平均 COD 去除量为 256mg/L，平均 COD 去除率为 21.3％；3 号隔室的平均 COD 去除量为 96mg/L，平均 COD 去除率为 8.0％；4 号隔室的平均 COD 去除量为 44mg/L，平均 COD 去除率为 3.7％。从 COD 去除率的角度来看，超声组 ABR 中各隔室内的 COD 去除率分别比对照组提高了 2.2％、1.5％、0.9％和 0.6％，这说明低强度超声波能够较好地提高 ABR 中各隔室内的 COD 去除率。这主要是因为本试验中所采用的低强度超声波会对微生物造成微小的创伤，微生物可以承受并在对伤口的自我修复过程中活性得以增强。

（3）有机冲击负荷对各隔室 VFA 的影响

COD＝1200mg/L 时超声组和对照组 ABR 中各隔室内 VFA 的浓度如图 3-53 所示。超声组和对照组 ABR 从 1 号隔室到 4 号隔室内 VFA 的浓度都逐渐降低，这主要是因为进水 COD 浓度较高，ABR 中不同隔室之间产生了一定的相分离现象。前面的隔室中主要进行水解产酸反应，后面的隔室中主要进行产甲烷反应。所以前面的隔室中积累的 VFA 较多，沿着水流方向剩余的 VFA 越来越少。

结合图 3-34 和图 3-53 可以看出，当 HRT 相同时，进水 COD 浓度越高，与对照组相比，超声组 ABR 中各隔室内 VFA 的浓度提高的幅度越大。这主要是因为经过低强度超声波的强化后，由于有机底物较充足，微生物的生长速度更快，超声波对它的强化效果更显著。

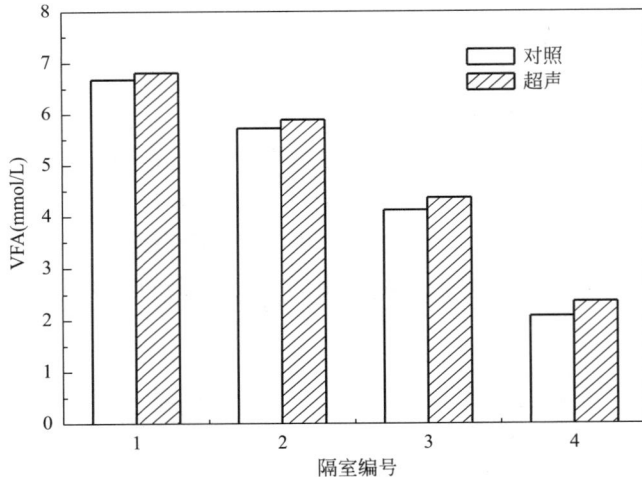

图 3-53　COD＝1200mg/L 时 ABR 各隔室 VFA 的浓度

（4）有机冲击负荷对各隔室 pH 值的影响

COD＝1200mg/L 时超声组和对照组 ABR 各隔室 pH 值如图 3-54 所示。当进水 pH 值的平均值为 7.1 时，超声组和对照组 ABR 在 1 号隔室内的 pH 值都下降到最低，之后再沿着水流方向逐渐上升。这主要是因为进水 COD 浓度较高，ABR 中不同隔室之间产生了一定的相分离现象。前面的隔室中主要进行水解产酸反应，后面的隔室中主要进行产甲烷反应。所以前面的隔室中积累的 VFA 较多，沿着水流方向剩余的 VFA 越来越少。而且后面隔室内的产甲烷菌利用 VFA 和含氮化合物等产生的氨气、甲烷和氢气等，使得污水

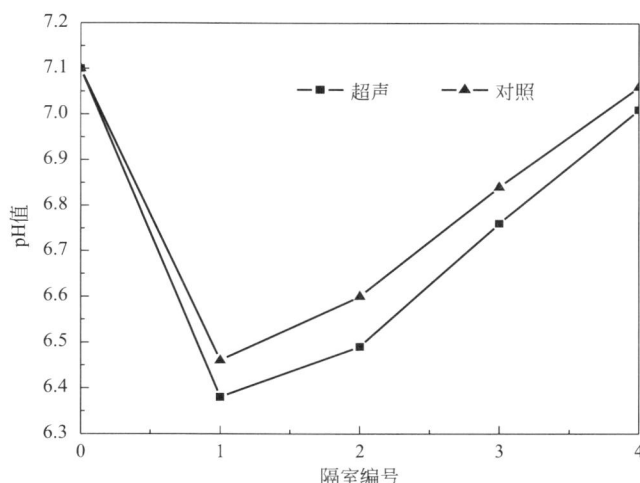

图 3-54　COD＝1200mg/L 时 ABR 各隔室 pH 值

碱性逐渐增强，所以超声组和对照组 ABR 中各隔室内的 pH 值沿着水流方向逐渐上升。

由图 3-35 和图 3-54 可以看出，当 HRT 相同时，进水 COD 浓度越高，超声组和对照组 ABR 中各隔室内的 pH 值都越低。这主要是因为与产酸菌相比，产甲烷菌的世代时间较长且最大增长速率较小。所以当有机底物较充足时，经过产甲烷菌的降解后，超声组和对照组 ABR 中各隔室内剩余的 VFA 更多。但是超声组和对照组 ABR 中各隔室内的 pH 值降低的幅度并不大，并不会导致 ABR 的过度酸化而影响其正常运行。

3.5.3　低温条件对超声波强化 ABR 的影响

温度对污水生物处理尤其是厌氧生物处理效率有极大的影响，厌氧生物处理有机物含量低的生活污水均是在常温及低温下进行的。当温度较低时，污水黏度变大使污泥和水的接触程度降低，温度每升高 10℃，酶催化反应速率增加一倍，同时低温情况下产甲烷菌降解常数 K_2 大大增加导致其活性下降，产酸菌与产甲烷菌失去微生态平衡状态，从而使厌氧处理效果降低。Langenhoff 等采用 ABR 处理污水，在 35℃ 时 COD 去除率达到 80％，当温度为 20℃ 时 COD 去除率降到 70％，温度进一步下降到 10℃ 时 COD 去除率只有 60％。Nachaiyasit 等[22] 采用 ABR 处理 COD 浓度为 4000mg/L 的废水，当温度为 35℃ 时 COD 去除率达 97％，当温度下降到 25℃ 时 COD 去除率基本不变，但是温度达到 15℃ 时 COD 去除率低至 75％。当温度低于 15℃ 时，反应器内就会生成更多不能被产甲烷菌利用的中间产物。

由图 3-55 可知，当温度突然下降时，反应器对 COD 的去除率迅速下降，对照组由原来的 76.1％ 下降到 45.6％，超声组也由原来的 82.3％ 下降到 54.8％。温度突然下降时，反应器内两大类菌群对温度下降的敏感度不同，导致反应器内厌氧共生体系的微生态平衡系统被打破，反应器对有机物的降解速率迅速下降。研究表明[37]，温度降低不仅能使反应器内生成更多的 SMP，而且还导致 SMP 降解速率下降。Barker 等[38] 也发现 ABR 中微生物受低温影响而抑制了其代谢功能从而大量产生 SMP。反应器内 COD 去除率随运行时间逐渐升高，30d 以后对照组 COD 去除率达 54.1％，超声组 COD 去除率达 62.8％，这是随着反应器内复杂的微生物系统慢慢地适应及调整，产甲烷菌和产酸菌渐渐地重新达到一个相对平衡的状态，反应器内的 COD 去除率就开始慢慢升高了。有研究表明，虽然低温降低了厌氧降解速度，但并不妨碍产甲烷菌群的生长和富集，试验将低温状态生长的厌氧污泥置于中温条件，发现其活性甚至高于持续在中温条件采用相同底物培养的厌氧污泥的活性。从图 3-55 中的上升趋势可以看出超声组 COD 去除率上升的更快，半个月之后基本就达到了 60% 以上，运行最后超声组 COD 去除率比对照组高出了 8.6%。这说明超声波在低温下对厌氧污泥降解有机物的促进作用比常温下效果更显著，一方面低温导致混合液黏度增加，使得反应器内有机物与微生物接触不充分，而超声波通过机械及空化作用能有效加强传质，而且超声波能使微生物絮体分散，增大微生物与有机底物接触的比表面积，强化污泥吸附有机物的能力，使得超声组在低温条件下也具有较好的有机物去除效果；另一方面低温导致反应器内微生物（特别是产甲烷菌）活性下降，使反应器内各类微生物组成的生态平衡被打破，进而影响有机物降解效果，超声波产生的稳态空化现象可以使酶分子构象更加合理，刺激生物酶分泌，增加污泥活性，提高污泥降解有机物的能力。同时也可能存在周期性超声作用使得反应器内微生物菌群发生变化，适应性及存活能力更强的微生物被富集从而能更好地抵御低温不利影响。

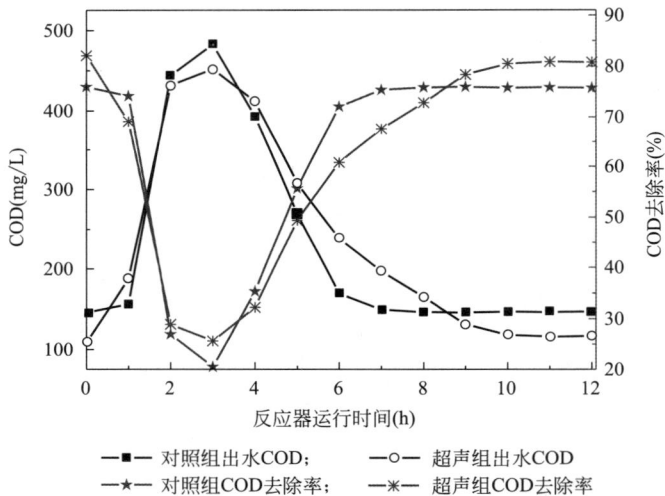

图 3-55　反应器出水 COD 及 COD 去除率在低温下的影响

　　由图 3-56 可知，在低温条件下各隔室污泥的 DHA 均有所下降，但是反应器前端隔室受到低温的影响远大于后端隔室。对照组第一隔室在低温条件下由初始的 20.8mg/(gVSS·h) 在第 5d 下降为 9.7mg/(gVSS·h)，仅为初始值的 46.6%，而第二隔室仅由 18.1mg/(gVSS·h) 下降到 15.1mg/(gVSS·h)，为初始值的 83.4%。说明温度对污泥活性的影响也随水流方向逐隔室减弱，分析原因可能是前端隔室一直处于相对较高的底物浓度环境，所以其活性最强，当温度降低时污泥活性下降，导致污泥对 COD 的去处效果下降，这样就有更多有机物流入后面隔室，后面隔室污泥虽然也受到温度影响，但由于其先前一直处于饥饿状态，污泥活性本不高，当可利用的有机底物增加时，微生物活性得到促进，削弱了低温的不利影响，使得其 DHA 下降没有前端隔室那么显著。从图 3-56 中可以看出在低温条件下第二隔室甚至是第三隔室的污泥的 DHA 均大于第一隔室。超声组整体 DHA 均大于对照组，这与前面的研究结果一致，第一隔室污泥 DHA 下降最大。第二隔室污泥 DHA 仅有小幅度下降，第三、第四隔室基本保持不变，在低温条件下运行的第 30d，从总体上来看，超声组平均 DHA 为 17.0mg/(gVSS·h)，对照组为 13.5mg/(gVSS·h)，超声作用使反应器内污泥平均 DHA 提高了 26.3%，而降温前的初始状态超声组平均 DHA 为 19.2mg/(gVSS·h)，对照组为 15.9mg/(gVSS·h)，超声波作用使反应器内污泥平均 DHA 升高了 20.2%。所以在低温条件下超声波对微生物活性有更大的促进作用，低温条件使得微生物酶催化功能减弱，而超声波能使酶分子构象更合理，刺激酶活性，使得反应加速，能更好地强化厌氧污水生物处理。

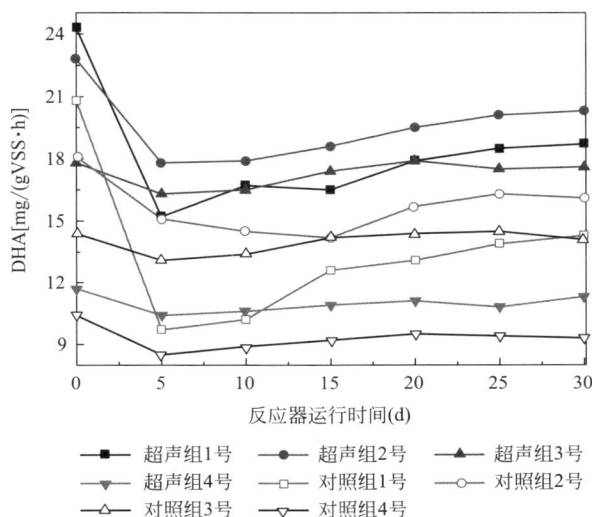

图 3-56　低温条件下反应器各隔室 DHA 随时间的变化

3.5.4　硝基苯对超声波强化 ABR 的影响

硝基苯是一种对人体和生物具有很高毒性的难氧化、难生物降解的有毒污染物[39]。全球每年大约 1 万 t 硝基苯排入环境中，硝基苯对水生生物有很大的毒害作用，它的大量排放造成了严重的环境污染，2005 年吉林石化爆炸事故造成硝基苯泄露的严重污染，使得以松花江为水源地的哈尔滨市停水 4 天。在污水生物处理过程中，有毒物质对反应器的冲击影响极大，因此研究反应器抗毒性冲击试验对反应器的稳定运行有重要意义。本研究拟采用硝基苯作为毒性物质进行试验，研究超声组与对照组分别对短期硝基苯负荷冲击后的污泥活性变化及处理效果影响，以揭示超声作用对反应器抗毒性能力的影响规律。

硝基苯对水处理微生物有较大的毒性，属于难降解有毒有机物，但是通过驯化和微生物富集也可以采用生物处理方法去除。Majumder 等[40] 以乙酸钠为基质采用好氧生物法处理硝基苯废水，当硝基苯浓度逐步上升到 90mg/L 时，去除率可达到 80% 以上。Razo-Flores 等[41] 采用厌氧工艺处理进水浓度为 50mg/L 的硝基苯废水，发现厌氧处理能迅速将硝基苯转化为毒性较低的苯胺。

由图 3-57 可知，对照组和超声组均对硝基苯冲击有较好的适应性，对照组受到冲击

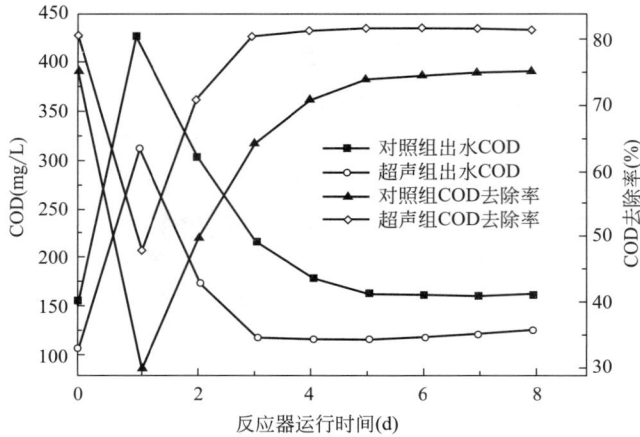

图 3-57 硝基苯冲击对 ABR 出水 COD 及 COD 去除率的影响

后的第 1d COD 去除率开始显著下降，但是仅仅在 4d 后即恢复到正常降解水平。超声组相对对照组的 COD 去除率一直更高，到第 3d 以后基本就达到了稳定状态，但是经过硝基苯冲击后无论是对照组还是超声组的 COD 去除率相对冲击前都有了一定的下降，说明毒性物质对污泥微生物造成了一定的损伤，一定程度上削弱了其降解有机物的能力。由于 ABR 工艺构造的特殊性使得当有毒物质进入反应器后的影响主要集中在前端隔室，反应器内只有部分污泥受到毒性物质的冲击，这有利于反应器在受到冲击后短时期内恢复活性。超声组比对照组更能适应硝基苯冲击影响，研究[42]、[43] 认为，EPS 可大量吸附有机物，并通过胞外酶作用分解大分子有机物，以利于其进入细胞壁为微生物所利用，EPS 还可抵御有毒物质对微生物细胞的损伤。而本书前期研究表明，周期性的超声波辐照可以使反应器内微生物产生更多的 EPS 并刺激其分泌出更多的胞外水解酶，所以超声组反应器有更强的抵御有毒物冲击的能力。

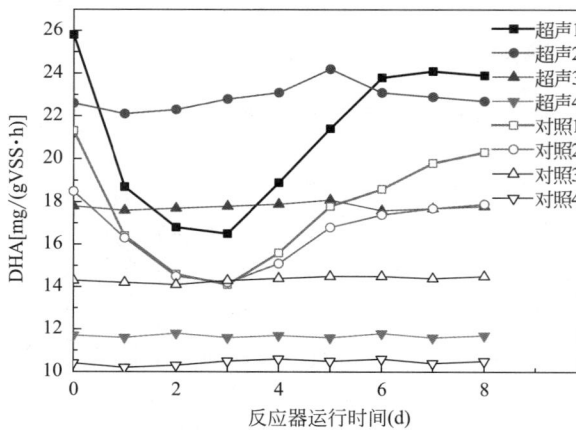

图 3-58 硝基苯冲击后反应器各隔室 DHA 随时间的变化

对照组受到硝基苯冲击后仅前面两隔室污泥的 DHA 受到较大影响，后面两隔室基本未发生大的变化。第 1 隔室 DHA 下降最快，运行第 2d 时其 DHA 已低于第 2 隔室的 DHA，这也说明了反应器对硝基苯冲击的影响沿着水流逐隔室减弱的，一个星期后前面两隔室的 DHA 仍然低于初始值，这也与 COD 的降解趋势一致。超声组也与对照组有相似变化，但是其受到硝基苯冲击的影响明显要低于对照组，且超声组仅第 1 隔室 DHA 降低，第 2 隔室不仅没有降低反而还略有升高，分析原因超声组污泥活性更强，能分泌更多的水解酶可以迅速将毒性大的硝基苯分解为毒性较低的苯胺，所以到达第 2 隔室的主要是毒性较小的苯胺，同时由于第 1 隔室微生物受到硝基苯抑制导致活性下降，对污水中有机物的降解能力也下降了，这样就会有更多的有机底物流入后面隔室，使得后面隔室的 DHA 变强。所以说超声波辐照对厌氧污泥抗硝基苯毒性有更好地适应能力。

3.6　超声波辐照提高厌氧污泥活性作用机制

污水生物处理过程涉及的活性微生物种类繁多，且因为基质不同，对于不同的作用对象（生物组织、细胞或酶），在不同超声辐照参数（频率、声强、辐照时间等）下，其表现出的生物效应亦不相同。由于作用对象和超声参数之间存在众多的组合，这使大多数的试验研究变得具有"探索性"。为了有效地揭示污水处理过程中污泥活性促进的主要作用机理，在本节中我们仅将处理废水的微生物菌群作为一个整体对象，直接研究整个菌群的活性促进效果，通过表征其群体特征对废水处理效果产生的直接影响，来揭示超声波促进厌氧污泥生物活性的作用机制。

3.6.1　超声波辐照提高厌氧污泥活性机制

低强度超声波产生的热效应较小，整个实验过程污泥温度上升幅度极小，不足以对污泥的活性促进产生影响。由于低声能密度辐照不能产生瞬态空化效应使液体温度升高，由机械引起质点内摩擦产生的热量与外界发生热交换损失导致污泥温度未发生变化，所以超声波促进污泥活性作用不可能是温度升高产生的热效应引起。

超声波作用能增加溶液中可利用基质，从而导致污泥活性增强。为了证明本实验是否存在增加溶液浓度的作用，本书设计了上清液溶出实验。经过超声波持续辐照 10min 后上清液 COD 浓度仅上升不到 10%，而 ABR 与超声波耦合实验仅 7% 比例污泥进行超声也证明，低强度超声波仅能使污泥中的物质少量释放于混合液中，其对污泥的强化作用更多的是来自于其他因素，而增加污水有机底物浓度所起到的贡献很小。

超声空化作用能产生大量的 ·OH 和 ·H 自由基，而 ·OH 自由基可以攻击蛋白质表面和酶活性中心的氨基酸微区，破坏细胞的 DNA，从而使酶变性失活或细胞死亡。厌氧污泥 DHA 并不随着自由基清除剂的增加而发生变化，说明低强度超声波产生的稳态弱空化作用不会产生大量的 ·OH 自由基，从而进一步影响污泥活性的变化。

低强度超声波辐照对污泥的作用主要为弱稳态空化作用和机械作用，为了研究超声波辐照过程对污泥絮体结构产生的变化，对超声波作用下污泥形态进行显微镜及扫描电镜观察。结果发现，超声后污泥絮体结构明显分散，整体变小，表面相对粗糙，边界不再清晰可见，絮体表面较多突起及凹陷现象，但絮体之间的空隙减少，絮体表面大多都有多糖类透明胶状黏质物。这说明本实验条件下的超声能够有效地分散絮体，增加絮体的比表面积。为了进一步探讨超声对絮体结构产生的影响，实验采用激光粒度仪分别测定超声波辐照前后的污泥粒径，用以分析超声波辐照对污泥粒径的影响。结果显示，超声波辐照使厌氧污泥絮体结构发生变化，污泥粒径减小，絮体分散，比表面积增大，加大了混合液中基质与微生物的接触面积，强化了传质效率，提高了污水厌氧处理效果。而超声波辐照对厌氧污泥初期吸附性能的影响实验也表明，厌氧污泥的初期吸附 COD 去除率约为 36.6%，相对对照组增加了 10% 的去除率，主要是超声的机械效应和稳态弱空化效应使得厌氧污泥絮体分散，粒径变小，使得其与有底物接触的表面积加大，强化了吸附效果。通过测定超声前后污泥的沉降性能及 Zeta 电位也发现，超声波作用下絮体分散及重组再絮凝对污泥的吸附性能产生一定的影响。

超声波辐照作用并不仅仅是由于絮体分散，增加接触面积，强化吸附效果，在超声波辐照结束后的一段时间内，污泥活性还能持续升高，这种持续时间达到 4h。超声作用过程中，生物细胞受到微小创伤，激起了其本能防御，分泌出更多的活性酶，促使微生物的新陈代谢活动，但在超声波辐照后一个较长的时间，只有当细胞完成繁殖开始产生酶时，活性的强化才得以显现。超声波辐照的持续作用主要是由于超声促进了酶分泌的作用，从本实验显现的数据来看，在 4h 后强化效果就达到了最大，但是其强化效果可持续到 10h 左右，在这过程中细菌的能量逐渐消散，细胞活性逐渐恢复到正常水平。

综上所述，超声波辐照导致絮体分散，增大了固液接触面积，起到了强化传质，提高了污水生物处理效率的作用。超声波辐照使生物细胞受到微小创伤，激起了其防御本能，分泌出更多的活性酶，促使了微生物的新陈代谢活动，提高了污水生物处理效率的作用。

3.6.2　超声波参数对促进活性的影响机制

超声波功率、声能密度和辐照时间是超声作用的主要参数，这些参数的组合对超声波声场性质和产生的各种效应密切相关。在前期研究中发现，低强度超声波产生的热效应基本可以忽略，低强度超声波强化厌氧污泥活性作用主要是靠稳态弱空化效应及其机械效应。结合本研究现有成果及前面章节实验结果，简要分析超声波各参数对污泥活性的影响机制。

（1）频率

目前大多数超声波强化污泥活性的研究均采用 20~60kHz，但是过高的频率能量利用率更低；同时，在低声频下混合液更容易产生空化现象，且随着频率增加溶液中的·OH自由基会增加。本实验中并未产生过多的·OH自由基，所以认为低强度超声波促进厌氧污泥活性宜控制在较低的超声波频率范围。

（2）声能密度

超声波辐照的声能密度对污泥强化效果的影响较大，不同性质的污泥其超声波辐照最佳声能密度变化较大。目前已报道的研究结果中超声最佳声能密度范围为 0.27~600 W/L。提高声能密度能加大水力剪切力，使污泥絮体分散，强化污泥吸附性能，同时产生的弱空化效应攻击细胞刺激细胞酶活性增加，但是过大的声能密度会使混合液由稳态空化转化为瞬态空化，同时产生大量的·OH自由基攻击污泥，使污泥结构遭到破坏，并且使酶失活。低强度超声波促进厌氧污泥活性存在一个最佳的声能密度，最佳声能密度范围很窄，而且与污泥性质有较大关系。

（3）超声波辐照时间

辐照时间对污泥活性促进效果有很大影响，不合适的辐照时间不仅不能促进污泥活性而且还会破坏其生物结构反而降低污泥活性。长时间的辐照产生的机械振动和稳态空化作用超过蛋白酶的承受能力从而使蛋白酶遭受不可逆的破坏，降低了其催化能力。实验还发现超声波辐照对污泥中 DHA 的影响存在一个能量极限，当输入能量低于这个极限时，随着能量的增幅，酶的活性就会显著提升，一旦能量超过这一极限，DHA 就会下降。实验中的超声能量极限为 3000kJ/kgTS。低强度超声波促进厌氧污泥活性也存在一个最佳的超声波辐照时间。

3.6.3　污泥浓度及初始有机物浓度的影响机制

污泥浓度对污泥活性促进作用影响显著。污泥强化主要受到超声空化的影响，同样的超声条件下产生的空化效果相近，污泥浓度较低，其空化阈值低，容易发生空化现象。在污泥浓度较低的条件下，单位污泥受到的作用力就越大，而随着污泥浓度的增加，单位能耗的超声能利用率增加，导致单位污泥的超声能耗降低，单位污泥受到的作用力减小，同时污泥浓度高会使污泥黏度加大，不能使所有污泥都得到充分辐照，因此 F_{420} 随着污泥浓度增大而降低。污泥 DHA 存在一个最佳污泥浓度，污泥浓度偏离这个最佳范围越远，DHA 下降越大。不同的酶在相同的超声条件下会有不同的表现，由于活性污泥是由多种生物体和有机及无机物质组成的泥水混合液，微生物种类不同，有机物成分复杂，使得不同状况下选择的超声参数范围非常窄。不同的污泥浓度均有不同的最佳超声参数组合。

在负荷较低的情况下，微生物处于缺乏基质的状态，其初始活性较低，超声波辐照会导致污泥絮体破碎，使污泥中的 EPS 释放，增加污水中的蛋白质和核酸含量从而增加了溶液中可利用的基质。同时在超声刺激提高酶的活性的双重作用下，污泥的活性得到更大的提高，当 COD 逐渐加大以后，这种影响将会被逐渐削弱。所以在低基质浓度下更有利于提高厌氧污泥的活性。这一现象将更利于低浓度污水的厌氧生物处理的超声强化作用。

3.6.4　超声波与 ABR 耦合作用机制

超声波辐照耦合 ABR 后，在低基质浓度情况下，有机负荷对反应器微生物的活性有显著影响。不同菌群在相同的超声条件下会有不同的表现，超声波辐照在反应器运行过程中，超声波辐照能更快地促进产酸菌活性的增加，而超声促进产甲烷菌活性需要的时间更长。低强度超声波辐照对厌氧污泥活性影响是促进效应和抑制效应共同作用下的综合表现，在较低浓度污水厌氧生物处理过程中，低强度超声波处理会刺激微生物的活性，使厌氧污泥 EPS 中蛋白质和 DNA 含量增加，但是低强度超声波处理会抑制糖类合成，从而降低厌氧污泥 EPS 中糖类含量。

持续周期性的超声波辐照使得超声组的污泥整体更加分散，絮体尺寸基本变小，对照组和超声组反应器前两隔室均发现黑色颗粒污泥，少部分颗粒污泥四周有白色绒线状物质，后两隔室均基本未形成颗粒状污泥。总体上来说，低强度超声波辐照导致絮体分散也是强化了污水厌氧生物处理的作用之一。在整个实验过程中还发现，超声组各隔室污泥浓度明显要低于对照组，虽然超声组出水夹带污泥量要比对照组稍多，但是污泥产量明显减少是基于"解偶联"代谢作用，由于超声波辐照过程产生的少量·OH 自由基及其他环境的改变，使得分解代谢产生的能量部分逸散，降低了合成代谢速率，从而降低了超声组污泥的生成量。

低强度超声波辐照不会立刻改变微生物菌群结构，但由于超声波辐照对不同微生物的效应不相同，导致部分菌群代谢受到抑制，部分菌群相应的受到促进，持续的周期性超声波作用会引起污泥总体菌群发生相应的淘汰或富集，从而对降解有机物的效率产生影响。

参考文献

［1］ Langenhoff A A M，Intrachandra N，Stuckey D C. Treatment of dilute soluble and colloidal wastewater using an anaerobic baffled reactor：influence of hydraulic retention time［J］. Water Research. 2000，34 （4）：1307-1317.

［2］ Perico A C S，Calheiros H C，Nunes C F. Experimental study of hydrodynamic and operation start of a baffled anaerobic reactor treating sewage［J］. Ambiente e Água：An Interdisciplinary Journal of Applied Science. 2009，4：144-156.

［3］ Gopala Krishna G V T，Kumar P，Kumar P. Treatment of low-strength soluble wastewater using an anaerobic baffled reactor （ABR）［J］. Journal of Environmental Management. 2009，90 （1）：166-176.

［4］ 龚浩. ABR 反应器处理生活污水的启动及颗粒污泥特性研究［D］. 重庆：重庆大学，2013：59.

［5］ 张申海. 厌氧折板反应器处理低浓度污水试验研究［D］. 北京：北京工业大学，2008：69-70.

［6］ Lansky M. Study of activated sludge separation problems focused on biological foams formation and their suppression［D］. Prague：Czech Republic，2003：13-14.

［7］ Ramesh A，Lee D J，Hong S G. Soluble microbial products （SMP） and soluble extracellular polymeric substances （EPS） from wastewater sludge［J］. Applied Microbiology and Biotechnology. 2006，73 （1）：219-225.

［8］ 王暄，季民，王景峰等. 好氧颗粒污泥胞外聚合物提取方法研究［J］. 中国给水排水，2005，21 （8）：91-93.

［9］ 陈华，胡以松，王晓昌等. 复合式膜生物反应器中胞外聚合物提取方法综合评价［J］. 环境工程学报，2013，7 （8）：2904-2908.

［10］ 李继宏，单士亮，李亮等. 膜生物反应器中 EPS 的提取方法［J］. 环境工程，2013，31 （3）：10-14.

［11］ Ayaz S C，Akca L，Aktas O，et al. Pilot-scale anaerobic treatment of domestic wastewater in upflow anaerobic sludge bed and anaerobic baffled reactors at ambient temperatures［J］. Desalination and water treatment. 2011，46 （1-3）：60-67.

［12］ Song T，Gao Y. Anaerobic Baffled Reactor with Unequal Length Chambers Treating Domestic Sewage［J］. Asian Journal of Chemistry. 2013，25 （14）：7798-8000.

［13］ Lew B，Tarre S，Beliavski M，et al. Anaerobic membrane bioreactor （AnMBR） for domestic wastewater treatment［J］. Desalination. 2009，243 （1）：251-257.

［14］ Speece R E. Anaerobic Biotechnology for industrial wastewater［M］. Archae press. 1996.

［15］ 丁文川，曾晓岚，龙腾锐等. 低强度超声波辐照对污泥生物活性的影响机制［J］. 环境科学学报，2008，28 （4）：136-140.

［16］ 刘红，闫怡新. 低强度超声波对低温下污水生物处理的强化效果及工艺设计［J］. 环境科学，2008，29 （3）：721-725.

［17］ Xie B，Liu H，Yan Y. Improvement of the activity of anaerobic sludge by low-intensity ultrasound［J］. Journal of Environmental Management. 2009，90 （1）：260-264.

[18] Tian Q，Chen J，Zhang H，et al. Study on the modified triphenyl tetrazolium chloride-Dehydrogenase activity（TTC-DHA）method in determination of bioactivity in the up-flow aerated bio-activated carbon filter［J］. African Journal of Biotechnology. 2006，5（2）：181-188.

[19] Sheng G，Yu H，Li X. Extracellular polymeric substances（EPS）of microbial aggregates in biological wastewater treatment systems：A review［J］. Biotechnology Advances. 2010，28（6）：882-894.

[20] Rachinskaya Z V，Karasyova E I，Metelitza D I. Inactivation of Glucose-6-Phosphate Dehydrogenase in Solution by Low-and High-Frequency Ultrasound［J］. Applied Biochemistry and Microbiology. 2004，40（2）：120-128.

[21] 周健，龙腾锐，苗利利. 胞外聚合物 EPS 对活性污泥沉降性能的影响研究［J］. 环境科学学报，2004，24（4）：613-618.

[22] Batstone D J，Keller J. Variation of bulk properties of anaerobic granules with wastewater type［J］. Water Research. 2001，35（7）：1723-1729.

[23] Liu Y，Fang H H P. Influences of Extracellular Polymeric Substances（EPS）on Flocculation，Settling，and Dewatering of Activated Sludge［J］. Critical Reviews in Environmental Science and Technology. 2003，33（3）：237-273.

[24] 谢倍珍，刘红，闫怡新等. 低强度超声波强化污水生物处理理论和技术［M］. 北京：科学出版社，2013：2，6-8，25，38-42，78-79.

[25] Schläfer O，Sievers M，Klotzbücher H，et al. Improvement of biological activity by low energy ultrasound assisted bioreactors［J］. Ultrasonics. 2000，38（1）：711-716.

[26] 杨霏. 低强度超声波强化污水生物处理的试验研究［D］. 重庆：重庆大学，2007：24-27，43-44.

[27] 蒋洪波. 低强度低频率超声对活性污泥活性的影响研究［D］. 重庆：重庆大学，2007：51-55，58.

[28] 闫怡新，刘红. 低强度超声波强化污水生物处理中超声波辐照污泥比例的优化选择［J］. 环境科学，2006，27（5）：903-908.

[29] 关玮，肖莆，周晓铁. 污泥中胞外聚合物（EPS）的研究进展［J］. 化学工程，2009，23（6）：35-39.

[30] Duan X，Zhou J，Qiao S，et al. Application of low intensity ultrasound to enhance the activity of anammox microbial consortium for nitrogen removal［J］. Bioresource Technology. 2011，102（5）：4290-4293.

[31] Lapara T M，Nakatsu C H，Pantea L M，et al. Stability of the bacterial communities supported by a seven-stage biological process treating pharmaceutical wastewater as revealed by PCR-DGGE［J］. Water Research. 2002，36（3）：638-646.

[32] Marsh T L，Liu W T，Forney L J. Beginning a molecular analysis of the eukaryal community in activated sludge［J］. Water science technology. 1998，37（4-5）：455-460.

[33] Muyzer G，Smalla K. Application of denaturing gradient gel electrophoresis（DGGE）and temperature gradient gel electrophoresis（TGGE）in microbial ecology［J］. Antonievan Leeuwenhoek. 1998，73（1）：127-141.

[34] 王盛勇. 贫营养条件下微生物代谢产物和生物多样性的研究［D］. 天津：天津大学，2009：20-25.

[35] Tan Y，Ji G. Bacterial community structure and dominant bacteria in activated sludge from a 70℃ ultrasound-enhanced anaerobic reactor for treating carbazole-containing wastewater［J］. Bioresource Technology. 2010，101（1）：174-180.

[36] 胡细全，李兆华，蔡鹤生. 低浓度下冲击负荷对厌氧折流板反应器的影响［J］. 环境科学与技术，2006，29（3）：76-78.

[37] Nachaiyasit S，Stuckey D C. Effect of low temperatures on the performance of an anaerobic baffled re-

actor（ABR）[J]. Journal of Chemical Technology and Biotechnology. 1997，69（2）：276-284.

[38] Barker D J，Salvi S M L，Langenhoff A A M，et al. Soluble Microbial Products in ABR Treating Low-Strength Wastewater [J]. Journal of environmental engineering. 2000，126（3）：239-249.

[39] Ye J，Singh A，Ward O P. Biodegradation of nitroaromatics and other nitrogen-containing xenobiotics [J]. World Journal of Microbiology and Biotechnology. 2004，20（2）：117-135.

[40] Majumder P S，Gupta S K. Hybrid reactor for priority pollutant nitrobenzene removal [J]. Water Research. 2003，37（18）：4331-4336.

[41] Razo-Flores E，Lettinga G，Field J A. Biotransformation and biodegradation of selected nitroaromatics under anaerobic conditions [J]. Biotechnology Progress. 1999，15（3）：358-365.

[42] Yu G，He P，Shao L. Characteristics of extracellular polymeric substances（EPS）fractions from excess sludges and their effects on bioflocculability [J]. Bioresource Technology. 2009，100（13）：3193-3198.

[43] D'Abzac P，Bordas F，Hullebusch E. Extraction of extracellular polymeric substances（EPS）from anaerobic granular sludges：comparison of chemical and physical extraction protocols [J]. Applied Microbiology and Biotechnology. 2010，85（5）：1589-1599.

第 4 章　低强度超声波对生物硝化反应的影响

4.1　引言

污水生物脱氮工艺包括传统生物脱氮工艺与新型生物脱氮工艺。

传统生物脱氮是由硝化与反硝化过程完成。硝化过程由两步连续的生化反应组成：在好氧条件下，NH_4^+-N 首先由 AOB 氧化为 NO_2^--N，随后 NO_2^--N 在 NOB 的作用下被氧化为 NO_3^--N。在缺氧条件下，污水中的 NO_2^--N 与 NO_3^--N 在反硝化菌的作用下被还原为氮气，至此完成脱氮过程。以硝化-反硝化理论为基础的传统脱氮工艺被广泛应用于污水处理中，包括 A/O 工艺、A/A/O 工艺、序批式活性污泥法（SBR）脱氮工艺与曝气生物滤池（BAF）脱氮工艺等，这些工艺都能提供好氧与缺氧环境以完成生物脱氮过程。然而，传统生物脱氮工艺存在流程长、控制复杂、运行费用高等缺点，处理低 C/N 废水效果差且成本高。BOD_5/TN（C/N）比是判别能否有效生物脱氮的重要指标。理论上 C/N≥2.82 就可进行生物脱氮，实际工程中宜 C/N≥3.5 才能进行有效脱氮。此外，《室外排水设计规范》（GB 50014-2006（2016 版））要求：污水中 BOD_5/TKN>4，才宜采用生物脱氮工艺。目前我国污水厂 C/N 普遍较低，采用传统脱氮工艺无法实现高效脱氮，出水 TN 浓度难以达到一级 A 排放标准，排入自然水体，将引起富营养化问题。

低强度超声波可提高微生物活性，强化生物脱氮效果。然而在传统生物脱氮处理工艺中低强度超声波对生物脱氮的促进效果并不是很好。Zhang 等[1] 用 0.2W/mL 处理污泥 30 s 后，污泥 OUR 提高了 28%，出水总氮去除率提高 5%～6%。Xie 等[2] 分析了低强度超声波对硝化细菌活性提高不大的原因：因为微生物的生长速度越快，细胞壁、细胞膜结构越薄，超声波强化效果越显著，而硝化细菌属自养菌，世代时间较长，内膜结构复杂。Jin 等研究了 COD/NH_4^+-N 对超声波强化的影响，发现 COD/NH_4^+-N=5 时，超声波强化脱氮效果比 COD/NH_4^+-N=15 与 10 时更显著。在传统脱氮中，污水 C/N 较高，会抑制硝化细菌生长，使得其在一般污泥中数量较少，所接受的超声波辐照能量低，所以强化效果不明显。

为了提高脱氮效率，改进传统脱氮工艺的不足之处，新型脱氮工艺成为研究热点。新型脱氮工艺可简化生物脱氮过程、降低污水处理成本，具有很好的发展前景。虽然有些工艺已实现工程化应用，但由于实际运行条件的限制与研究理论的不完善，包括特殊菌群培养条件苛刻，运行控制难以维持稳定等，还无法实现大规模推广。

在新型脱氮工艺中，硝化细菌与 Anammox 菌是主要研究对象，关键菌种生长条件苛刻，世代周期较长，使得细菌培养与反应器启动成为技术难点。低强度超声波处理可促进这两类细菌的生物活性，提高其脱氮效率。为改善这一问题，Duan 等[3] 用低强度超声波辐照 Anammox 菌，发现其脱氮活性最高可比对照组提高 25.5%。对于短程硝化，Zheng

等[4] 在进水 COD/NH_4^+-N＝4-6 的条件下用 40kHz、0.027W/mL 的超声波辐照系统后发现将辐照时间从 0.5h 延长到 2h，NH_4^+-N 去除负荷增长率从 48.7％提高到 129.5％，NO_2^--N 积累率（NAR）达到 73.9％。成功在全氧曝气（DO＞3mg/L）条件下，实现了短程硝化，避免了低 DO 实现短程硝化时产生的污泥膨胀现象。长时间超声波辐照改变了反应器内的温度与 pH 值，均有利于促进 AOB 活性同时抑制 NOB 生长，但超声波本身对 AOB 与 NOB 的选择机制还有待进一步研究。随后该课题组将其用于处理模拟人尿废水（COD/NH_4^+-N 约为 1）[5]，实现了短程硝化（NAR＞98％）后，30d 未用超声波辐照依然可以稳定运行（NAR＞92％）。

在全程硝化反硝化与短程硝化反硝化工艺中，在碳源充足的条件下，反硝化过程相对更易进行，而硝化反应尤其是短程硝化的实现往往成为技术难点。本章主要研究低强度超声波强化全程硝化和短程硝化的效果，为低强度超声波在水处理中的应用提供更多参考。

4.2 试验方法

4.2.1 低强度超声波强化全程硝化工艺的试验方法

(1) 种泥及驯化

种泥取自某污水处理厂 A^2/O 工艺二沉池，在自制的 SBR 中培养驯化，驯化期间控制进水 C/N 为 6～8，进水 COD 为 250～450mg/L，NH_4^+-N 浓度为 36～58mg/L，TP 为 3～5mg/L，用 $NaHCO_3$ 调节碱度，使出水 pH 值维持在 7.5～8.8，30d 后驯化完成。

(2) 污泥超声波辐照最佳参数试验

取一定量已驯化的浓缩污泥（MLSS 为 6～9g/L），置于玻璃烧杯中，并固定于超声波反应器探头处，使探头伸入液面下约 10mm 处，调节超声波功率至所需声能密度，进行超声波辐照，至所需的超声波作用时间后停止。超声波辐照试验装置如图 2-2 所示。测定及计算辐照前后污泥的 SOUR、DHA 含量。

(3) 污泥超声波辐照最佳比例试验

试验采用内径 13.9cm，有效容积 2.35L 的四个完全相同的 SBR 反应器，运行方式为：进水 5min，缺氧 1h，曝气 7h，沉淀 30min，排水 25min（换水率为 66.7％），闲置 3h。进水水质与驯化阶段相同，控制排水量，保持反应器内污泥体积恒定（800mL）。分别采用辐照污泥比例为 5％、15％与 25％，声能密度及辐照时间采用前述试验优选值。反应器运行 17 个周期，测定及计算出水的 COD，NH_4^+-N 与 TP 浓度及去除率。

4.2.2 低强度超声波对短程硝化工艺的影响试验方法

(1) 超声波辐照试验

超声波试验装置采用探头式超声波发生器。SBR 运行周期完成后，取反应器中全部（500mL）泥水混合物（MLVSS 为 4600～6600mg/L）于烧杯中，使探头浸入液面下约 10mm，进行超声波处理，处理后倒入原 SBR 开始下一个周期。超声波辐照间隔周期为 24h。

(2) 超声声能密度与辐照时间优化实验

试验在 6 个圆柱体 SBR 中进行，其内径为 10cm，有效体积 1L。运行期间控制各个反应器曝气量为 80～100L/h，水温为 18～21℃。反应器换水率为 50%。SBR 运行周期安排为：进水 5min，反应 6h/9h，沉淀 50min，排水 5min。反应采用缺氧（厌氧）/好氧交替的运行方式：6h 安排为 2 段 1h 曝气/1h 停曝与 2 段 0.5h 曝气/0.5h 停曝；9h 安排为 3 段 1h 曝气/1h 停曝与 3 段 0.5h 曝气/0.5h 停曝。

进水采用人工配水，模拟污水主要成分为：乙酸钠 1012mg/L、氯化铵 229mg/L、磷酸二氢钾 26mg/L 等。使相应的进水 COD、NH_4^+-N、TP 浓度为 300、60 及 3mg/L。通过加入一定量的碳酸氢钠，使进水 pH 值维持在 7.5～8.5 之间，试验装置如图 4-1 所示。

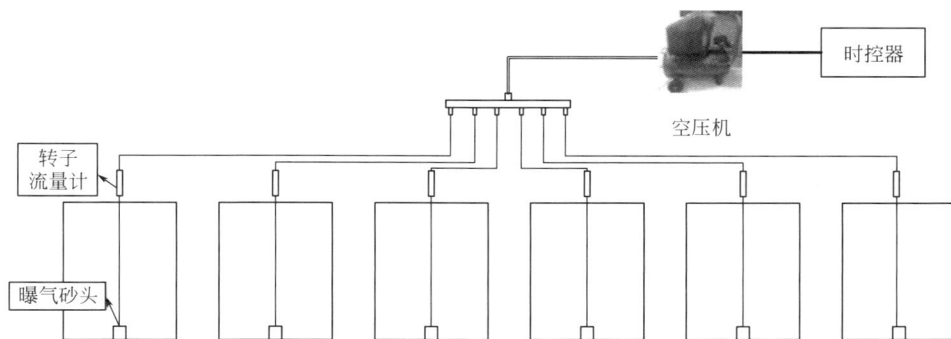

图 4-1　试验装置

首先固定超声波辐照时间为 10min，调整超声波功率使得声能密度为 0.05W/mL、0.1W/mL、0.2W/mL、0.3W/mL 与 0.4W/mL，污泥进行超声波处理后置于 SBR 中运行，测定反应时间为 6h 的周期出水水质。选择合适的声能密度，设定辐照时间为 10min、20min、40min、60min 与 90min，测定反应时间为 9h 的周期出水水质。通过考察各 SBR 运行期间的氮素转化情况，选择合适的声能密度与辐照时间。

（3）超声波处理方式对短程硝化的影响

1）超声波辐照污泥比例对短程硝化的影响实验

试验在 4 个 SBR 中进行（实验装置如图 4-1 所示）。SBR 的运行方式为：进水 5min，反应 5h，沉淀 1h，排水 5min。每天运行 3 个周期，其中反应阶段采用交替缺氧（厌氧）好氧运行：两段 1h 缺氧 1h 曝气与一段 0.5h 缺氧 0.5h 曝气。运行期间进水与 4.2.2 节（2）（超声参数优化试验）相同，换水率为 50%。曝气量为 0.5～0.8L/min。运行期间水温为 22～25℃。

在 SBR 第一个周期结束后，分别从 2、3、4 号反应器取 200mL、300mL 与 500mL 的驯化稳定的浓缩污泥，使辐照污泥比例为 40%、60% 与 100%。置于玻璃烧杯中，进行超声波辐照，采用声能密度为 0.05W/mL，辐照时间 20min。

2）曝气超声波处理对短程硝化的影响试验

试验在 3 个 SBR 进行（实验装置如图 4-1 所示）。SBR 的运行方式为：进水 5min，反应 3h，沉淀 50min，排水 5min。每天运行 3 个周期，其中反应阶段采用交替缺氧（厌氧）好氧运行：四段缺氧（厌氧）好氧（15min/30min）。运行期间进水与 4.2.2 节（2）（超声参数优化试验）相同，换水率为 50%，曝气量为 0.8～1.0L/min，水温为 25～28℃。

采用声能密度为 0.05W/mL，辐照时间 20min，辐照污泥比例为 100%。1 号反应器为空白试验组，2 号反应器污泥只超声波处理但不曝气，3 号反应器在超声波处理污泥的同时对污泥进行曝气，曝气量为 0.9～1.0L/min。

（4）分析方法

NH_4^+-N、NO_2^--N、NO_3^--N、MLSS、MLVSS 与 SV 均采用国家标准分析方法测定；DO 和 pH 值分别采用溶解氧（DO）仪（BANTE 903，中国）和 pH 计（SATORIUS PB-10，德国），温度采用水银温度计测量。NO_2^--N 积累率（NAR）的计算见式(4-1)。

$$NAR=\frac{[NO_2^--N]}{[NO_2^--N]+[NO_3^--N]}\times100\%\qquad(4-1)$$

其中 $[NO_2^--N]$ 与 $[NO_3^--N]$ 分别为出水 NO_2^--N 与 NO_3^--N 的质量浓度（mg/L）。

取一定量污泥清洗三次。OUR 测试底液的 NH_4^+-N 与 NO_2^--N 浓度均为 20mg/L。将 DO 达到饱和的 OUR 测试底液与污泥倒入呼吸瓶中，在搅拌状态下开始测试瓶中 DO 随时间的变化，计算此阶段单位体积泥水混合物中 DO 随时间的变化斜率为 OUR_1，相应单位质量的污泥单位时间内利用的氧量为 SOUR。测 AOB 与 NOB 活性时，还需加入一定量氯酸钠（$NaClO_3$），使呼吸瓶中的 $NaClO_3$ 浓度为 2.13g/L，以抑制 NOB 活性，测得呼吸瓶中单位体积泥水混合物中 DO 随时间的斜率记为 OUR_2，最后加入丙烯基硫脲（ATU），使最终浓度为 5mg/L，以抑制 AOB 活性，得到 OUR_3。$SOUR_{AOB}$ 与 $SOUR_{NOB}$ 的计算方法分别见式(4-2)与式(4-3)。

$$SOUR_{AOB}=\frac{(OUR_2-OUR_3)\times1000\times3600}{MLVSS\times60}\qquad(4-2)$$

$$SOUR_{NOB}=\frac{(OUR_1-OUR_2)\times1000\times3600}{MLVSS\times60}\qquad(4-3)$$

式中　OUR——耗氧速率，$mgO_2/(s\cdot L)$；

　　　SOUR——比耗氧速率，$mgO_2/(g\ VSS\cdot h)$；

　　　MLVSS——混合液挥发性悬浮固体浓度，mg/L。

4.2.3　超声波维持 SBR 短程硝化稳定运行的试验方法

（1）试验装置与进水水质

试验在 2 个自制的 SBR 中进行，分别作为超声组与对照组。试验装置如图 4-2 所示。SBR 圆柱体反应器内径为 19cm，有效体积为 4.25L。装有曝气装置与搅拌装置，均由时控开关控制。SBR 的运行流程为：进水 5min，反应 3～5h，沉淀 50min，排水 5min，其中反应阶段采用恒定曝气量的方式进行供氧。进水为人工模拟污水，组分与 4.2.2 中的（2）相同，COD 约为 220～320mg/L，NH_4^+-N 为 55～68mg/L，TP 为 4.8～5.5mg/L。反应器换水率为 60%。

（2）超声波辐照试验

SBR 运行周期结束后，分三次辐照全部浓缩污泥，每次辐照污泥体积约为 500mL，采用超声声能密

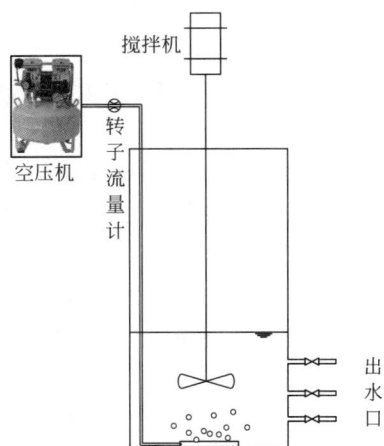

图 4-2　SBR 试验装置示意图

度为 0.05W/mL，辐照时间为 20min。浓缩污泥 MLVSS 约为 4200～7900mg/L。

（3）间歇曝气方式对超声波维持 SBR 短程硝化的影响试验

SBR 采用 4 种间歇曝气方式（如图 4-3 所示）运行，其中 3 种为交替缺氧（厌氧）好氧曝气方式，即反应均经历 4 段搅拌/曝气交替，其中曝气时间固定为 30min，间歇曝气方式Ⅰ、Ⅱ、Ⅲ的搅拌时间分别为 45min、30min 与 15min。间歇曝气方式Ⅳ的反应阶段为：先缺氧 30min，后曝气 120min，最后缺氧 30min。SBR 周期安排为：进水 5min，反应 180～300min 不等，排水 5min，沉淀 55min，闲置 30min。曝气量保持为 3.5～4.0L/min，维持 MLVSS 为 1700～3200mg/L。

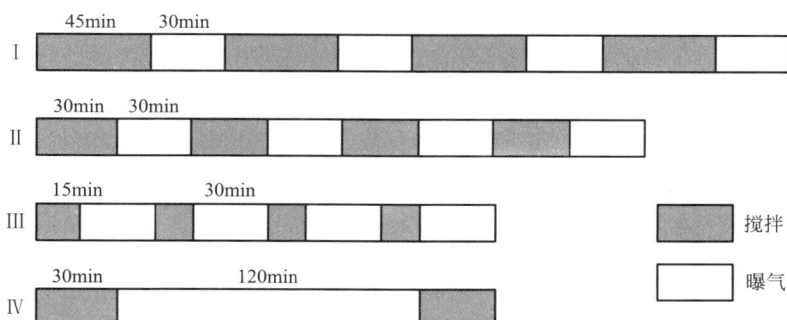

图 4-3　SBR 反应阶段 4 种间歇曝气方式

（4）曝气量对超声波维持短程硝化的影响试验

采用所选择的间歇曝气方式，先后按照曝气量为 2.0～2.3L/min 与 2.5～3.0L/min 运行，曝气阶段相应的平均 DO 浓度分别为 1～2mg/L 与 2～4mg/L。考察不同曝气量条件下超声波维持短程硝化的稳定情况。

（5）计算方法

本章 NH_4^+-N 去除负荷及 COD 去除负荷按式(4-4)及式(4-5)计算。

$$NH_4^+\text{-N 去除负荷} = \frac{[NH_4^+\text{-N}]_进 - [NH_4^+\text{-N}]_出}{MLVSS \cdot t} \tag{4-4}$$

$$COD \text{ 去除负荷} = \frac{[COD]_进 - [COD]_出}{MLVSS \cdot t} \tag{4-5}$$

式中　$[NH_4^+\text{-N}]_进$——进水 NH_4^+-N 浓度，mg/L；

　　　$[NH_4^+\text{-N}]_出$——出水 NH_4^+-N 浓度，mg/L；

　　　$COD_进$——进水 COD 浓度，mg/L；

　　　$COD_出$——出水 COD 浓度，mg/L；

　　　MLVSS——反应器混合液挥发性悬浮固体浓度，mg/L；

　　　t——SBR 一个周期历时，h 或 d。

反硝化效率的计算公式为：

$$\text{反硝化效率} = \frac{[NH_4^+\text{-N}]_{氧化} - [NO_x^-\text{-N}]_出}{[NH_4^+\text{-N}]_{氧化}} \times 100\% \tag{4-6}$$

式中　$[NH_4^+\text{-N}]_{氧化}$——被氧化的 NH_4^+-N 浓度，mg/L；

　　　$[NO_x^-\text{-N}]_出$——出水中 NO_2^--N 与 NO_3^--N 浓度之和，mg/L。

4.3 低强度超声波强化传统脱氮工艺

超声声能密度对强化污泥活性影响显著。对于不同性质的污泥，超声波辐照最佳声能密度变化较大。本试验通过小试筛选 0.05～0.35W/mL，超声时间为 10min。声能密度对污泥 SOUR 与 DHA 的影响见图 4-4 所示。

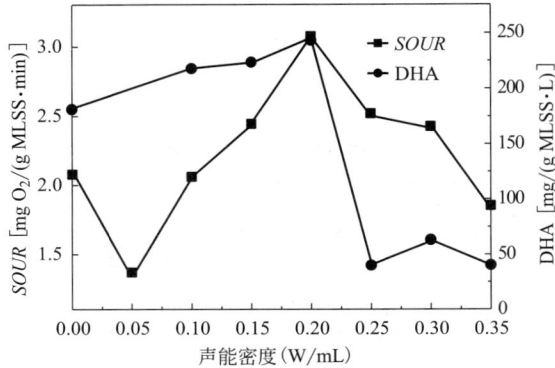

图 4-4 **SOUR** 和 DHA 随超声声能密度的变化

由图 4-4 可以看出，在超声声能密度为 0～0.05W/mL，随着声能密度的增加，DHA 有所上升，但 SOUR 明显下降，仅为对照组的 63%，可能由于低 C/N 比条件下培养的污泥种群结构差异导致。不同参数反映的污泥活性变化趋势有所差异，在生物有氧呼吸中有多种酶与辅酶参与电子传递，DHA 接受的电子可能来源于其中任何一个环节，而 O_2 是呼吸链的最终电子受体，中间环节的中断会降低生物消耗氧气的速率，所以 DHA 与 SOUR 变化趋势略有差异。在超声声能密度为 0.05～0.2W/mL，SOUR 和 DHA 均显著增加；在超声声能密度为 0.2W/mL 时污泥活性达到最大值，此时污泥 SOUR 为 3.1mgO$_2$/（g MLSS·min），相对对照组提高 45.8%，DHA 浓度为 245.6mg/（gMLSS·L），比对照组增加了 26.1%。低强度超声波辐照能显著促进污泥的活性，主要是通过超声波声场产生的高频振动使得细胞与水界面层、细胞膜及细胞壁附近的物质传输加快，增加细胞壁的通透性，加速细胞内外物质交换，提高酶和底物的接触。在超声声能密度为 0.2～0.35W/mL 时，随着超声声能密度的进一步增大，污泥的活性逐渐下降，但声能密度到达 0.25W/mL 以后下降斜率变缓，分析原因可能是由于在较高的声能密度下，细胞表面穿孔较多，其胞内物质溶出，而超声波可有效破坏不饱和键，大分子被分解后为微生物利用，加快了细菌新陈代谢速度，使得 SOUR 下降变缓同时 DHA 有所升高，当声能密度升至 0.3W/mL 以后，污泥活性又迅速下降，直到 0.35W/mL 时低于对照组。说明超声波作用已经超过微生物的承受范围，使其细胞结构遭到部分或全部破坏。由前可知，超声波辐照的声能密度为 0.2W/mL 时，SOUR 和 DHA 都达到最大，此时污泥活性得到最大促进。

图 4-5 显示的是在声能密度为 0.2W/mL 时，超声波辐照时间为 0～60min 内污泥 SOUR 与 DHA 含量的变化。

由图 4-5 可看出，超声波辐照污泥存在一个最佳的辐照时间，污泥 SOUR 与 DHA 分别在超声波辐照 12min 和 14min 后达到最大，此时 SOUR 为 4.7mgO$_2$/（g MLSS·min），相

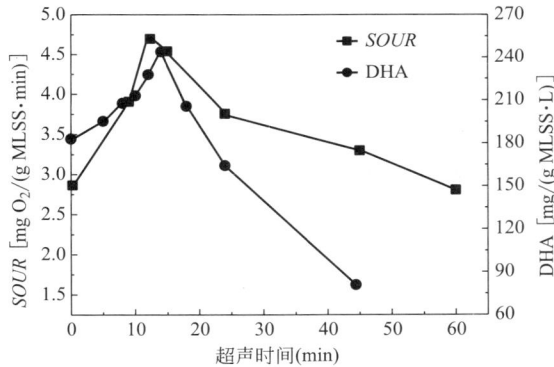

图 4-5　*SOUR* 和 DHA 随超声时间的变化

比对照组提高了 168.1%，DHA 浓度为 243.9mg/（gMLSS・L），比对照组增加 133.4%。DHA 反映的最佳辐照时间比 SOUR 延长 2min，这可能是因为 *SOUR* 受酶活性与氧传质速率等多种因素影响。超声波作用产生的机械效应使污泥絮体分散，从而增大了整个絮体的表面积，同时超声波空化作用会导致细菌胞外聚合物的释放，减少了污泥的氧传质阻力，所以 DHA 提高比 *SOUR* 增加需要输入更多的能量。随着辐照时间的继续延长，污泥活性逐渐下降，辐照时间到 24～60min 时就低于对照值。Schläfer 等人认为由于超声波辐照仅能强化细胞内新陈代谢过程中的某些步骤，而抑制其他步骤，辐照时间过长可能会强化抑制作用。研究表明，过大的超声波能量输入，会造成细胞的完全破裂或酶的失活。因此，综合考虑确定合适的超声波辐照时间为 12min。

图 4-6 显示的是在最佳超声参数条件下，经低强度超声波辐照后的污泥在曝气培养过程中 *SOUR*、DHA 随时间的变化过程。

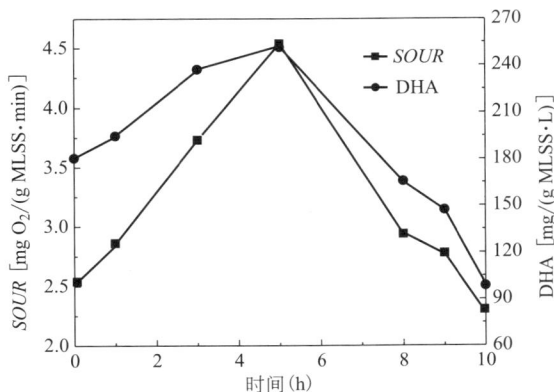

图 4-6　*SOUR* 与 DHA 超声波辐照后随时间的变化

由图 4-6 可看出，经超声波辐照后污泥的活性会随着时间的延长而逐渐增加，经过 5h 其 *SOUR* 及 DHA 均达到最大值，随后污泥活性开始下降，8～10h 已低于对照水平，此时超声波的强化效果基本消失。分析原因一方面超声波作用于微生物可以改变细胞的通透性，另一方面超声波在液体中产生的声流与稳态空化引起的微声流造成细胞内及周围液体的扰动，增强了细胞内外营养物质、代谢产物与氧气的传输，从而在超声波辐照过程中就增加了细胞的活性。在超声结束后，可能是超声波所引起的机械应力对细胞造成了微创，使其产生了本能的防御作用，分泌出更多的活性酶，增强新陈代谢活动。超声波对增强离子流通过细胞膜，提高胞内 Ca^{2+} 浓度的作用显著，从而导致细胞有丝分裂及合成、分泌生长因子增加，促进损伤组织的修复。同时，超声波辐照细胞能产生声孔效应，导致局部细胞质膜破裂，在修复之前能增加细胞内外传质。在本试验中，在 5h 后强化效果就达到了最大，但其强化作用可持续 8～10h，在这过程中大部分细菌的修复过程完成，活性逐渐降低，当所有细胞的修复过程完成后，部分微生物因被破解而无法修复，使污泥活性降低到对照水平之下。分析试验结果，决定控制 SBR 运行的曝气时间为 7h。

超声波辐照污泥比例对污泥活性影响较大，过小则强化效果不显著，过大不仅会使污泥沉降性变差，且成本过高，所以确定合适的污泥辐照比例在系统运行时至关重要。图 4-7 显示的是不同超声波辐照污泥比例下的 COD、NH_4^+-N 与 TP 的去除率随运行周期的变化情况。

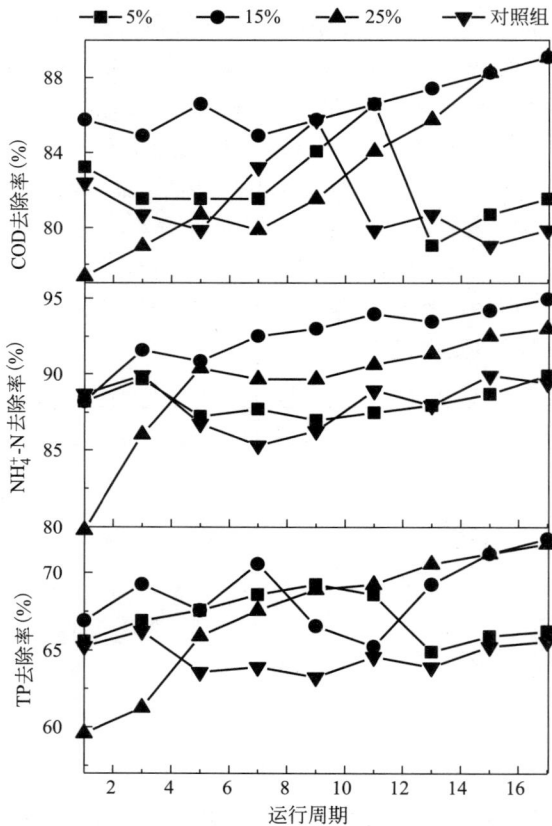

图 4-7　不同辐照比例下 COD、NH_4^+-N 与 TP 去除率变化

由图 4-7 可以看出，辐照污泥比例促进系统去除有机物、脱氮与除磷效果显著。对于有机物，辐照污泥比例为 15% 时 COD 去除率最高且稳定上升；辐照比例为 5% 的一组与对照组基本相同；而辐照比例为 25% 的前 11 个周期内去除率明显低于对照组，之后逐步提高，这是由最初运行时超声波输入功率偏大导致。低强度超声波辐照污泥可有效提高有机物去除率，分析原因可能是由于超声波作用同时提高了污泥初期吸附与后期代谢有机物的能力：超声波作用使污泥絮体分散，从而增大了其表面积，同时会引起微生物胞外聚合物的释放，强化了污泥的初期吸附效果；污泥在修复低强度超声波造成的微伤时，活性处于较高水平，增强了污泥代谢有机物的能力。对于 NH_4^+-N，不同辐照比例下各组 NH_4^+-N 去除率的变化趋势与 COD 去除率类似，15% 时效果最佳，而 25% 时从第 5 个周期就开始高于对照组，比 COD 去除率提前 3d，这可能是由于不同类型微生物对超声波刺激的适应能力不同。主要去除有机物的微生物多为异养菌，主要去除 NH_4^+-N 的 AOB 属于自养菌，被超声波刺激后，AOB 比异养菌更快恢复活性。分析其原因，可能是两种细菌的细胞结构不同，异养菌与 AOB 虽同为革兰氏阴性菌，细胞壁结构类似，但因 AOB 的细胞膜有更多褶皱，因此对超声波刺激不如异养菌敏感。Zheng 等[5] 用不同能量的超声波辐照污泥，AOB 活性得到提高，而相应的异养菌活性基本低于对照组。系统 TP 去除率不高（小于 75%）并且变化幅度较大。由于污水中过量磷的去除主要是在污水中聚磷菌过量吸磷后，通过排泥实现，而在本试验中，为了控制反应器中污泥体积不变，没有严格规定排泥量，且排泥量较小，导致 TP 去除效果不理想。

　　为了确定最佳辐照比例，图 4-8 给出了不同辐照污泥比例下的 SBR 反应器对 COD、NH_4^+-N 与 TP 的平均去除率。

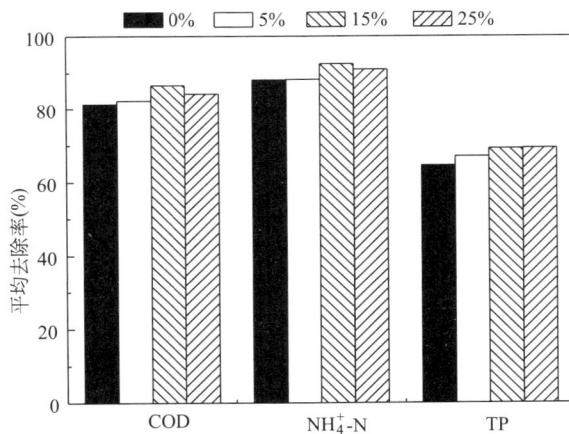

图 4-8　不同辐照污泥比例下的 COD、NH_4^+-N 与 TP 的平均去除率

　　由图 4-8 可知，尽管系统对 TP 去除效果不理想，但不同辐照污泥比例下的 TP 去除率均有所提高。Xie[6] 等研究认为低强度超声波处理可同时提高聚磷菌厌氧释磷量与好氧吸磷量，且释磷彻底有助于充分吸磷。此外，聚磷菌中聚磷酸盐合成和分解过程均有 ATP 参与。有研究表明[7]，经超声波处理后，细胞与 ATP 合成有关的三个基因表达明显增加，这可能与系统除磷率提高有关。聚磷菌吸磷过程中，聚磷颗粒积累的同时 PHB（聚 β 羟基丁酸）迅速减少，且吸磷量越多 PHB 消耗量越大，PHB 的减少可以降低出水有机物浓度，所以系统有机物去除率的提高与除磷率增加有一定联系。

　　辐照污泥比例为 15% 时，系统对 COD、NH_4^+-N 的平均去除率均最高，分别为86.58% 与 92.53%；25% 时 TP 的平均去除率最高，为 69.33%，但与 15% 时（69.20%）相差不大。低强度超声辐照由于损伤效应激发了细胞的防御机制，增强新陈代谢，因此辐照污泥比例越大，超声波对单个微生物的伤害越频繁。比例过小，强化效果不显著；比例过大，伤害过多而难以修复，因此存在一个适宜的污泥辐照比例，在本试验中为 15%，此时 COD、NH_4^+-N 与 TP 的平均出水浓度相对对照组分别降低 39.6%、37.1% 与 14.9%。

4.4 低强度超声波对短程硝化工艺的影响

4.4.1 短程硝化简介

好氧反硝化菌、异养硝化菌、厌氧氨氧化菌等新型脱氮功能菌的发现，使短程硝化-反硝化工艺（SHARON）、同步硝化反硝化工艺（SND）与全程自养脱氮工艺（CANON）等新型生物脱氮工艺成为可能。相比传统生物脱氮工艺，新型生物脱氮工艺具有节约运行能耗、缩短工艺流程与易操作等优点。短程硝化是 SHARON 与 CANON 的前置环节，且基于短程硝化的 SND 更能节约曝气量与碳源，因此短程硝化技术作为新型脱氮工艺的基础环节，在节约曝气能耗与反硝化所需碳源方面具有明显的优势，引起了广泛关注。

短程硝化-反硝化理论于 1975 年，由 Vote 首次提出，之后人们对其进行了大量研究。短程硝化理论基于 AOB 与 NOB 的底物专一性这一结论，即 AOB 只能以游离氨（FA）为底物而 NOB 只能以 NO_2^--N 为底物，目前尚未发现能将 NH_4^+-N 直接氧化为 NO_3^--N 的微生物，因此硝化过程必须分两步完成。相比于全程硝化，短程硝化工艺是将硝化产物控制为 NO_2^--N，而不进一步转化为 NO_3^--N 的工艺，其主要通过控制外部环境因子，达到抑制 NOB 的生长而不影响 AOB 正常代谢，以将 NOB 从污泥中逐渐淘洗出去，形成稳定群落结构，从而维持长期稳定的短程硝化状态。

AOB 与 NOB 同属革兰氏阴性菌，均为化能自养型微生物，但两者的代谢特点与对各种环境因子的最适值不同。根据 AOB 与 NOB 的自身动力学特征与代谢特点的差异，控制相应的条件，可实现短程硝化。目前较常用的实现短程硝化的方法有：控制低 DO 浓度、FA 与游离亚硝酸（FNA）抑制、交替缺氧（厌氧）好氧运行、控制污泥龄（SRT）、控制温度、控制 pH 值、添加抑制剂等。近几年发现了低强度超声波辐照、微弱磁场等新方法亦可实现短程硝化。

（1）控制低 DO 浓度

氧气是硝化细菌代谢必需的物质，因为 AOB 的氧半饱和速率常数（0.2～0.4mg/L）比 NOB 的（1.2～1.5mg/L）更低，AOB 具有更高的氧亲和力与耗氧速率。有研究表明[8] DO<1.0mg/L 条件下，AOB 的生长速率是 NOB 的 2.6 倍。在低 DO 条件下 NOB 活性被抑制，而 AOB 活性未受影响，易实现 NO_2^--N 积累。但由于污泥絮体的大小与密实度等均会影响氧气的传质效率，各个系统在实现短程硝化时采用的 DO 浓度差异较大。Wei 等[9] 控制 DO 浓度为 0.3～0.5mg/L 时实现了短程硝化。Ruiz 等[10] 兼顾 NO_2^--N 积累与氨氧化选择 DO 浓度为 1.5mg/L。高景峰等[11] 利用好氧颗粒污泥的氧传质限制，在平均 DO 浓度为 4mg/L 的条件下实现了短程硝化。控制低 DO 浓度是实现短程硝化的有效措施，但降低 DO 不但会使系统氨氧化速率明显受到影响且易发生污泥膨胀，目前此法仅在实验室条件下可行。

（2）FA 与 FNA 抑制

FA 对 AOB 与 NOB 的抑制浓度分别为 10～150mg/L 与 0.1～1.0mg/L。FNA 浓度为 0.42～1.72mg/L 时，AOB 活性会下降一半，而在 0.026～0.22mg/L 会使 NOB 完全失活[12]。由此可知，AOB 对 FA 与 FNA 的耐受性比 NOB 更强，维持较高的 FA 与 FNA 浓度可有效抑制 NOB 活性，实现短程硝化。FA 与 FNA 均为计算值，与水中的 NH_4^+-N 或 NO_2^--N 浓度、pH 值和温度有关（见式 4-7 和式 4-8）。处理较高浓度 NH_4^+-N 废水时，进水中高浓度的 FA 与硝化过程中产生的高浓度 FNA 可有效抑制 NOB 活性，实现 NO_2^--N 积累。Dong 等[13] 在进水 NH_4^+-N 为 400～500mg/L 的条件下，DO 为 0.1～0.8mg/L 时成功实现了短程硝化并稳定运行 100d，认为 FA 与 FNA 是抑制 NOB 生长的主要原因。然而，NOB 会对污水中的高浓度 FA 与 FNA 产生适应性，削弱抑制作用，较难维持稳定。此外，NO_2^--N 浓度积累到一定程度时，FNA 才会对 NOB 产生抑制。且 NO_2^--N 是生物脱氮过程的中间产物，较难预测与控制。因此只依靠 FA 与 FNA 抑制，短程硝化实现后较难维持稳定，Fux 等[14] 在膜生物移动床中处理污泥消化液，运行 11 个月后，大量生成 NO_3^--N，短程硝化被破坏。FA 与 FNA 抑制不适合作为维护短程硝化长期稳定的控制条件，一般要与其他措施连用。

$$FA = \frac{17}{14} \frac{[NH_4^+\text{-N}] \times 10^{pH}}{e^{6344/(273+T)} + 10^{pH}} \tag{4-7}$$

$$FNA = \frac{47}{14} \frac{[NO_2^-\text{-N}]}{e^{2300/(273+T)} \times 10^{pH}} \tag{4-8}$$

式中　　$[NH_4^+\text{-N}]$ 与 $[NO_2^-\text{-N}]$ ——NH_4^+-N 与 NO_2^--N 的质量浓度，mg/L；
　　　　　T——混合液温度，℃。

（3）交替缺氧好氧运行

硝化系统从缺氧转为好氧状态时，NOB 比 AOB 需要更长的时间恢复活性，因此在交替缺氧好氧运行环境下，可抑制 NOB 生长。经研究间歇曝气对硝化细菌生长动力学的影响，发现 AOB 在交替缺氧好氧曝气条件下，产率系数提高，衰减系数减小，从而提高 AOB 在污泥中的绝对生物量，补偿缺氧扰动引起的比氨氧化速率的减小，保证总的氨氧化速率不变。在缺氧状态 NOB 比 AOB 受到的伤害更大，活性受到抑制，且抑制程度与缺氧时间成正比。此外，多段进水的交替缺氧好氧运行方式，为 NO_2^--N 能及时彻底的反硝化提供了可能，使出水 TN 去除率较高，同时可避免 NO_2^--N 浓度过高造成的负面影响。Yang 等[15] 在 A/O 交替条件下使得 NO_2^--N 积累率达到 79.4%，且平均 TN 去除率为 87.8%。Ge 等[16] 采用多段进水方式，在 A/O 交替的条件下实现了短程硝化，且出水 TN 去除率最高可达 90.2%。然而，A/O 交替运行并不能使 NOB 完全被淘汰[15]，失去 A/O 交替条件时，短程硝化很难稳定维持。实现 A/O 交替运行只需改变曝气开关，是一种较简单的控制方法，在工业废水、食品废水、垃圾渗滤液与生活污水中均有应用，且易实现工程化推广，易与其他实现维持短程硝化的方式结合，但要求灵活，多用于 SBR 反应器。

（4）控制温度

温度是影响 AOB 与 NOB 生长速率的关键因素，二者的竞争优势因温度范围而异。一般认为，在 10～35℃ 内，AOB 在高低两个范围占优，而 NOB 在中间温度段活性较高。李微[17] 认为 NOB 活性在 11～15℃ 与 31～33℃ 会降低，有利于实现短程硝化。张功良等[18]。在初始 DO 浓度为 $4.5\sim5.0mg/L$ 的 SBR 中，$21\sim23℃$ 时无法维持稳定的短程硝化，而 $31\sim33℃$ 时系统短程硝化稳定性恢复。在实际运行过程中，通过控制温度维持短程硝化并不可行，更多考虑的是温度对系统稳定性的影响。例如通过控制最小污泥停留时间（SRT），必须考虑温度的影响，虽然温度高于 $15℃$ 时，AOB 生长速率开始超过 NOB，但低温条件下（$10\sim20℃$）硝化细菌生长较慢，建议超过 $25℃$ 才可通过控制 SRT 淘洗掉 NOB 实现短程硝化[19]。虽然如此，很多研究人员依然可通过其他控制途径在中低温条件下实现短程硝化。Reino 等采用短程硝化好氧颗粒污泥，在 $10℃$ 条件下稳定运行了 250d。郑雅楠等[20] 采用实时控制好氧曝气时间，在 $13℃$ 时依然维持 NO_2^--N 积累率（NAR）在 90% 以上。研究季节性温度尤其是低温条件下短程硝化的稳定性，对其在实际工程中的广泛应用有积极意义。赵昕燕等[21] 在水温为 $-3.3\sim30.3℃$ 时，通过合理控制 HRT 基本维持 NAR 在 90% 左右，实现短程硝化的稳定运行。

（5）控制 pH 值

pH 值对硝化细菌的活性影响有三个方面[22]：①pH 值影响生物体内酶的活性，酶一般为大分子蛋白质，而蛋白质的性质与溶液 pH 值密切相关。Quinlan 等认为 H^+ 与 HO^- 会与硝化细菌中酶的弱碱性基团结合，堵塞活性位点，降低酶活性，但这一过程是可逆的[23]。②pH 值影响污水碱度与碳源形式，硝化细菌需要无机碳源合成细胞物质，pH 值较低时水中无机碳以 CO_2 形式为主，易被吹脱；而 pH 值较高时，以碳酸盐类存在，较难被硝化细菌吸收。③pH 值影响污水中 FA 与 FNA 浓度，pH 值越高水中 FA 浓度越高，而 FNA 浓度越低。在 pH 值较低（<7.5）条件下，FNA 对 NOB 的抑制作用显著[24]。Li 等[25] 在高碱度条件下（pH 值高达 9.2）实现了 NO_2^--N 积累。王淑莹等[26] 通过将 pH 值从 7.5 调至 $7.7\sim8.0$，快速实现了短程硝化。进水一般认为，pH 值在 $7.5\sim8.5$ 范围内有利于实现 NO_2^--N 积累。

（6）实时控制技术

实时控制技术将自动控制应用于短程硝化中，主要根据系统内控制参数突变点的出现时间，实时改变其控制条件的方法。因受传感器灵敏度的限制，目前主要采用基于 pH 值、ORP 与 DO 等间接参数传感器的时实控制。其主要优点是精确高效地为短程硝化提供有利的外部环境，可及时判断氨氧化终点，防止过度曝气的破坏。通过实时控制技术可在中试甚至实际运行规模中实现短程硝化的稳定运行[27,28]，此外，实时控制技术可实现污水厂的自动化运行，大大节约管理成本。但这一技术对传感器的要求较高，在某些情况下 DO 与 ORP 的突变点并不明显，限制了这一技术的推广。

（7）低强度超声波辐照

低强度超声波辐照实现短程硝化是近年来新发现的有效措施之一。适当能量的超声波（$90kJ/g\ VSS$）可促进 AOB 生长并抑制 NOB 增殖，以形成稳定的污泥菌群结构[5]，实现短程硝化的快速启动并易于维持短程硝化的稳定性[27]。超声波辐照技术实现短程硝化时快速高效，加之其控制灵活的特点，为短程硝化的稳定运行提供了新思路。唐欣等[16] 发现超声波能量为 $41.9kJ/g\ VSS$ 时短程硝化污泥的氨氧化速率得到显著提高。然而也有研究认为超声波可同时促进 AOB 与 NOB 的活性[24,25]，这可能是由于 Xie 等[2] 并未以 AOB 与 NOB 活性为评价指标进行参数优化，所采用的超声参数不能抑制 NOB 活性。超声参数因操作环境、研究对象和目的而异，确定合适的超声参数是该技术行之有效的关键。目前超声波在短程硝化中的应用报道较少，适用于不同系统的超声参数及其抑制 NOB 活性的机理有待进一步研究。

由于每种方法均存在弊端，多种控制方法联用可互补短缺，有利于短程硝化的长期稳定。Li 等[29] 在低 DO（<0.2mg/L）条件下，采用交替缺氧（厌氧）/好氧运行方式，处理高 NH_4^+-N（300mg/L）废水，在中低温环境中，实现了 AOB 的富集，且停止运行 47d 后，可快速恢复短程硝化状态。

4.4.2　超声参数对短程硝化的影响

在超声波生物强化中，确定合适的超声参数是保证实现强化目的的前提。但超声波设备、污泥种类及特性与操作条件均会影响最佳超声参数的大小，因此在超声波生物强化技术中，往往应首先进行参数优化试验。

在声化学领域，功率、频率与辐照时间是重要的声参数。生物强化研究中，基本采用低频率（20~40kHz）超声波，选择超声波频率为 20kHz，其中超声波辐照时间对短程硝化影响较大。Zheng 等[4] 采用超声波辐照技术（声能密度 0.27W/mL，辐照时间 2h）成功实现了短程硝化，其中延长超声波辐照时间对促进短程硝化的实现起关键作用，但超声波直接辐照反应器中所有泥水混合物（MLVSS 约为 1~2g/L），强化微生物活性效率较低，取浓缩污泥进行超声波处理可降低能量损失。

（1）超声声能密度对短程硝化的影响

超声波辐照的声能密度对污泥强化效果影响显著，不同性质的污泥其超声波辐照最佳声能密度变化较大。本试验通过小试筛选声能密度为 0.05~0.4W/mL，超声时间为 10min。不同声能密度下的各组出水 NH_4^+-N、NO_2^--N 与 NO_3^--N 浓度、NAR 及运行期间水温变化如图 4-9 所示。

由图 4-9 可知，运行期间，出水 NH_4^+-N 浓度波动较大，这主要是由气温变化引起。第 8~10d 水温骤减 6℃，降至 20℃以下，微生物代谢速率减慢，出水 NH_4^+-N 浓度迅速升高，产生的 NO_2^--N 与 NO_3^--N 浓度均随之降低。为获得稳定的数据，在运行期间应控制合适的温度。

NAR 表示硝化产物中 NO_2^--N 的占比，NAR 越高则 NO_3^--N 浓度越低，NOB 代谢被抑制越严重，短程硝化现象越明显。此外，NH_4^+-N 氧化量过小时无法准确反映硝化反应进程，NAR 在 NH_4^+-N 去除率过低时并不准确。相比对照组，污泥经不同声能密度辐照后出水 NO_2^--N 浓度升高（第 8d 除外），同时 NO_3^--N 浓度有所降低，在第 5d 此现象尤为明显，同时 NAR 的变化情况也反映了这一规律，各超声组的 NAR 基本高于对照组。说明超声波辐照有利于抑制 NOB 活性，使得 NO_2^--N 不能及时转换为 NO_3^--N，促进 NO_2^--N 积累，有利于促进短程硝化。

为探讨超声声能密度对生物硝化过程中氮素转化的影响，图 4-10 给出各 SBR 运行期间，出水平均 NAR 随超声声能密度的变化情况。

由图 4-10 可知，超声声能密度对短程硝化影响显著。在 0.05W/mL 时，NAR 由未超声时的 65.5% 提高至 80.8%，比对照组提高近 23.4%；声能密度提高至 0.1W/mL 时，NAR 略微下降至 77.9%；随后在 0.1~0.3W/mL，随着声能密度的增加，NAR 逐渐提高；在 0.3~0.4W/mL，NAR 趋于平稳，在 0.4W/mL 时达到最大，为 85.5%，相对对

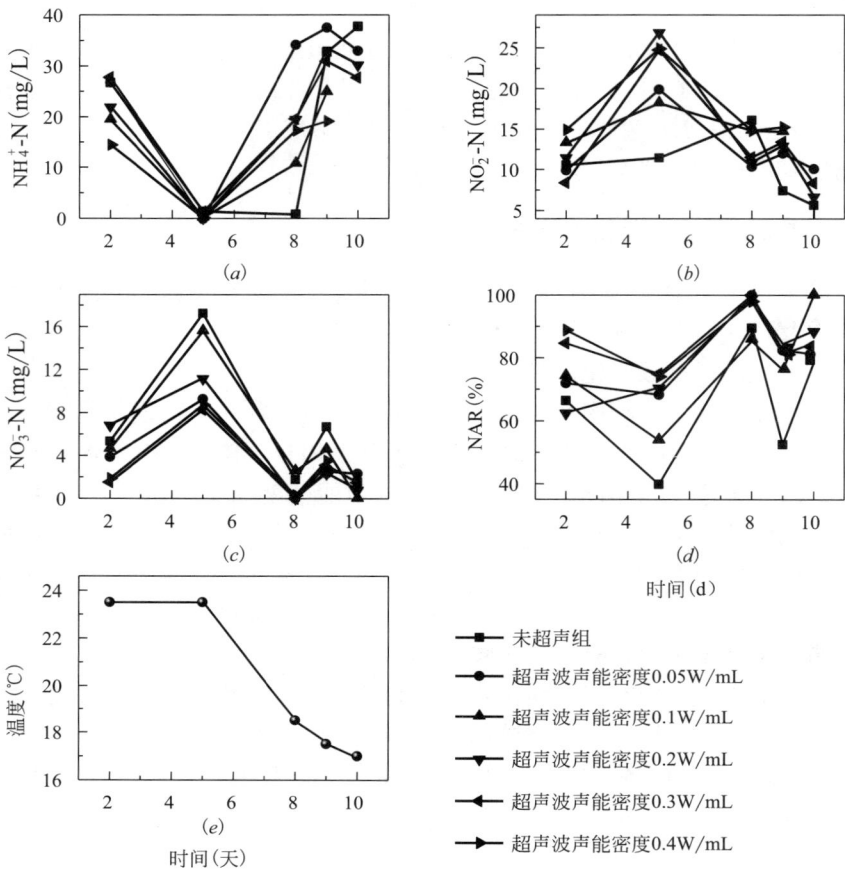

图 4-9　各 SBR 运行情况

（a）出水 NH_4^+-N 浓度；（b）出水 NO_2^--N 浓度；（c）出水 NO_3^--N 浓度；
（d）NO_2^--N 积累率（NAR）随运行时间的变化；（e）出水温度变化

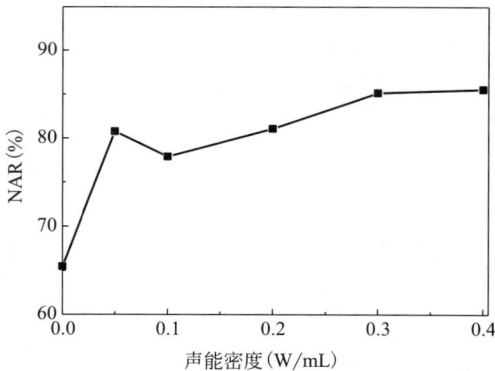

图 4-10　NAR 随超声声能密度的变化

照组提高 30.6%，但比 0.1W/mL 时仅提高 9.7%。经超声波处理后污泥短程硝化水平有着较大的提高，但随着超声声能密度的增长，NAR 变化较平缓。超声波辐照对于 NOB 的抑制出现了声饱和现象，这可能是因为，NOB 对超声波刺激较为敏感，经较低的声能密度辐照后，活性便受到抑制，继续提高功率对其抑制作用提高不大。

超声声能密度为 0.4W/mL 时，促进短程硝化效果最好，但与 0.05W/mL 时的差值仅为 4.7%，但能耗增加 7 倍。综上，选择合适的超声声能密度为 0.05W/mL。

（2）超声波辐照时间对短程硝化的影响

固定声能密度为 0.05W/mL，考察了不同超声波辐照时间下的氮素转化、污泥中 AOB 与 NOB 活性、污泥生长及沉降性能的变化情况，以探究超声波辐照时间对系统短程硝化的影响规律并得到合适的超声波辐照时间。

1）各 SBR 运行情况

AOB 的氧半饱和速率常数（0.2～0.4mg/L）比 NOB 的（1.2～1.5mg/L）更低，较低 DO 状态有利于 NO_2^--N 积累，而高 DO 环境不利于实现短程硝化。为确定较稳定的超声波辐照时间，试验控制各个 SBR 的曝气量为 80～100L/（h·L），维持好氧段较高的 DO 浓度（开始前曝气约 30min 后，处于 3～7mg/L）。在此条件下，各 SBR 出水 NH_4^+-N 浓度基本小于 0.5mg/L，但各组出水 NO_2^--N 与 NO_3^--N 浓度明显不同。开始超声波处理第 1d，各组 NAR 基本处于 42.4%～64.4%，9d 之后，各组 SBR 出水氮素转化情况基本稳定，结果如图 4-11 所示。

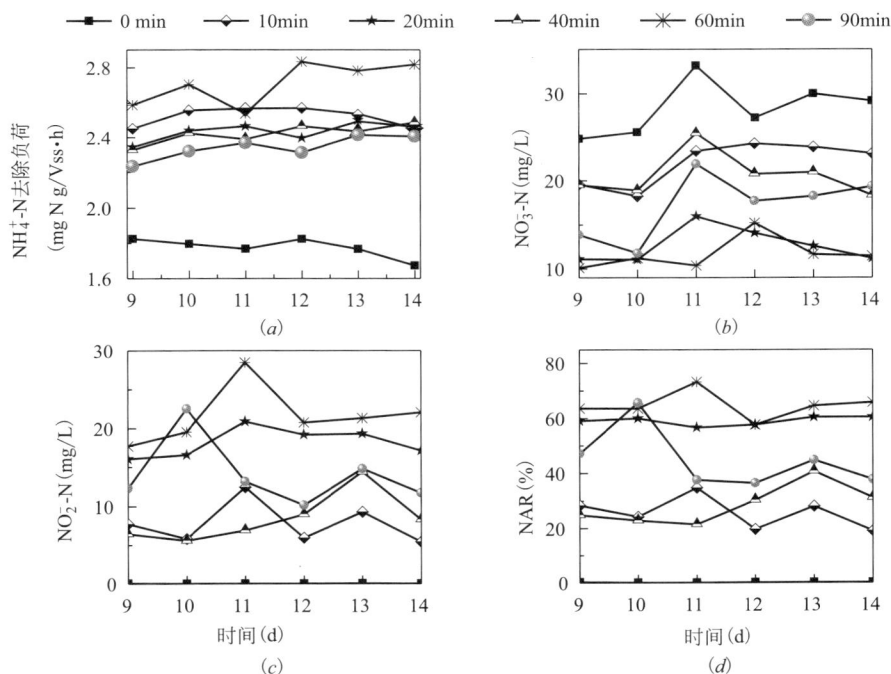

图 4-11　运行稳定期间各 SBR

（a）NH_4^+-N 去除负荷；（b）出水 NO_3^--N 浓度；
（c）出水 NO_2^--N 浓度；（d）NO_2^--N 积累率（NAR）变化

由图 4-11（a）可知，运行稳定期间，不同辐照时间的 SBR 中 NH_4^+-N 平均去除负荷相差不大，基本处于 2.2～2.8mg N/（g VSS·h）之间，而对照组 NH_4^+-N 平均去除负荷较低，为 1.7～1.8mg N/（g VSS·h）。说明在 DO 充足的条件下，超声波辐照可提高污泥的 NH_4^+-N 去除能力。结合图 4-11（b）、（c）可知，9～14d 对照组出水 NO_2^--N 浓度最低（<0.1mg/L），而 NO_3^--N 浓度最高（>24.7mg/L），处于全程硝化状态。而各超声

组的 NO_2^--N 均高于 5mg/L，有 NO_2^--N 积累。说明在此条件下，超声波辐照有利于促进全程硝化向短程硝化转变。

一般认为，NAR 高于 50％且稳定产生较高浓度的 NO_2^--N 时，即实现了短程硝化。由图 4-11（d）可知，超声波辐照时间对系统 NAR 影响显著。对于各超声组，超声波辐照时间为 10min、40min 与 90min 的 SBR，出水 NAR 基本低于 50％。而 20min 与 60min 的均维持在 50％以上，最高分别可达 60.6％与 73.2％。高大文[30] 等发现过度曝气会使 NAR 在 12d 内从 96％降为 39.3％，在较高浓度的 NO_2^--N 与 DO 条件下 NOB 很快恢复活性，破坏了短程硝化状态。而在本试验中，超声波辐照时间为 20min 与 60min 的 SBR 中，在高 DO 条件下仍可实现短程硝化，说明合适参数的超声波是抑制 NOB 活性的有效措施。

Zheng 等[4] 认为超声波处理提高反应器中温度与 pH 值，为短程硝化提供适宜的环境。本试验中超声波处理与反应器运行分开进行，且出水取自超声波处理后第二个运行周期。超声波辐照过程中产生的加速物质传递与升温等作用，虽可促进细胞活性，但持续时间较短，对生物反应器影响甚微。有研究表明，超声波辐照污泥后，其强化作用具有持续性，这种持续效应在促进短程硝化过程的中起主要作用。

2）不同辐照时间下的氮素转化性能

为探讨超声波辐照时间对生物硝化过程中氮素转化的影响，图 4-12 给出各 SBR 运行稳定期间（9～14d），出水 NO_2^--N、NO_3^--N 浓度与 NAR 随超声波辐照时间的变化情况。

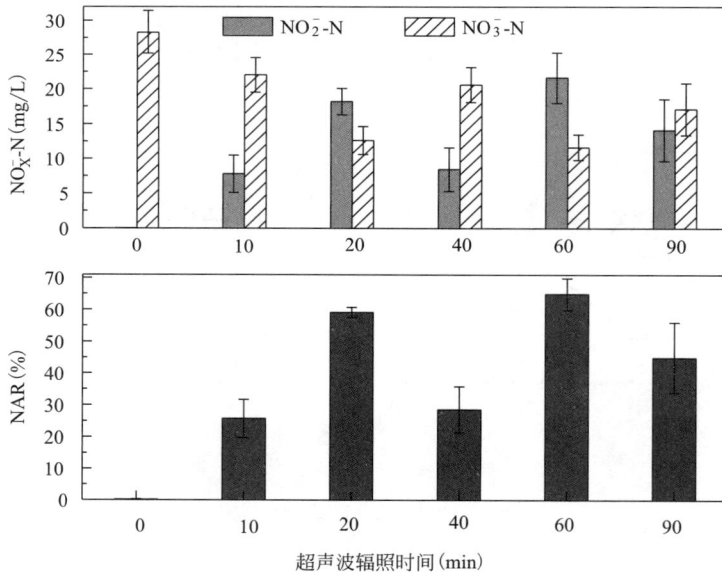

图 4-12　不同超声波辐照时间下的氮素转化性能

（对照组 NO_2^--N 浓度为 0.04±0.01mg/L，NAR 为 0.15％±0.06％）

由图 4-12 可知，在 0～20min，NAR 随超声波辐照时间的延长逐渐升高，在 20min 时 NO_2^--N 浓度升高至 18.7mg/L，而 NO_3^--N 降低至 12.7mg/L，此时 NAR 达到 59.1％。在 40min 处，随着 NO_2^--N 的降低与 NO_3^--N 的升高，NAR 降至 28.6％；超声波辐照时间延长至 60min 时，NO_2^--N 与 NO_3^--N 浓度分别为 21.7mg/L 与 11.7mg/L，NAR 达到

最大，为 64.9%。随着超声波辐照时间的继续延长，至 90min 时 NAR 再次下降。生物硝化过程由两步连续的生化反应组成，AOB 与 NOB 的代谢活性是决定硝化类型的关键因素。超声波辐照时间会改变 AOB 与 NOB 活性。不同辐照时间下 NAR 的变化可能与相应的 AOB 与 NOB 活性变化有关。此外，相比 60min 组，超声波辐照时间为 20min 时 NAR 仅降低 5.8%，$NO_2^- $-N 积累处于同一水平。然而，辐照时间为 20min 组可节约近 60% 的能耗。因此推选促进短程硝化合适的超声波辐照时间为 20min，此时超声波比能量约为 23J/mg VSS。相比 Zheng 等[4] 的研究结果（比能量约为 130J/mg VSS，MLVSS 取 1500mg/L 计算），节约了近 82% 的能耗。尽管存在操作条件与超声波装置等的差异，但也可知采用超声波辐照浓缩污泥的处理方式，比辐照全部反应器中泥水混合物大大节约了能耗。

　　3）不同辐照时间下的污泥活性

　　$SOUR_{AOB}$ 和 $SOUR_{NOB}$ 是 AOB 与 NOB 的比耗氧速率，与相应的底物氧化速率有很好的相关性，可用来反应污泥中 AOB、NOB 的活性（数量或代谢强度）。在反应器运行稳定期间取各 SBR 中的污泥，测得 $SOUR_{AOB}$ 和 $SOUR_{NOB}$。计算不同超声波辐照时间下 $SOUR_{AOB}$ 和 $SOUR_{NOB}$ 相对于对照组的增长率，结果如图 4-13 所示。

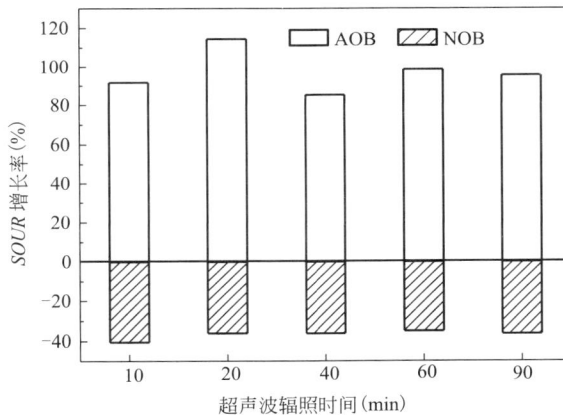

图 4-13　不同超声波辐照时间下 $SOUR_{AOB}$ 与 $SOUR_{NOB}$ 相比对照组的增长率

　　由图 4-13 可知，相比对照组，经超声波处理的污泥 $SOUR_{AOB}$ 均有所提高，而 $SOUR_{NOB}$ 均有所下降，这说明超声波辐照可促进 AOB 活性并抑制 NOB 活性。Lin 等[31] 认为超声波对微生物产生损伤效应，微小伤口会激发细胞的防御机制，加快其代谢速率，如果伤口过多会导致微生物死亡。不同种类的微生物对超声波刺激的耐受性不同。NOB 可能对超声波刺激的耐受性更弱，经超声波辐照后，活性受到抑制。而 AOB 经相同条件的超声波辐照后代谢加快，活性提高。适当能量的超声波可加速细胞内外传质、增强细胞通透性、提高酶活性并加速细胞生长。AMO（氨单加氧酶）是 AOB 中 NH_3 氧化的关键酶，唐欣等[32] 的研究表明适当能量的超声波处理可增强 AMO 的活性。低强度超声波可选择性的抑制 NOB 活性，有利于实现短程硝化。

　　图 4-13 表明超声波提高 AOB 活性，存在一个最佳的辐照时间。在本试验条件下，$SOUR_{AOB}$ 在 20min 时达到最大值 [8.06mgO₂/(gVSS·h)]，相比对照组提高 114%。超过 20min 时超声波对 AOB 的伤害加大，强化作用减弱。然而，在超声波辐照时间为

60min 时，$SOUR_{AOB}$ 再次提高。当超声波辐照时间继续延长至 90min 时，AOB 因过长时间的超声波辐照活性降低，$SOUR_{AOB}$ 下降。辐照时间为 10～90min 的污泥 $SOUR_{NOB}$ 基本处于 4.7～5.2mgO$_2$／（g VSS·h）之间，NOB 活性受辐照时间的影响较小。可能是在测量活性之前，污泥经多次（≥9 次）超声波处理，期间 NOB 生长受到抑制，活性均处于较低水平，此时不同辐照时间下的 NOB 活性差距并不明显。AOB 活性越高 NOB 活性越低越有利于 NO$_2^-$-N 的积累。$SOUR_{AOB}$ 与 $SOUR_{NOB}$ 的差值在超声波辐照时间为 20min 时达到最大，为 3.0mg O$_2$／（g VSS·h），在 40min 时降低为 1.9mg O$_2$／（g MLVSS·h），至 60min 时又上升为 2.3mg O$_2$／（g VSS·h）。这与图 4-12 中 NAR 随超声波辐照时间的变化趋势基本一致。

此外，采用同样的超声波处理方式，在强化污泥整体活性时，确定合适的声能密度与辐照时间分别为 0.2W/mL 与 12min[33]。为了促进短程硝化，推选 0.05W/mL 与 20min 为最佳声能密度与辐照时间。说明不同的强化目的所得的超声参数差异较大。因此针对不同强化目的，开展相应的超声参数优化研究很有必要。

4）超声波辐照时间对污泥 EPS 的影响

蛋白质、多糖与 DNA 是细菌胞外聚合物（EPS）的主要成分。在运行第 14d 取污泥，对其 EPS 组分含量进行测量，结果如图 4-14 所示。

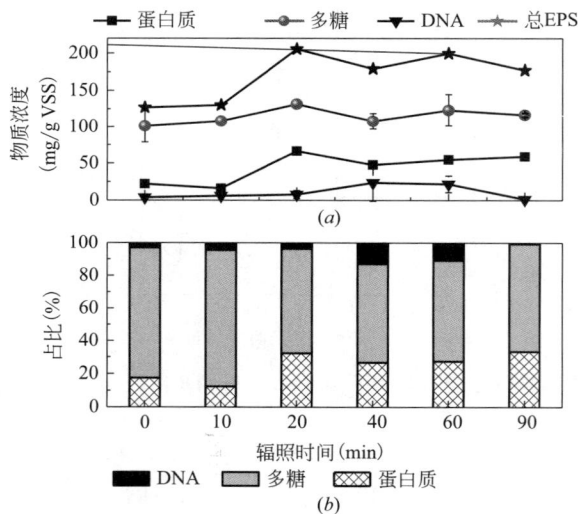

图 4-14 不同辐照时间下的 EPS 组分浓度与占比
（a）EPS 组分浓度；（b）占比

由图 4-14（a）可知，随着辐照时间的延长，总 EPS、蛋白质、多糖与 DNA 浓度呈先增后减的变化趋势。超声波辐照污泥时会分散污泥絮体并破坏细胞壁与细胞膜，胞内物质流出使得 EPS 的分泌量增加。但随着辐照时间的延长，自由基的分解作用使污泥的 EPS 含量逐渐降低[34]。从图 4-14（b）可得，EPS 中各组分占比受超声波辐照时间的影响较大。20～90min 组的蛋白质占比在 26.6%～33.2%之间，明显高于对照组（17.4%）与 10min 组，说明适当延长超声波辐照时间可提高 EPS 中蛋白质占比。辐照时间 40min 之前 DNA 占比在 3.0%～4.6%之间，40min 后 DNA 占比突然增加至 13.1%。微生物细胞膜被破坏，DNA 大量流出，此时超声波已产生明显的溶胞效应。EPS 中 DNA 含量随辐照时间的变化表明，超声波溶胞效应的产生存在一个阈值，在本试验中为 40min。在曝气过程中，污泥中细菌被裂解后易造成生物泡沫，且沉淀后出水上清液浑浊，过长的辐照时间不利于系统稳定运行。

5）超声波辐照时间对污泥生长的影响

各 SBR 反应器在运行期间未排泥（除每次测 MLSS 取泥 100 mL 以外），MLVSS 变化可反应污泥生长情况。在开始超声波处理第 2d 与第 14d 对每个反应器的 MLSS 与 MLVSS 进行的测量，所得 MLVSS 结果如图 4-15 所示，其中 MLVSS/MLSS 为 0.64 ± 0.03。

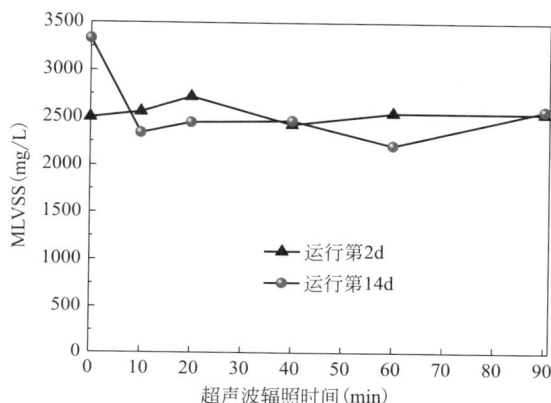

图 4-15　运行初末期不同辐照时间下 SBR 中 MLVSS 变化

由图 4-15 可知，运行初期（第 2d），各 SBR 的 MLVSS 基本处于同一水平（2400～2700mg/L）。运行结束时（第 14d）对照组 SBR 中 MLVSS 明显增加（3330mg/L），而各超声组 MLVSS 等于甚至低于运行初期水平，比对照组减少 29.1%～50.1% 的污泥产量。说明超声波辐照可有效实现污泥减量。在更低的输入能量下比 Zheng 等[4] 的污泥减量效果（24.8%～36.9%）更好。这可能是与本试验中初始污泥浓度相对较高有关。

6）超声波辐照时间对污泥沉降性的影响

污泥容积指数（SVI）可用来表示污泥的沉降性能，与污泥密度、絮凝能力等性质有关。图 4-16 给出了污泥在稳定运行期间的 SVI 随超声波辐照时间的变化情况。

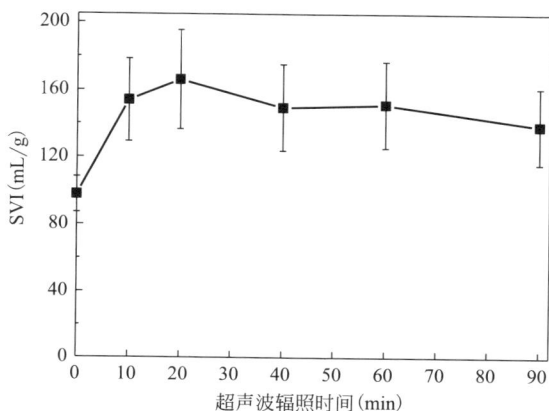

图 4-16　不同超声波辐照时间下的 SVI

由图 4-16 显示，经过超声波处理的污泥 SVI 明显大于对照组，且显微镜观察并未发现大量丝状菌，说明 SVI 升高并非丝状菌膨胀引起。这可能是因为低强度超声波辐照会使污泥结构松散，引起污泥沉降性能变差。从图 4-16 还可以看出，SVI 随辐照时间变化不明显，说明污泥沉降性受超声波辐照时间运行较小。

4.4.3　超声波处理方式对短程硝化的影响

（1）辐照污泥比例对短程硝化的影响

超声波强化污泥活性以损伤效应为主要作用机制，目前主要以强化污泥整体活性为目的展开研究，所得合适的辐照污泥比例基本为 7%～15%。据报道，辐照污泥比例高于 30% 反而使 SBR 的处理效果下降。因此确定合适的辐照污泥比例既可保证超声波强化效果，又可兼顾节能降耗。目前超声波应用于短程硝化的辐照污泥比例优化尚未见报道，由于污泥中硝化细菌数量占比较小，超声波空化泡振动破裂过程中，对硝化细菌的作用概率低。通过预试验发现，在辐照污泥比例较小（5%～20%）的范围内，并未出现明显的 NO_2^--N 积累现象。选择选择探究辐照污泥比例为 40%～100% 时，SBR 的运行情况。

1) 超声波辐照污泥比例对氮元素转化的影响

完成污泥驯化后，开始进行超声波辐照，连续运行 38d。第 1～28d 控制较低 DO 运行（曝气阶段平均 DO 为 0.8mg/L），待各个 SBR 均实现短程硝化后（NAR 稳定并高于 50%），通过增加曝气量（曝气阶段平均 DO 为 4.7mg/L）运行 10d，考察 SBR 短程硝化的稳定性及污泥的 NH_4^+-N 去除负荷。将运行稳定期间（第 32～36d）的数据整理，结果如图 4-17 所示。

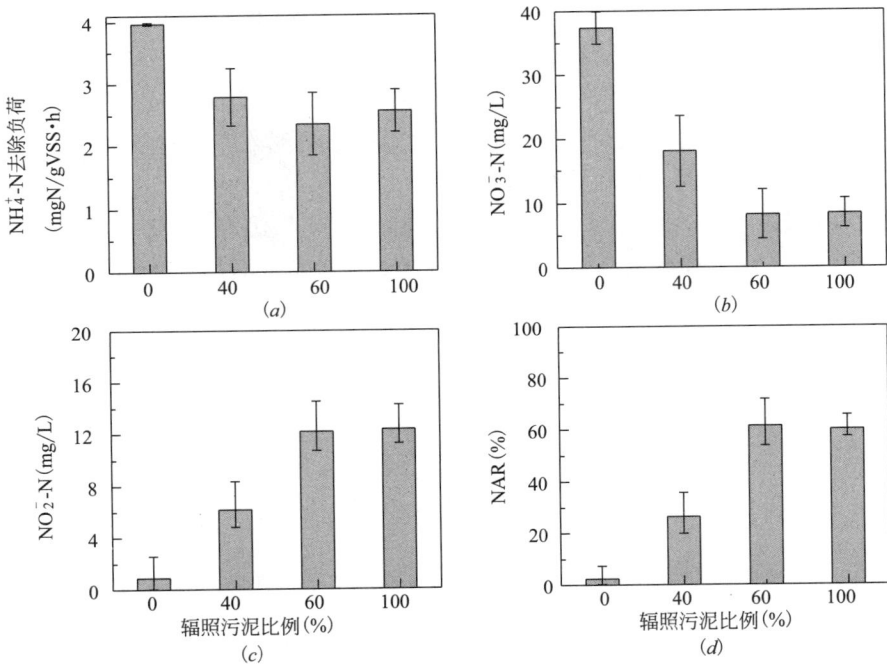

图 4-17　不同辐照污泥比例

（a）NH_4^+-N 去除负荷；（b）出水 NO_3^--N 浓度；（c）出水 NO_2^--N 浓度；（d）NO_2^--N 积累率（NAR）变化

由图 4-17（d）可知，超声波辐照比例为 60% 与 100% 的 SBR 出水 NAR 分别为 61.3% 与 60.0%，可较好地维持短程硝化状态，而 40% 的 SBR 出水 NAR 仅为 26.4%，虽有 NO_2^--N 积累，但已失去了短程硝化状态。由此可得，将超声波应用于维持短程硝化时，辐照污泥比例为 60%~100% 效果较好。

NH_4^+-N 去除负荷可表示污泥去除 NH_4^+-N 的能力。由图 4-17（a）可知，经超声波辐照过的 SBR 中，NH_4^+-N 去除负荷均低于对照组。结合图 4-17（c），辐照污泥比例为 0%、40%、60% 与 100% 的 SBR 中，NO_2^--N 浓度分别为 0.9mg/L、6.2mg/L、12.2mg/L、12.3mg/L。由此推测 NH_4^+-N 去除负荷较低，可能与 NO_2^--N 对氨氧化速率产生产物抑制现象有关。为证实这一推测，我们考察了 NO_2^--N 浓度对氨氧化速率的影响。结果表明，加入 8.3mg/L 的 NO_2^--N 后，氨氧化速率由 0.39mg/（L·min）降低至为 0.21mg/（L·min），减小了近 46.3%。

2）超声波辐照污泥比例对 AOB 与 NOB 活性的影响

在开始超声波处理后第 38d，取各个 SBR 中的污泥测量其 AOB 与 NOB 活性，结果如图 4-18 所示。

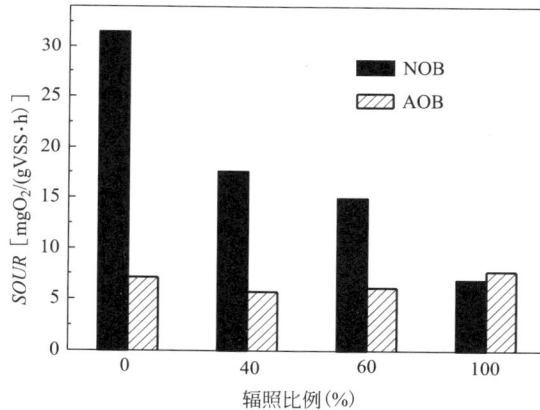

图 4-18　不同超声波辐照污泥比例下的 AOB 与 NOB 活性

由图 4-18 可知，$SOUR_{NOB}$ 随着超声波辐照污泥比例的增加而显著降低，辐照比例为 100% 时，$SOUR_{NOB}$ 仅为对照组的 21.7%，此时对 NOB 的抑制效果最好，辐照比例为 40% 与 60% 的 $SOUR_{NOB}$ 分别占对照组的 55.7% 与 47.4%。$SOUR_{AOB}$ 随超声波辐照污泥比例的变化较小，其中 100% 的 $SOUR_{AOB}$ 略高于对照组。由此可得，超声波辐照污泥比例对 NOB 活性影响显著，超声波对 NOB 的抑制程度随辐照污泥比例的增长而变强。超声波辐照污泥比例越高，细菌受到超声波的作用次数越多，NOB 也更易被抑制。而 AOB 活性受超声波辐照污泥比例影响较小。

3）辐照污泥比例对污泥沉降性的影响

超声波辐照期间（38d），各辐照污泥比例的 SBR 中污泥 SVI 变化如图 4-19 所示。

由图 4-19 可知，超声波辐照污泥比例为 40% 与 60% 的 SBR 中，SVI 分别为 167g/mL 与 164g/mL，SVI 与辐照污泥比例的变化并非正比关系。而辐照污泥比例为 100% 的为 182g/mL，略高于 40% 与 60%。说明取部分污泥进行超声波辐照可适当降低 SVI，改善

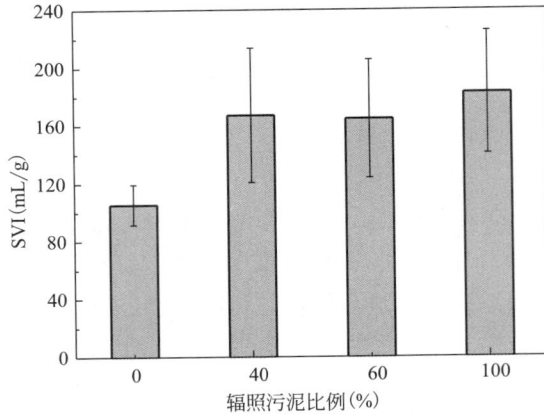

图 4-19　不同辐照污泥比例对污泥 SVI 的影响

污泥沉降性能。

　　4）辐照污泥比例对污泥形态变化的影响

　　开始超声辐照后第 7d，取不同辐照污泥比例下的污泥进行镜检，结果如图 4-20 所示。

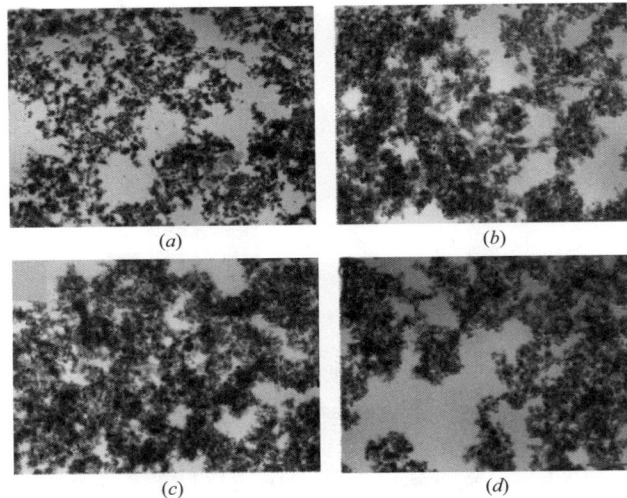

图 4-20　显微镜镜检照片（比例尺均为 500μm）

（a）对照组；（b）污泥辐照比例 40%；（c）污泥辐照比例 60%；（d）污泥辐照比例 100% 组

　　由图 4-20 可知，对照组菌胶团呈现中心向四周由密变疏的细菌分布特征，且照片中有较多的深色区域。但随着污泥辐照比例的提高，污泥菌胶团之间边界逐渐模糊，深色区域数量逐渐减少。说明随着辐照污泥比例的提高，菌胶团结构越来越松散。超声波辐照污泥过程中，空化作用打碎污泥絮体，使污泥粒径变小，超声波辐照结束后污泥会在反应器运行过程中发生再絮凝，粒径增大，但远低于超声波处理之前。超声波处理后污泥絮凝能力下降使得污泥结构松散。从微观角度，菌胶团结构松散，阻力减少有利于加速物质传递，在一定程度上促进了微生物的代谢。

　　5）培养过程中污泥生物相的变化

　　种泥取自污水厂，污泥中有丰富的后生动物，有钟虫、线虫与轮虫等。但随着培养时间的延长，无论超声组还是对照组后生动物均逐渐减少，在后期已经观察不到后生动物。由图 4-21 可知，培养第 17d，在污泥中观察到了钟虫，且积极进食运动活跃，但在 38d 时可看到明显的钟虫残体。后生动物捕食可提高自养菌的衰减系数[65]，本试验中后生动物的减少有利于硝化细菌的生长。

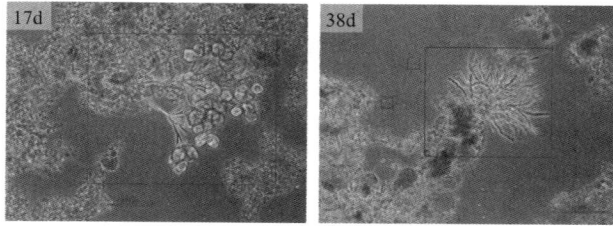

图 4-21　污泥显微镜照片

综上，可得超声波辐照污泥比例为 60% 与 100% 的 SBR 中，在提高 DO 后，短程硝化稳定性依然较好，但一方面 60% 组的 NH_4^+-N 去除负荷为 2.3mg N/（g VSS·h），低于 100% 组 ［2.6mg N/（g VSS·h）］，辐照污泥比例为 100% 组的污泥 NH_4^+-N 氧化能力更好；另一方面通过 AOB 与 NOB 活性变化可得辐照污泥比例为 100% 组的对 NOB 活性的抑制效果更好。为保证超声波维持短程硝化的稳定性，确定辐照污泥比例为 100%。

（2）曝气超声波处理对短程硝化的影响

由以上分析可知，超声波对 NOB 的有效抑制主要以破坏杀菌机制为主。而超声波处理污泥的同时，对污泥进行曝气会强化超声空化效应，有助于提高对 NOB 的抑制效果，维持短程硝化的稳定运行。

SBR 运行 14d，运行期间水温为 25～28℃，氮素转化如图 4-22 所示。

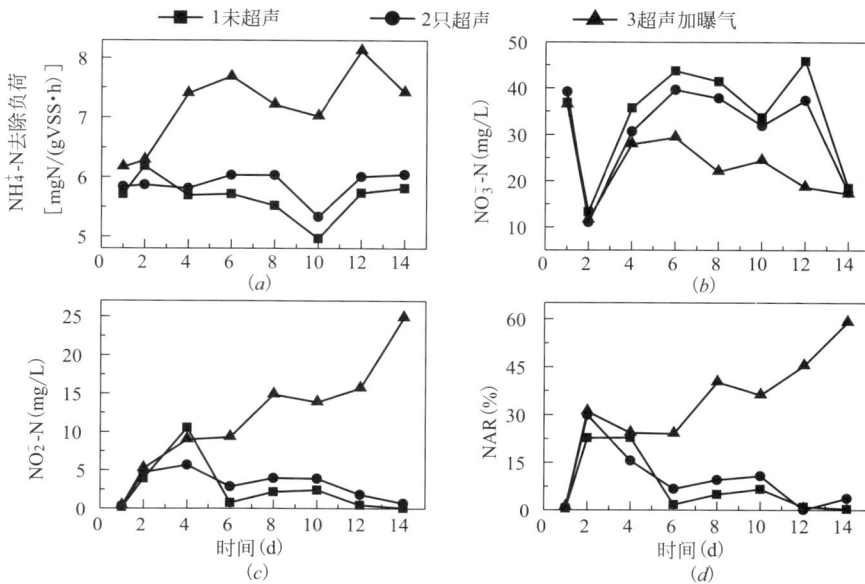

图 4-22　不同超声波辐照方式

（a）NH_4^+-N 去除负荷；（b）出水 NO_3^--N 浓度；（c）出水 NO_2^--N 浓度；（d）NO_2^--N 积累率（NAR）随时间变化

由图 4-22（a）可知，运行期间 1 号 SBR 中 NH_4^+-N 去除负荷最低，2 号 SBR 略高于 1 号，3 号 SBR 比 1 号与 2 号分别提高了 22.8% 与 18.6%。这主要是因为 1 号与 2 号 SBR 中的 MLSS 随运行时间均略有增加，而 3 号 SBR 由于超声波破解严重，使得 MLSS 不断减少，但其对 NH_4^+-N 氧化能力反而增强。

由图 4-22（d）可知，随着运行时间的延长，1 号与 2 号 SBR 中 NAR 基本处于同一水平，说明温度升高后，污泥活性增强，在较低温度（18～23℃）条件下得出的超声参数（0.05W/mL，20min），在温度较高的条件下已无法实现短程硝化。而 3 号 SBR 的 NAR 随时间不断升高，说明超声加曝气的方式可以增强超声波的处理效果，有效抑制 NOB 活性，促进短程硝化。

4.5 超声波维持 SBR 短程硝化稳定运行研究

4.5.1 SBR 运行方式对超声波维持短程硝化稳定性的影响

运行方式不仅会影响污泥菌群结构，还会改变污泥特性，同种细菌在不同运行条件下的动力学与化学计量学特性可能不同[36]。短程硝化的实现与维护过程中，合适的 DO 浓度是系统正常运行的关键因素。曝气方式与曝气量是决定 SBR 中 DO 时间分布与浓度的主要可控条件。污水处理工艺中的曝气方式有连续曝气与间歇曝气。大量研究证明间歇曝气方式更有利于短程硝化的实现与维持，且交替缺氧（厌氧）/好氧运行是实现短程硝化的有效措施之一，采用低强度超声波辐照技术与缺氧（厌氧）/好氧交替联合控制，更有利于维持短程硝化的稳定性。试验在长时间运行过程中，研究曝气/搅拌时间比及曝气量对超声波强化 SBR 短程硝化稳定性的影响，并确定超声波维持短程硝化的最高曝气量。

（1）间歇曝气方式对超声波维持 SBR 短程硝化的影响

1）不同间歇曝气方式下 SBR 运行情况

污染物去除负荷，可表示污泥中对各种污染物的去除能力。为确定合适的运行方式，在 SBR 中，采用四种间歇曝气运行方式。考察连续运行期间，超声组与对照组的氮元素转化及 COD 去除负荷变化，结果如图 4-23 所示。

① 间歇曝气方式对 COD 去除的影响

运行期间，两个 SBR 出水 COD 均小于 50mg/L，满足《城镇污水处理厂污染物排放标准》（GB 18918—2002）中一级 A 排放标准。由图 4-23（e）可知，在各个间歇曝气方式下，对照组的 COD 负荷基本未高于超声组，表明超声波辐照有利于提高系统的 COD 去除能力。表 4-1 为各曝气方式下超声组与对照组的 MLVSS 变化情况。结合表 4-1 可知，经超声波处理后的污泥生长速率明显低于对照组，超声波辐照有实现污泥减量的效果。由此，超声波提高 COD 负荷可能是因为，异养菌受到超声波刺激后产生损伤，为修复微小伤口，细胞代谢加快，对底物的吸收量增加，使得超声波处理后污泥 COD 负荷较高，同时污泥产率减少，出现了解偶联代谢的现象。

1～7d 为污泥适应阶段，7d 后超声组 COD 去除负荷明显高于对照组。改为曝气方式 Ⅱ 运行时，由于超声组新加入了未经超声波处理过的污泥，而其难以适应环境的改变，活

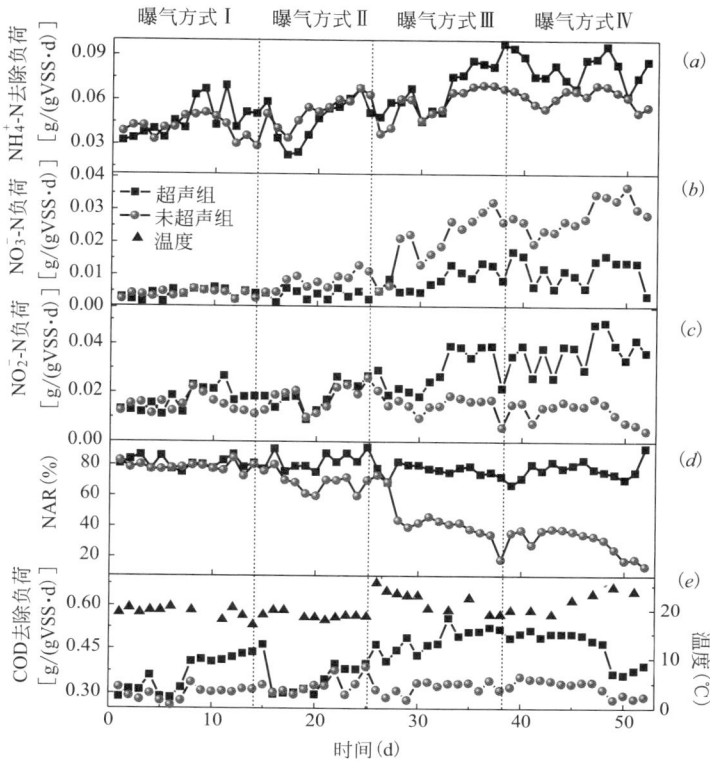

图 4-23　各间歇曝气方式下的出水中氮元素及 COD 负荷变化

（a）NH_4^+-N 去除负荷；（b）NO_3^--N 负荷；（c）NO_2^--N 负荷；

（d）NO_2^--N 积累率（NAR）；（e）COD 去除负荷随时间变化

各曝气方式下超声组与对照组的 MLVSS 变化　　　　　　　　　　表 4-1

间歇曝气方式	MLVSS(mg/L)	
	超声	未超声
Ⅰ（15d）	2558.53±407.82	2994±116.1
Ⅱ（11d）	2380±393.09	2605±208.11
Ⅲ（14d）	1823.33±132.04	2736.67±220.53
Ⅳ（12d）	2003.33±295.69	2813.33±230.72

性较低使得超声组 COD 去除负荷降低。曝气方式Ⅲ与Ⅳ条件下，超声组 COD 去除负荷也高于对照组。由于四种曝气方式下的曝气时间与曝气量保持在同一水平，SBR 的 COD 去除效果受曝气方式影响较小。

　　② 间歇曝气方式对短程硝化的影响

　　由图 4-23（a）可知，间歇曝气方式对 NH_4^+-N 去除负荷影响较大。间歇曝气方式Ⅰ、Ⅱ条件下，超声组与对照组 NH_4^+-N 去除负荷相差不大。从第 25d 开始改为间歇曝气方式Ⅲ，超声组经 9d 的适应期，NH_4^+-N 去除负荷开始高于对照组，间歇曝气方式Ⅳ运行期间，超声组 NH_4^+-N 去除负荷依旧高于对照组。说明，间歇曝气方式Ⅲ、Ⅳ条件下超声波

提高 NH_4^+-N 去除负荷效果更明显。污泥的硝化能力是由硝化细菌（以 AOB 与 NOB 为代表）的数量或代谢活性决定。由于 AOB 与 NOB 活性被抑制程度与缺氧时间成正比，间歇曝气方式 I、II 时 AOB 与 NOB 活性被过长的缺氧时间抑制，在此条件下，超声波辐照对硝化细菌活性影响较小。缺氧时间缩短至 15min 时，A/O 交替运行对 AOB 与 NOB 活性的抑制解除，污泥硝化能力逐渐恢复，NH_4^+-N 负荷显著提高。在间歇曝气方式 III 与 IV 的运行条件下，合适能量的超声波可提高污泥对 NH_4^+-N 去除能力。

结合图 4-23（b）、（c）与（d）可知，间歇曝气方式 I、II 条件下，超声组与对照组 NO_2^--N 与 NO_3^--N 负荷基本处于同一水平，且 NAR 变化基本一致，均维持在 80% 左右。而在间歇曝气方式 III 与 IV 条件下，超声组 NO_2^--N 负荷明显高于对照组，而 NO_3^--N 负荷低于对照组。当缺氧时间缩短至 15min（间歇曝气方式 III）时，对照组 NAR 急剧下降，很快失去短程硝化状态。而超声组 NAR 依然较高。说明，间歇曝气方式 III 与 IV 条件下，合适能量的超声波辐照仍可有效抑制 NOB 活性，维持短程硝化。然而，各间歇曝气条件下，超声组 NAR 变化不大，说明缺氧（厌氧）/好氧交替运行与超声波辐照两种方法并无协同抑制 NOB 活性的效应。分析其原因，一方面由于稳定运行试验均在室温条件下运行，在此期间日间水温为 19～22℃，温度较低，硝化细菌活性较低，NOB 较易被抑制，短程硝化较稳定，协同作用难以体现。另一方面，这两种方法可能对 NOB 的抑制途径不同，导致抑制效果无法叠加。

为了进一步比较曝气方式为 III 与 IV 条件下超声波维持短程硝化稳定性，设计了如下补充试验。试验期间，日间水温升高至 23.5～26.7℃，将曝气量减少为 2.0～2.5L/min，在间歇曝气方式为 III 与 IV 条件运行，对照组依然维持全程硝化状态，超声组短程硝化情况如表 4-2 所示。

间歇曝气方式为 III 与 IV 条件下超声组短程硝化情况 表 4-2

间歇曝气方式	NO_2^--N 负荷 [mg N/ (g MLVSS·d)]	NO_3^--N 负荷 [mg N/ (g MLVSS·d)]	NAR(%)
III（14d）	14.5±5.2	8±4.7	67.5±9.7
IV（12d）	12.8±5.8	11.9±7	59.6±8.2

表 4-2 表明，间歇曝气方式 III 与 IV 条件下，即使降低曝气量超声组中 NAR 仍低于图 4-23（d）中水平，说明在 19～26.7℃ 范围内，温度升高不利于超声波维持短程硝化的稳定性。在此不利条件下，超声组间歇曝气方式 III 中 NAR 比间歇曝气方式 IV 提高 10.1%。说明相对于非缺氧（厌氧）好氧交替运行（间歇曝气方式 IV），超声波维护短程硝化的稳定性在交替缺氧（厌氧）好氧运行条件下更好。

2）间歇曝气方式下超声波辐照对 AOB 与 NOB 活性的影响

为探究不同间歇曝气方式下超声波对 AOB 与 NOB 活性的影响，在每个间歇曝气阶段末期，测量超声组与对照组污泥的 $SOUR_{AOB}$ 与 $SOUR_{NOB}$，计算得超声组相对于对照组的 $SOUR$ 增长率，结果如图 4-24 所示。

$SOUR$ 增长率为相对值，反映了超声波对 AOB 与 NOB 的影响，增长率为正值，代表超声波对污泥活性具有促进作用，增长率越大表示促进作用越显著，反之亦然。由图 4-24 可知，从间歇曝气方式 I 到 IV，$SOUR_{AOB}$ 增长率逐渐升高。在间歇曝气方式 I 条件

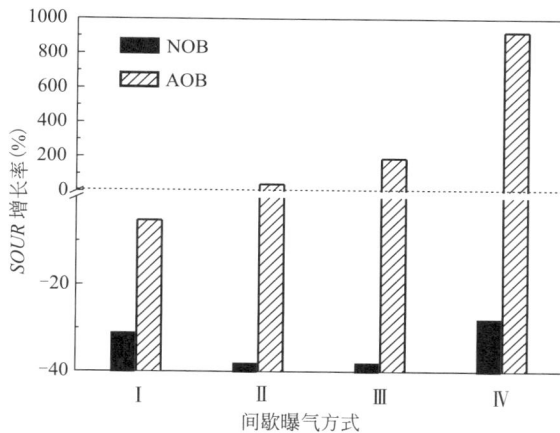

图 4-24　各间歇曝气方式下超声组相对于对照组 AOB 与 NOB 活性增长率变化

下，AOB 活性被超声波抑制，这可能是因为过长的缺氧时间对 AOB 的伤害过大，使其对超声波的耐受性减弱。当缺氧时间由 45min（间歇曝气方式Ⅰ）缩短至 30min（间歇曝气方式Ⅱ）后，$SOUR_{AOB}$ 增长率由 −5.2% 升高至 41.2%，表明此时低强度超声波对 AOB 由抑制作用变为促进作用，随缺氧时间的继续降低（间歇曝气方式Ⅲ），$SOUR_{AOB}$ 增长率迅速升高至 189.9%，在间歇曝气方式Ⅳ运行条件下，超声波对 AOB 的促进作用高达 924.7%，失去了缺氧时间的抑制，超声波对 AOB 活性的促进作用达到最高。经过低强度超声波处理后，$SOUR_{NOB}$ 的增长率均为负值，说明在四种间歇曝气方式下超声波均可抑制 NOB 活性，但抑制效果受间歇曝气方式影响较大。超声波对于 NOB 的抑制效果在间歇曝气方式Ⅱ与Ⅲ时较好，$SOUR_{NOB}$ 增长率分别为 −38.3% 与 −38.2%，而在间歇曝气方式Ⅳ条件下，超声波对 NOB 的抑制效果最差，$SOUR_{NOB}$ 增长率仅为 −28.0%。综合以上分析，可得出以下结论：说明相比 A/O/A 运行，缺氧（厌氧）/好氧交替不利于超声波促进 AOB 活性，且缺氧时间越长超声波的促进效果越差，但缺氧（厌氧）/好氧交替运行条件下超声波对 NOB 的抑制效果更好。

综上，虽然间歇曝气方式Ⅳ条件下超声波促进 AOB 活性最高，但在温度升高后，短程硝化稳定性较差。而以间歇曝气方式Ⅲ运行期间，$SOUR_{AOB}$ 增长率为 189.9%，超声波促进 AOB 活性效果依然较好，更重要的是短程硝化稳定性在间歇曝气方式Ⅲ比间歇曝气方式Ⅳ运行期间更稳定。为了提高超声波维护短程硝化稳定性，选择间歇曝气方式Ⅲ为合适的曝气方式。

（2）曝气量对超声波维持短程硝化的影响

曝气量决定了系统中的 DO 浓度，DO 浓度过高，外界环境变化后 NOB 活性越容易恢复，不利于短程硝化的稳定维持，DO 过低，微生物活性不高，污染物去除效果差，且易导致污泥膨胀。确定合适的曝气量很有必要。

曝气量为 2.0~2.5L/min、2.5~3.0L/min 时，曝气阶段平均 DO 浓度为 1.37mg/L 与 2.21mg/L。试验采用逐渐调大曝气量的方式，在曝气量为 2.0~2.5L/min 运行 11d 后，升高曝气量至 2.5~3.0L/min，考察短程硝化的稳定情况，结果如图 4-25 所示。

1）曝气量对短程硝化的影响

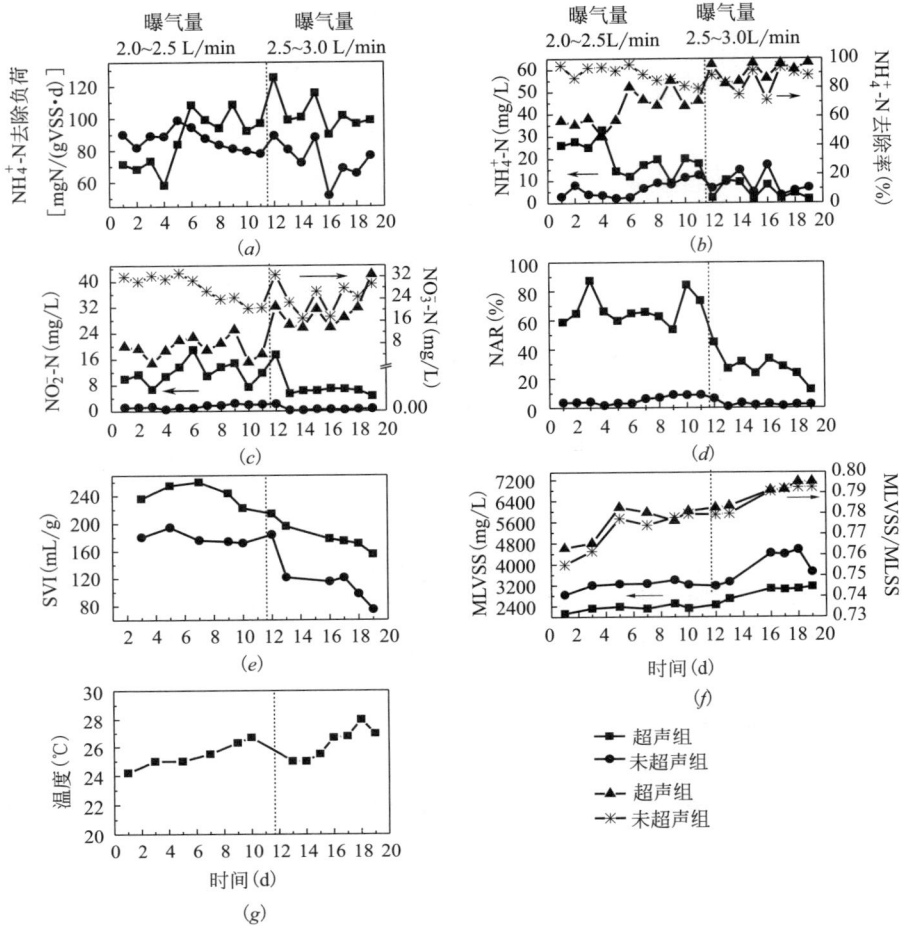

图 4-25　不同曝气量下超声组与对照组运行情况

(a) NH₄⁺-N 去除负荷；(b) 出水 NH₄⁺-N 浓度及 NH₄⁺-N 去除率；(c) 出水 NO₃⁻-N 与 NO₂⁻-N 浓度；

(d) NO₂⁻-N 积累率；(e) SVI；(f) MLSS 与 MLVSS/MLSS；(g) 温度随运行时间的变化

由图 4-25（b）可知，曝气量为 2.0～2.5L/min 时，运行前 5d，由于改变了运行方式，超声组污泥难以适应，NH₄⁺-N 平均去除率较低，仅为 58.3%，而对照组的 NH₄⁺-N 平均去除率较高，为 93.3%。6～11d，对照组 NH₄⁺-N 去除率逐渐降低，而超声组 NH₄⁺-N 去除率经过适应期后逐渐提高，但仍略低于对照组。超声组 NH₄⁺-N 去除率低的可能有两方面原因：①超声组污泥量较低，硝化细菌数量较对照组少；②超声组的 NH₄⁺-N 浓度高于对照组，造成产物抑制效应降低氨氧化速率。12～19d 曝气量升高至 2.5～3.0L/min 后，超声组 NH₄⁺-N 去除率明显提高，为 91.6%，比对照组提高 7.1%。这可能是超声组失去了 NO₂⁻-N 积累状态，产物抑制效应解除后 NH₄⁺-N 去除率明显增加。1～5d，超声组 NH₄⁺-N 去除负荷低于对照组，但第 6d 之后超声组 NH₄⁺-N 去除负荷明显高于对照组，说明超声组对环境的变化适应能力较差，但适应后其 NH₄⁺-N 处理能力得到显著提高。

由图 4-25（c）、（d）可知，曝气量为 2.0～2.5L/min 阶段，超声组 NAR 保持在

50％以上，为稳定的短程硝化状态，当曝气量升高至 2.5～3L/min 时，超声组出水 NO_2^--N 浓度明显降低同时 NO_3^--N 浓度显著升高，NAR 迅速降低，很快失去短程硝化状态。说明曝气量增加至 2.5～3L/min 时，低强度超声波辐照已无法抑制 NOB 的活性。因此，在温度为 26℃时，比能量为 12.4J/mg VSS 的超声波维护短程硝化过程中，曝气量应不超过 2.5～3L/min。

值得一提的是，在平均水温为 22℃ 条件下，即使曝气阶段平均 DO 浓度较高（3.37mg/L），比能量 13.2J/mg VSS 的超声波依然可以较好地维持短程硝化，平均 NAR 可达到 79.9％。分析以上两种现象产生的原因，水温较低时，硝化细菌污泥活性不高生长较慢，超声波处理对 NOB 的抑制效果较好；在较高的 DO 条件下，NOB 仍无法恢复活性。而水温升高后，污泥活性也随之提高，生长加快，相同水平能量的超声波输入后，已经无法有效抑制 NOB 活性，曝气量略提高，短程硝化就被破坏。

2）曝气量对 MLVSS 及 f 值的影响

由图 4-25（f）可知，由于温度不断升高，污泥活性逐渐提高，生长加快，在运行初期便增加了排泥量，SRT 由之前的约 80d 缩短至 42d 左右。排泥量增大后，老旧污泥排出量随之增加，使前 5df 值（MLVSS/MLSS）从 0.76 快速升高至 0.78，同时 MLVSS 略有提高。5～12d，f 值与 MLVSS 均维持稳定。第 12d 提高曝气量后，MLVSS 快速上升，同时 f 值也逐渐提高。这主要是因为曝气量增加后，细菌活性提高，生长加快引起。第 18d，对照组 MLSS 超过 5500mg/L，大量排泥使得 MLVSS 骤降。由图 4-25（f）还可以看出，同样的操作条件下，超声组 MLVSS 仍低于对照组，比对照组降低约 35％的污泥产量。说明温度升高后，超声波辐照污泥依然有解偶联代谢的作用，可实现污泥减量。由 f 值的变化可以发现，超声组 f 值基本高于对照组，说明超声波辐照后污泥活性高于对照组。

3）曝气量对污泥沉降性的影响

由图 4-25（e）可知，曝气量对对照组 SVI 变化影响显著。曝气量为 2.0～2.5L/min 时，对照组 SVI 稳定维持在 180mL/g 左右，处于污泥膨胀状态，当曝气量增大至 2.5～3.0L/min 时，对照组 SVI 迅速下降至 70～120mL/g，沉降性能很快恢复正常。而超声组污泥沉降性受曝气量影响较小。超声组 SVI 经历前 6d 的适应期后便开始逐渐下降，处于 150～260mL/g 之间。虽然超声组污泥沉降性较对照组差，但依然可正常运行。丝状菌的数量、EPS 含量与组成、污泥絮体的密度与形态等均会影响污泥沉降性，且丝状菌的变化为主要的影响因素[37]。对照组中存在大量丝状菌，其与絮状菌的竞争力受 DO 影响较大，低 DO 条件下，丝状菌生长较快，使污泥膨胀，增加曝气量后，絮状菌活性提高，丝状菌在与之竞争的过程中数量减少，污泥沉降性恢复正常。而丝状菌的长丝状结构易被空化泡打碎，因此超声组污泥中丝状菌较少，不存在与絮状菌的竞争，受曝气量影响不大。而超声组污泥没有丝状菌作为骨架支撑，污泥结构较松散、密度小、沉降性较差。老旧污泥的大量排出，可能使超声组沉降性逐渐提高。

4.5.2　低强度超声波快速恢复 SBR 短程硝化及其稳定运行

由前述分析可知，由于温度升高引起的污泥生长加快，短程硝化稳定性逐渐降低，导致超声波比能量过低，无法有效抑制 NOB 活性。由此，为了快速恢复短程硝化，在 SBR

运行方面，控制曝气量为 1.5～2.2L/min，维持较低的 DO（<1mg/L）浓度，同时加大排泥量，SRT 缩短为 11～22d。采用超声波辐照污泥同时曝气的方式，曝气量约为 0.7～1.0L/min，并逐渐加大超声声能密度。SBR 反应阶段采用 4 段交替缺氧（厌氧）/好氧（15min/30min）曝气方式运行。

（1）短程硝化恢复策略及其稳定性

采用超声波恢复短程硝化，超声组与对照组 SBR 出水 NAR 随运行时间的变化如图 4-26 所示。

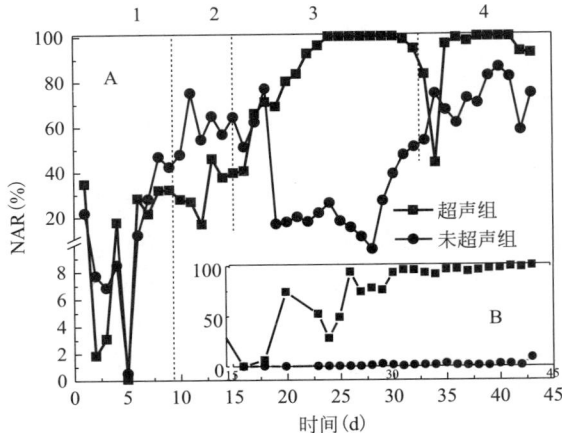

图 4-26　超声波快速恢复短程硝化及其稳定运行情况：A-4 段缺氧（厌氧）/好氧（15/30min）反映出水 NAR 随时间变化；B-8 段缺氧（厌氧）/好氧（15/30min）反映出水 NAR 随时间变化
（1-超声声能密度为 0.05W/mL，超声波处理污泥时未曝气；2-超声声能密度为 0.05W/mL，超声波处理污泥时加曝气；3-超声声能密度为 0.075W/mL；超声波处理污泥时加曝气；4-未进行超声波处理）

继增加曝气量至 2.5～3.0L/min 超声组短程硝化被破坏后（见图 4-25），第 1 阶段（1～9d）减小曝气量为约 1.5～2.2L/min 左右，NAR 在 20％左右波动，维持低 DO 环境无法恢复短程硝化状态。在第 2 阶段（10～16d），采用超声波处理污泥的同时对污泥进行曝气的方式，以减小空化阈值，增强超声波空化效应。结果显示：13～16d 超声组 NAR 基本维持在 40％左右，相比第一阶段虽略有提高，但仍低于 50％，仍无法恢复短程硝化状态。在第 3 阶段（17～32d），将超声波声能密度从 0.05W/mL 提高至 0.075W/mL，仍采用超声波处理同时加曝气的方式。由图 4-26A 部分可知，提高声能密度后第 1d，NAR 便升高至 65.9％，随后 NAR 迅速提高，第 5d 后维持在 94％以上，迅速恢复了短程硝化，此时 NOB 活性几乎被完全抑制。第 4 阶段（33～43d），不再进行超声波辐照，超声组仍可维持稳定的短程硝化状态。说明，低强度超声波可改变污泥菌群结构，实现短程硝化的稳定维持。此外，对照组 NAR 在第 6d、18d 与 29d 发生突变，这与排泥量变化有关。在实际操作中，第 1、2 阶段超声组与对照组保持 SRT 一致。第 3、4 阶段，为保持超声组与对照组 MLSS 处于同一水平，SRT 不同。由图 4-26A 部分可知对照组 $NO_3^- $-N 与 $NO_2^- $-N 浓度受 SRT 影响较大，而超声组 $NO_3^- $-N 与 $NO_2^- $-N 浓度受 SRT 影响较小，运行期间较稳定。说明在超声组受系统运行操作条件影响较小，短程硝化恢复后稳定性强。

过度曝气会破坏短程硝化，由图 4-26B 部分为 2 倍反应时间的周期出水 NAR 变化，由图可知第 3 阶段运行第 14d 后，超声组出水 NAR 就保持在 90％以上，在第 4 阶段，不进行超声波处理时超声组也维持着稳定的短程硝化，而对照组 NAR 基本低于 3％，保持着全程硝化状态。这一结果再次证明了超声波恢复短程硝化的稳定性较好，延长曝气时间仍无法使 NOB 恢复活性，破坏 NO_2^--N 积累状态。

（2）短程硝化恢复前后及其稳定运行期间氮素转化情况

短程硝化的稳定运行，与污泥中 AOB 与 NOB 的活性密切相关，为进一步了解超声波对短程硝化的影响，图 4-27 给出了恢复前后及稳定运行期间，超声组与对照组的氮素转化情况。

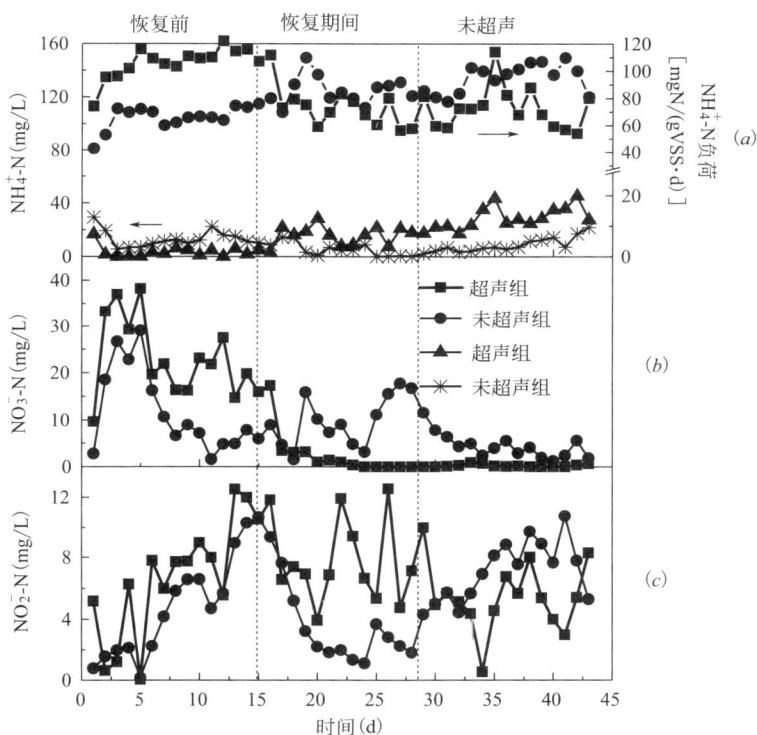

图 4-27 氮元素转化情况

（a）出水 NH_4^+-N 浓度与去除率；（b）出水 NO_3^--N 浓度；（c）出水 NO_2^--N 浓度随时间的变化

1）NO_3^--N 与 NO_2^--N 的产生

图 4-27（b）与（c）显示，超声组短程硝化恢复前（1～16d）超声组与对照组 NO_3^--N 浓度均逐渐降低，同时 NO_2^--N 逐渐升高，说明交替缺氧（厌氧）好氧运行条件下，保持较小的曝气量，对 NOB 活性有抑制效果，但短期内难以恢复短程硝化状态。恢复期间（17～32d），超声组 NO_3^--N 浓度急剧降低，稳定后基本小于 1mg/L。说明声能密度由 0.05W/mL 提高到 0.075W/mL 时，NOB 活性几乎被完全抑制，超声组硝化产物几乎全部以 NO_2^--N 的形式存在，NO_2^--N 平均浓度在 7.2mg/L。在此条件下运行一段时间后，NOB 数量急剧减少，未超声期间（33～43d），NO_3^--N 仍然较低，说明污泥中已发生了菌群结构的改变，NOB 数量已占很小一部分。

2）NH_4^+-N 的氧化

由图 4-27（a）可知，超声组短程硝化恢复前，经历了短暂的适应期后，第 2～16d，超声组出水 NH_4^+-N 浓度低于 6mg/L，NH_4^+-N 去除率基本高于 90％。结合图 4-27（b）与（c）可知，超声组 NO_2^--N 与 NO_3^--N 浓度均大于对照组，说明超声组 AOB 与 NOB 活性高于对照组。这可能是由于在超声组中，经低强度超声波辐照后，异养菌活性较低，硝化细菌成为优势菌群，使得其 NH_4^+-N 去除率较高。17～32d，超声组短程硝化恢复后，NO_2^--N 积累，NH_4^+-N 去除率明显降低，基本处于 60％～70％之间。而未超声波处理期间（33～43d），超声组 NH_4^+-N 去除率随时间逐渐降低，结合图 4-27（b）与（c）超声组 NO_2^--N 与 NO_3^--N 浓度的变化可知，此时 NO_3^--N 浓度仍小于 1mg/L，NOB 活性依然较低，但 NO_2^--N 浓度降低，说明 AOB 活性有所降低。这可能是因为超声波辐照可促进 AOB 活性，停止超声波辐照后，AOB 活性逐渐降低，使得 NH_4^+-N 去除率随之下降。

恢复前（2～16d），对照组的 NH_4^+-N 去除率低于超声组，在 80％～90％之间波动，18 d 时 SBR 中大量排泥，随后 NH_4^+-N 去除率迅速提高至 90％以上。说明对照组中污泥浓度过高不利于 NH_4^+-N 的氧化。对照组中异养菌活性未被抑制，污泥生长较快，在相同的 SRT 条件下，污泥絮体浓度过大，阻碍氧气的传质效率，异养菌活性高使得硝化细菌在氧气竞争中处于劣势，导致系统氨氧化能力不足，张瑞娜[38] 的研究中也出现了类似的现象。恢复期间（33～43d）对照组 NH_4^+-N 去除率亦逐渐下降，可能是 NO_2^--N 浓度升高导致。

（3）超声波辐照对 COD 去除的影响

图 4-28 给出了短程硝化恢复前后，超声组与对照组对 COD 的去除情况。

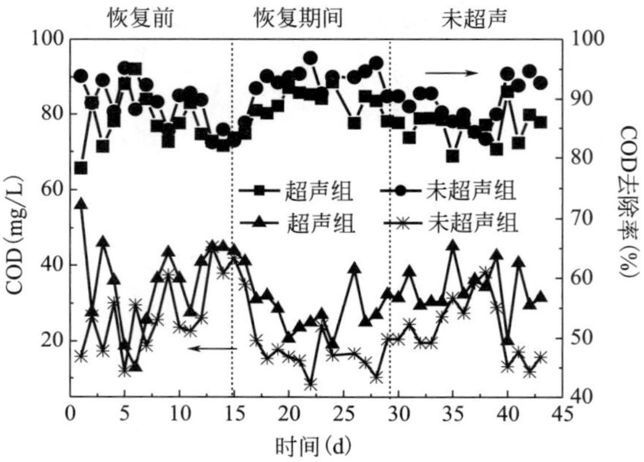

图 4-28 短程硝化恢复前后 COD 浓度变化

由图 4-28 可知，恢复前、恢复期间与未超声波处理阶段，超声组出水 COD 浓度基本低于对照组，其中在恢复期间超声组与对照组差异较明显。COD 的去除主要由污泥中异养菌分解，同时反硝化与除磷过程也消耗一部分碳源。超声组 COD 去除率低的原因可能为：①超声组异养菌活性低于对照组；②超声组除磷能力低于对照组；③亚硝酸型反硝化消耗碳源的量少于硝酸型反硝化，Mogens 等[39] 研究表明：在缺氧区，每 1mg NO_3^--N

反硝化为 N_2，大约利用 8.6mgCOD，每 1mg 的 NO_2^--N 反硝化为 N_2，则需要 5.02mgCOD；在恢复期间，超声组为亚硝酸型反硝化，而对照组为硝酸型反硝化。

（4）超声波辐照对 SBR 反硝化效率的影响

根据三阶段反硝化理论[40]，第一阶段为 COD 充足，为快速反硝化阶段；随着 COD 浓度的减少，进入中速反硝化阶段；COD 消耗完后为反硝化速率最小的内源反硝化阶段。一般而言，上一周期剩余的 NO_2^--N 与 NO_3^--N 在进水缺氧（厌氧）阶段很快被反硝化去除，此阶段时反硝化较易进行，为快速反硝化阶段。之后的反硝化基本属于中速或内源反硝化，本章所研究的反硝化效率为中速或内源反硝化效率。图 4-29 为恢复前后的反硝化效率随运行时间的变化情况。

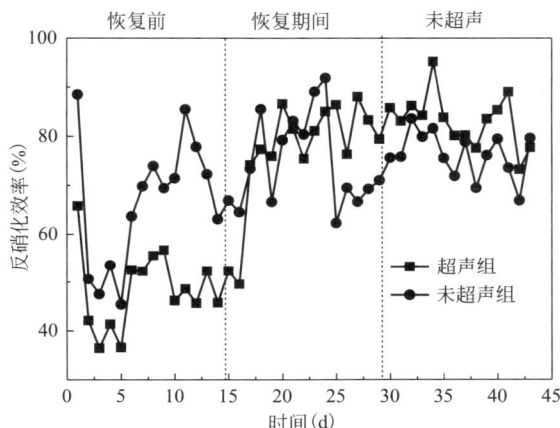

图 4-29　短程硝化恢复前后反硝化效率

由图 4-29 可知，在恢复前期，超声组短程硝化被破坏，反硝化效率在 50% 左右波动，低于对照组。第 17d 增大超声声能密度后，反硝化效率突然升高至 80% 左右。一方面超声声能密度提高后，对污泥的破坏程度增加，胞内物质溶出为污泥提供更多的碳源用于反硝化。另一方面硝化产物 NO_2^--N 增多而 NO_3^--N 减少，使 SBR 中反硝化类型由硝酸型向亚硝酸型转变，也有助于超声组反硝化速率的提高。第 25d 将曝气量由 1.7L/min 左右增为 2.0L/min 上下，对照组反硝化效率从 80% 左右突降至约 60%，而超声组未发生较大影响。此后超声组反硝化效率明显高于对照组，最高可达 89.5%。由此可得，超声波辐照技术在恢复短程硝化的同时可促进 SBR 的反硝化效率。

（5）SBR 稳定运行期间污染物周期内变化

为进一步了解超声组与对照组 SBR 中的污染物去除情况，测试了 41d（未超声稳定运行期间）周期内的氮素转化、COD 及 TP 的变化情况，结果如图 4-30 所示。

1）周期内氨氧化速率的变化

由图 4-30（a）可知，进水后大量 NH_4^+-N 被污泥吸附，第一个缺氧阶段结束后，超声组与对照组的吸附量分别占进水中 NH_4^+-N 浓度的 52% 与 60%，大部分 NH_4^+-N 在此阶段被去除。随后在四个曝气阶段（O1、O2、O3 与 O4）的氨氧化速率如表 4-3 所示。由表 4-3 可知，在 O1 阶段（20～45min），超声组与对照组氨氧化速率均较大，此时污水中 COD 被大量消耗，NH_4^+-N 主要用于异养菌的细胞合成，对照组因 COD 消耗较快，氨氧

137

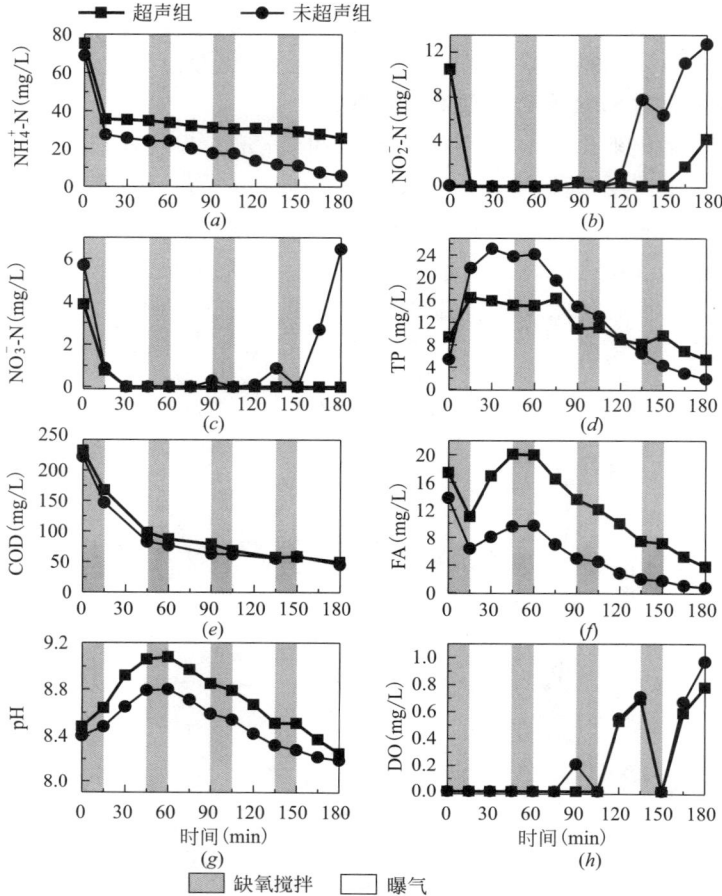

图 4-30　周期内各参数随时间的变化

（a）NH_4^+-N 浓度；（b）NO_2^--N 浓度；（c）NO_3^--N 浓度；
（d）TP 浓度；（e）COD 浓度；（f）FA 浓度；（g）pH 值浓度；（h）DO 浓度

化速率高于超声组。在 O2 与 O3 阶段超声组氨氧化速率为 0.08mgN/（L·min），比对照组降低 55.6%。据报道[36]，FA 浓度达到为 7mg/L 时，NH_4^+-N 氧化便会受到抑制。结合图 4-30（f）可知，超声组 SBR 在此时的 FA 浓度在 7.9～19mg/L 之间。较高的 FA 浓度抑制了 NH_4^+-N 的氧化，使得超声组的氨氧化速率较低。O4 阶段，超声组 FA 浓度降低至 7mg/L 以下，氨氧化速率升高至 0.17mgN/（L·min）。由此可得，虽然维持较高的 pH 值有利于抑制 NOB 活性，但 FA 浓度过高会出现基质抑制现象，不利于 NH_4^+-N 的氧化。

周期内各曝气阶段的氨氧化速率　　　　　　　　　　　　　　　表 4-3

时间段	氨氧化速率[mg N/(L·min)]	
	超声组	对照组
O1(20～45min)	0.12	0.15
O2(65～90min)	0.08	0.18
O3(110～135min)	0.044	0.23
O4(155～180min)	0.17	0.11

2）周期内 *FA* 浓度变化

由图 4-30（*f*）可知，超声组与对照组的 *FA* 浓度周期内变化趋势基本一致，但超声组 *FA* 浓度明显高于对照组。由 *FA* 的计算公式（式 4-5）可知，水中 NH_4^+-N 浓度、pH 值与水温是影响 *FA* 浓度的主要因素。试验加入一定量的 $NaHCO_3$ 提高污水碱度并作为自养细菌的无机碳源，使得污水中 pH 值较高。pH 值升高有利于 *FA* 浓度的增加，进水中超声组与对照组的 *FA* 浓度分别达到 17.4mg/L 与 13.7mg/L。0～15min 由于污水中 NH_4^+-N 浓度被大量吸附而骤减。在 15～60min 时，由于反硝化引起的 pH 值上升，超声组与对照组的 *FA* 浓度逐渐升高至 20.1mg/L 与 9.7mg/L，随后由于硝化反应产酸使得 pH 值下降，同时 NH_4^+-N 被氧化而浓度降低，使超声组与对照组的 *FA* 浓度均逐渐减小。180min 时，对照组 *FA* 浓度降低至 0.6mg/L，此时超声组的 *FA* 浓度已然较高，为 3.8mg/L。0.1～1.0mg/L 的 *FA* 便可抑制 NOB 生长。由此可得，超声组的 NH_4^+-N 浓度与 pH 值均高于对照组，使得 *FA* 浓度处于对照组之上。超声组运行期间均维持较高的 *FA* 浓度，有利于维护短程硝化稳定性。

3）周期内 COD 的去除与反硝化过程

COD 浓度与系统反硝化速率密切相关。实际污水中含量最多的有机碳为乙酸钠，试验模拟污水采用乙酸钠为碳源，较易被微生物降解。污水进水后，微生物以快速降解可溶性有机物为碳源，为快速反硝化阶段。且以 NO_2^--N 为底物的反硝化速率高于以 NO_3^--N 为底物的反硝化效率。结合图 4-30（*b*）与（*c*），0～15min，超声组 SBR 上一周期剩余的 10.5mg/L 的 NO_2^--N 很快被反硝化去除，而 NO_3^--N 在 30min 时才被反硝化完全去除，在此阶段内的反硝化相对较快且彻底。图 4-30（*e*）可知，105min 时，超声组与对照组 COD 浓度迅速降低至 70mg/L 以下，外加碳源乙酸钠几乎消耗完全，超声组与未超声组中 NO_2^--N 与 NO_3^--N 浓度开始不断上升，同时曝气阶段的 DO 开始逐渐上升，但由于超声组的 COD 降解稍慢，DO 增幅较对照组慢。由于此阶段曝气时反应器中 DO 浓度较高且可利用的碳源较少，进入中速与内源反硝化阶段，反硝化并不彻底。由于反应器曝气量较低，COD 完全去除历经时间较长，同时 DO 浓度较低为同时硝化反硝化提供了有利环境。在 0～105min 期间，对照组与超声组进水中被去除的 NH_4^+-N 浓度分别达到 44.4mg/L 与 55.2mg/L，而产生的 NO_2^--N 与 NO_3^--N 浓度均处于 0.3mg/L 以下，污水中 N 元素转化极不平衡。在低 DO 条件下（<0.2mg/L），出现了同时硝化反硝化（SND）现象。

4）TP 的去除

生物除磷主要由聚磷菌（PAOs）完成，它具有厌氧释磷与好氧吸磷的代谢特点，且释磷越彻底吸磷越充分。Xie 等[41] 的研究表明，超声波辐照可提高 PAOs 的厌氧释磷量与好氧吸磷量。本课题组探究用超声波辐照技术改善短程硝化除磷性能。

由图 4-30（*d*）可知，超声组与对照组在厌氧条件下的释磷量分别为 6.9mg/L 与 18.8mg/L，吸磷量为 10.8mg/L 与 22.2mg/L，相比对照组，超声组除磷能力降低近 52%。有研究表明[43]，0.4mg N/g VSS 与 2mg N/g VSS 的 NO_2^--N 便可抑制 PAOs 的厌氧释磷与好氧吸磷过程。而超声组上一周期出水中的平均 NO_2^--N 含量为 3.6mg N/g VSS，而对照组仅为 0.1mgN/gVSS。此外 *FNA* 存在会抑制 PAOs 的合成代谢。长期运行之后，超声组污泥中的 PAOs 大量减少，除磷能力也随之降低。结果表明，在本试验条件下，超声波辐照稳定维持的短程硝化系统除磷性能仍低于对照组，超声波强化短程硝化除磷效果不显著。

（6）超声波辐照对污泥性质的影响

1）污泥形态

污泥絮体中微观环境的变化与污泥絮体形态与结构密切相关。为探究超声波辐照对污泥形态的影响，图 4-31 给出了超声组与对照组的扫描电镜（SEM）与显微镜镜检照片。

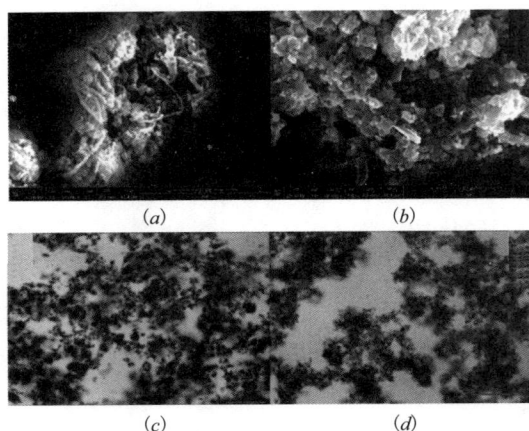

图 4-31　污泥絮体照片

（a）对照组污泥 SEM 图像（比例尺为 $10\mu m$）；（b）超声组污泥 SEM 图像（比例尺为 $10\mu m$）；
（c）对照组污泥显微镜照片（比例尺为 $100\mu m$）；（d）超声组污泥显微镜照片（比例尺为 $100\mu m$）

由图 4-31 可知，超声波处理对污泥结构与形态有明显的影响。图 4-31（a）中，对照组污泥颗粒表面有明显的丝状菌缠绕，杆菌球菌等形态的细菌镶嵌其中。而图 4-31（b）中，超声组污泥同样以杆菌球菌为主，但颗粒表面未见明显的丝状菌。在图 4-31（c）中，未经超声波处理（对照组）的污泥结构较紧实，呈现从中间到边缘由密到疏的状态，污泥颗粒之间的边缘光滑界面清晰。在图 4-31（d）中，经过超声波长期辐照的污泥，絮体结构较松散，细菌无明显的疏密分布，且颗粒边缘较模糊。超声波对污泥的作用有：①分散污泥絮体，使菌胶团破碎为单个絮体；②产生自由基，氧化杀菌。低强度超声波以稳态空化为主，自由基氧化杀菌功能较弱。但超声波在空化泡湮灭时，产生的剧烈震动，可将丝状菌的丝状结构震碎，杀死丝状菌。同时菌胶团被破碎后，无丝状菌作为骨架，难以形成密实的絮体，经再絮凝之后污泥结构仍然较松散。

2）AOB、NOB 与异养菌活性

菌群的 SOUR 既可表征活性，又可定量表示菌群占微生物的比例。为探讨超声波对污泥菌群结构的影响，在第 43d 取污泥，测量 AOB、NOB 与异养菌 SOUR，计算得各部分细菌占总 SOUR 的比例，如图 4-32 所示。

由图 4-32 可知，未进行超声波处理期间，超声组与对照组菌群结构差异仍较大。超声组中污泥 NOB 活性仍低于对照组，而 AOB 活性仍高于对照组。说明经过长期超声波辐照处理后，污泥中 NOB 已被完全抑制，没有超声波辐照期间，NOB 依然无法恢复活性。

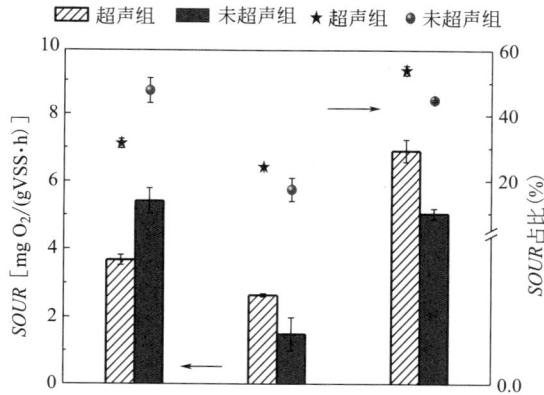

图 4-32　未进行超声波处理期间各菌群 *SOUR* 及占比

参考文献

［1］　Zhang G，Zhang P，Gao J，et al. Using acoustic cavitation to improve the bio-activity of activated sludge［J］. Bioresource Technology，2008，99（5）：1497-1502.

［2］　Xie B，Liu H. Enhancement of biological nitrogen removal from wastewater by low intensity ultrasound［J］. Water Air and Soil Pollution，2010，211（1-4）：157-163.

［3］　Duan X，Zhou J，Qiao S，et al. Application of low intensity ultrasound to enhance the activity of ana-mmox microbial consortium for nitrogen removal［J］. Bioresource Technology，2011，102（5）：4290-4293.

［4］　Zheng M，Liu Y，Xu K，et al. Use of low frequency and density ultrasound to stimulate partial nitrification and simultaneous nitrification and denitrification［J］. Bioresource technology，2013，146：537-542.

［5］　Zheng M，Liu Y C，Xin J，et al. Ultrasonic Treatment Enhanced Ammonia-Oxidizing Bacterial (AOB) Activity for Nitritation Process［J］. Environmental sciernce & technology，2015，50（2）：864-871.

［6］　Xie B，Wang L，Liu H. Using low intensity ultrasound to improve the efficiency of biological phosphorus removal［J］. Ultrasonics Sonochemistry，2008，15（5）：775-781.

［7］　Lu H，Qin L，Lee K W，et al. Identification of genes responsive to low-intensity pulsed ultrasound stimulations［J］. Biochemical & Biophysical Research Communications，2009，378（3）：569-573.

［8］　Tokutomi T. Operation of a nitrite-type airlift reactor at low DO concentration［J］. Water Science & Technology A Journal of the International Association on Water Pollution Research，2004，49（5-6）：81.

［9］　Wei Z，Lei L，Yang Y，et al. Nitritation and denitritation of domestic wastewater using a continuous anaerobic-anoxic-aerobic（A²O）process at ambient temperatures［J］. Bioresource Technology，2010，101（21）：8074-8082.

［10］　Ruiz G，Jeison D，Rubilar O，et al. Nitrification-denitrification via nitrite accumulation for nitrogen removal from wastewaters［J］. Bioresource Technology，2006，97（2）：330-335.

［11］　高景峰，周建强，彭永臻. 处理实际生活污水短程硝化好氧颗粒污泥的快速培养［J］. 环境科学学

报，2007，（10）：1604-1611.

[12] Zhou Y，Oehmen A，Lim M，et al. The role of nitrite and free nitrous acid（FNA）in wastewater treatment plants [J]. Water Research，2011，45（15）：4672-4682.

[13] Dong H，Zhang K，Han X，et al. Achievement，performance and characteristics of microbial products in a partial nitrification sequencing batch reactor as a pretreatment for anaerobic ammonium oxidation [J]. Chemosphere，2017，183：212-218.

[14] Fux C，Huang D，Monti A，et al. Difficulties in maintaining long-term partial nitritation of ammonium-rich sludge digester liquids in a moving-bed biofilm reactor（MBBR）[J]. Water Science and Technology，2004，49（11-12）：53-60.

[15] Yang S，Yang F. Nitrogen removal via short-cut simultaneous nitrification and denitrification in an intermittently aerated moving bed membrane bioreactor [J]. Journal of hazardous materials，2011，195：318-323.

[16] Ge S，Peng Y，Qiu S，et al. Complete nitrogen removal from municipal wastewater via partial nitrification by appropriately alternating anoxic/aerobic conditions in a continuous plug-flow step feed process [J]. Water Research，2014，55：95-105.

[17] 李微. 短程反硝化除磷脱氮工艺与微生物特性研究 [D]. 东北大学，2013.

[18] 张功良，李冬，张肖静，等. 低温低氨氮 SBR 短程硝化稳定性试验研究 [J]. 中国环境科学，2014，34（3）：610-616.

[19] Paredes D，Kuschk P，Mbwette T S A，et al. New Aspects of Microbial Nitrogen Transformations in the Context of Wastewater Treatment - A Review [J]. Engineering in Life Sciences，2010，7（1）：13-25.

[20] 郑雅楠，滝川哲夫，郭建华，等. SBR 法常、低温下生活污水短程硝化的实现及特性 [J]. 中国环境科学，2009，29（9）：935-940.

[21] 赵昕燕，卞伟，侯爱月，等. 季节性温度对短程硝化系统微生物群落的影响 [J]. 中国环境科学，2017，37（4）：1366-1374.

[22] Villaverde S，Garcia-Encina P A，Fdz-Polanco F. Influence of pH over nitrifying biofilm activity in submerged biofilters [J]. Water Research，1997，31（5）：1180-1186.

[23] A V. Prediction of the optimum pH for ammonia-n oxidation by Nitrosomonas europaea in well-aerated natural and domestic-waste waters [J]. Water Research，1984，18（5）：561-566.

[24] Sinha B，Annachhatre A P. Partial nitrification—operational parameters and microorganisms involved [J]. Reviews in Environmental Science & Bio/technology，2007，6（4）：285-313.

[25] Li W，Shan X Y，Wang Z Y，et al. Effect of self-alkalization on nitrite accumulation in a high-rate denitrification system：Performance，microflora and enzymatic activities [J]. Water Research，2016，88：758-765.

[26] 王淑莹，李论，李凌云，等. 快速启动短程硝化过程起始 pH 值对亚硝酸盐积累的影响 [J]. 北京工业大学学报，2011（7）：1067-1072.

[27] 顾升波，王淑莹，彭永臻. 短程深度脱氮中试工艺的低温启动和维持 [J]. 环境科学，2013，34（8）：3164-3170.

[28] 唐欣，乔森，周集体. 低强度超声对短程硝化污泥活性的影响 [J]. 安全与环境学报，2017，17（1）：267-272.

[29] Li J，Elliott D，Nielsen M，et al. Long-term partial nitrification in an intermittently aerated sequencing batch reactor（SBR）treating ammonium-rich wastewater under controlled oxygen-limited conditions [J]. Biochemical Engineering Journal，2011，55（3）：215-222.

［30］ 高大文，彭永臻，王淑莹. 短程硝化生物脱氮工艺的稳定性 ［J］. 环境科学，2005，26（1）：63-67.

［31］ Lin L，Wu J. Enhancement of shikonin production in single-and two-phase suspension cultures of Lithospermum erythrorhizon cells using low-energy ultrasound ［J］. Biotechnology and bioengineering，2002，78（1）：81-88.

［32］ 唐欣. 低强度超声促进单级自养脱氮工艺处理氨氮废水 ［D］. 大连：大连理工大学，2015：22-23.

［33］ 王佳琪，朱易春，李齐佳. 低强度超声在低 C/N 污水处理中的应用 ［J］. 工业水处理，2017，37（5）：63-67.

［34］ Chen W，Gao X，Xu H，et al. Influence of extracellular polymeric substances（EPS）treated by combined ultrasound pretreatment and chemical re-flocculation on water treatment sludge settling performance ［J］. Chemosphere，2017，170：196-206.

［35］ Lee Y，Oleszkiewicz J A. Effects of predation and ORP conditions on the performance of nitrifiers in activated sludge systems ［J］. Water Research，2003，37（17）：4202-4210.

［36］ 彭永臻. SBR 法污水生物脱氮除磷及过程控制 ［M］. 科学出版社，2011：408-409.

［37］ 聂琨，陈希，袁林江，等. 温度诱发的 A/O 除磷系统污泥沉降性变化与影响机理研究 ［J］. 环境科学学报，2014，34（6）：1403-1413.

［38］ 张瑞娜. 低强度超声波强化 SBR 处理含氮污水的研究 ［D］. 大连理工大学，2011：38.

［39］ Mogens H. 污水生物与化学处理技术 ［M］. 中国建筑工业出版社，1999.

［40］ Barnard J L. Biological nutrient removal without the addition of chemicals ［J］. Water Research，1975，9（5-6）：485-490.

［41］ Saito T，Brdjanovic D，Van Loosdrecht M C M. Effect of nitrite on phosphate uptake by phosphate accumulating organisms ［J］. Water Research，2004，38（17）：3760-3768.